Eric Chaline

50 Tiere

die unsere Welt veränderten

Haupt
NATUR

Eric Chaline ist Soziologe, Journalist und Autor, spezialisiert auf Geschichte, Philosophie und Religion. Nach seinem Studium in Cambridge, London und Osaka promovierte er am soziologischen Institut der South Bank University in London.

Die englische Originalausgabe erschien erstmals 2011 unter dem Titel *Fifty Animals that Changed the Course of History*

Konzept, Gestaltung und Produktion:
Quid Publishing
Level 4, Sheridan House
114 Western Road
Hove BN3 1DD
England

Gestaltung: Lindsey Johns

Aus dem Englischen übersetzt von
Coralie Wink, D-Dossenheim, und Monika Niehaus, D-Düsseldorf
Satz der deutschsprachigen Ausgabe: Verlag Die Werkstatt, D-Göttingen

Bibliografische Information der *Deutschen Nationalbibliothek*
Die Deutsche Nationalbibliothek verzeichnet diese Publikation in der Deutschen Nationalbibliografie; detaillierte bibliografische Daten sind im Internet über http://dnb.dnb.de abrufbar.

ISBN 978-3-258-07855-7

Printed in China

www.haupt.ch

Swiss Climate
CO_2 neutral
Transport

MIX
Papier aus verantwortungsvollen Quellen
FSC
www.fsc.org
FSC® C016973

Die durch die Transportkosten verursachten CO_2-Emissionen wurden durch den Kauf eines CO_2-Zertifikats kompensiert.

Eric Chaline

50 Tiere

die unsere Welt veränderten

Übersetzt von Monika Niehaus
und Coralie Wink

Haupt Verlag

Inhalt

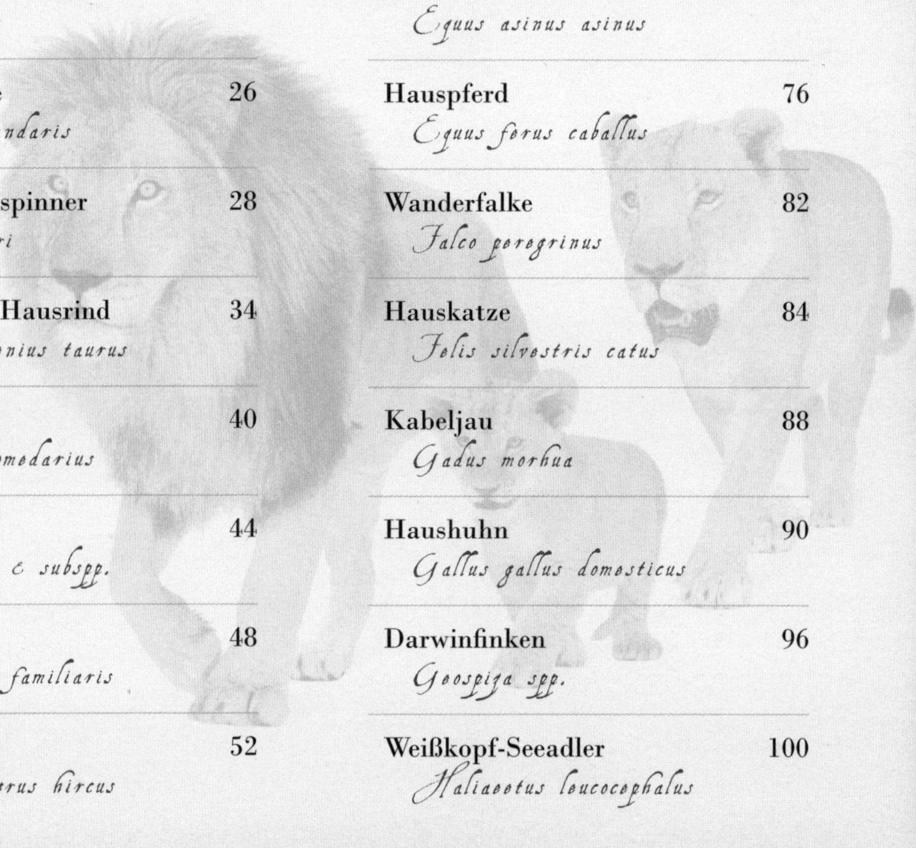

Einleitung

Der Mensch ist das einzige Geschöpf, das verzehrt ohne zu produzieren. Er gibt keine Milch, er legt keine Eier, er ist zu schwach, um den Pflug zu ziehen, er kann nicht schnell genug laufen, um Hasen zu fangen. Und doch ist er der Herr über alle Tiere.

George Orwell, Farm der Tiere (1945)

Im Lauf der letzten 20 000 Jahre haben sich zwischen Menschen und vielen Tierarten enge Beziehungen entwickelt; dabei haben sich beide Seiten verändert. Aus den Jägern wurden Hirten und Bauern – jetzt versorgen und schützen sie die Tiere, die sie früher bejagten.

Herrscher über alles Getier

In Genesis 1,28 ist die traditionell jüdisch-christliche Auffassung von der Beziehung zwischen Mensch und Tier wunderbar zusammengefasst. Dort spricht Gott zu Adam und Eva: «Seid fruchtbar und mehret euch und füllet die Erde und machet sie euch untertan und herrschet über die Fische im Meer und über die Vögel unter dem Himmel und über das Vieh und über alles Getier, das auf Erden kriecht.» In diesem Glauben sahen die Menschen es über Jahrtausende als gottgegebenes Recht an, ihre Umwelt und die darin lebenden Tiere nach Gutdünken auszubeuten oder zu verändern, ohne sich Gedanken über die Auswirkungen zu machen. Bei mehreren Arten wie dem Amerikanischen Bison (S. 22–25) oder der Dronte (Dodo, S. 182–183) führte dies fast oder tatsächlich zur Ausrottung, andere Arten konnten hingegen im Umfeld des Menschen gedeihen und haben ihren Teil zur Entwicklung unserer Zivilisation beigetragen.

Über viele Jahrtausende lebte *Homo sapiens* (S. 210–217) in kleinen Jäger-Sammler-Gruppen, die mit den Jahreszeiten wanderten und ihren Beutetieren folgen mussten, um überleben zu können. Darin waren sie den Wölfen (S. 44–47) nicht unähnlich, und so war der Wolf die erste Tierart, die domestiziert wurde. Dabei entstand durch generationenlange Zucht der Haushund (S. 48–51). Als die Menschen erkannten, dass ein lebendiges Tier gleich viel oder mehr Nutzen bringen konnte als ein Tier, das man als reine Fleisch- oder Pelzquelle tötete, veränderte sich die Beziehung zwischen Mensch und Tier grund-

Ausgestorben
Die Dronte (Dodo) war nicht die erste Tierart, die vom Menschen ausgerottet wurde; sie wurde aber zum Symbolvogel der rücksichtslosen Naturausbeutung.

legend: Der Jäger wurde zum Hirten. Jetzt lieferten die Tiere den Menschen nicht mehr nur Fleisch: Rind (S. 34–39) und Ziege (S. 52–55) versorgten sie mit Milch, Schaf (S. 142–147) und Lama (S. 116–119) mit Wolle, Pferd (S. 76–81), Esel (S. 72–75) und Kamele (S. 40–43) dienten als Reit- und Lasttiere.

Verändertes Landschaftsbild
Durch die Domestizierung der großen Pflanzenfresserarten veränderte der Mensch indirekt die Naturlandschaft.

Statussymbole

Als die ständige Nahrungssuche wegfiel, konnten die Menschen dauerhafte Siedlungen anlegen, die sich zu den ersten Städten entwickelten. Damit einher gingen kulturelle Errungenschaften wie Kunst und Ornamentik. Die Menschen suchten im Tierreich nach neuen Rohstoffen wie Seide (S. 28–33) sowie Farbstoffen und Pigmenten, um Farbe in ihr Leben zu bringen (siehe Herkuleskeule, S. 26–27, und Cochenille-Schildlaus, S. 66–67). Die entsprechenden Produkte dienten dazu, die Reichen und Mächtigen vom gemeinen Volk zu unterscheiden, und wurden zur Basis eines Fernhandels, der fremde Kulturen zum ersten Mal zusammenbrachte. Große Menschenansammlungen zogen aber auch weniger willkommene tierische Gäste an, wie Ratten (S. 184–187) und Tauben (S. 62–63). Nicht immer hat der Mensch im Tierreich die Oberhand – einige der kleinsten Vertreter, wie Malariamücken (S. 8–11) oder Rattenflöhe (S. 204–209), können weltweite Pandemien verursachen.

Darüber hinaus gibt es noch weitere Bereiche in Kultur und Geschichte, in denen Tiere eine wichtige Rolle spielen. Manche Tiere wie der Löwe (S. 152–157), der Skarabäus (Pillendreher, S. 188–191), die Brillenschlange (S. 134–137) und der Weißkopf-Seeadler (S. 100–103) blicken auf eine lange Geschichte als religiöse und politische Symbole zurück. In Biologie und Medizin waren Erkenntnisse, die an Tieren wie der Taufliege (S. 68–71), Darwinfinken (S. 96–99) und *Iguanodon* (S. 110–115) gewonnen wurden, wesentlich für unser Verständnis der Evolutionsprozesse.

Meistens sehen wir die Erzeugnisse und Arbeit von Tieren als selbstverständlich an und vergessen, dass wir mit ihrer Hilfe unsere elementaren Bedürfnisse an Nahrung und Kleidung gedeckt haben. Sie haben uns zudem das Überleben erleichtert und damit die Entwicklung der menschlichen Zivilisationen ermöglicht.

Symbole
Mehrere Tierarten nahmen im Lauf der Zeit religiösen oder politischen Symbolcharakter an.

Malariamücke

Anopheles gambiae

Ursprüngliche Verbreitung
Afrika südlich der Sahara

Klasse Insekten

Größe bis zu 16 mm

✦ Nahrung
✦ ***Medizin***
✦ Wirtschaft/Handel
✦ ***Geschichte/Kultur***

Für die Bewohner der Industrieländer sind Stechmücken («Moskitos») allenfalls ein lästiger Sommerbegleiter, doch für viele Entwicklungsländer in Afrika südlich der Sahara sind die Malariamücke *Anopheles gambiae* und ihre verwandten Arten Überträger einer tödlichen Krankheit, der jährlich fast eine Million Menschen zum Opfer fallen.

Tropische Blutsauger

In volkstümlichen Erzählungen wimmelt es nur so von blutsaugenden, fleischfressenden Ungeheuern wie Vampiren und Werwölfen, die über schlafende Menschen herfallen. Zwar gibt es in Südamerika Vampirfledermäuse, die gelegentlich auch Menschen beißen, doch tatsächlich werden Menschen am häufigsten von Insekten und anderen Gliederfüßern heimgesucht: von Flöhen, Zecken, Gnitzen, Sandflöhen und den Tierchen, die uns hier beschäftigen: den Stechmücken oder «Moskitos». Letzteres leitet sich vom spanischen *mosquito*, «kleine Fliege», ab. Weltweit gibt es etwa 3500 Stechmückenarten, sie kommen in fast allen Klimazonen vor. Nur in der Antarktis ist man vor diesen summenden Quälgeistern sicher.

Stechmücken sind prähistorische Wesen. Sie gehören zur großen Klasse der Insekten, die sich bereits vor 400 Millionen Jahren entwickelten – 100 Millionen Jahre vor den Reptilien und 200 Millionen Jahre vor den Säugern. Das älteste bekannte Exemplar eines Moskitos, das anatomisch den heutigen Vertretern der Familie ähnelt, entdeckte man als Einschluss in 79 Millionen Jahre altem kanadischem Bernstein. Daraus lässt sich schließen, dass Stechmücken bereits zur Zeit der Dinosaurier existierten und möglicherweise Dinosaurierblut saugten – 75 Millionen Jahre, bevor die Gattung *Homo* die Bühne betrat. Ein älteres, ebenfalls in Bernstein konserviertes, aber primitiveres moskitoähnliches Exemplar, ist 100 Millionen Jahre alt.

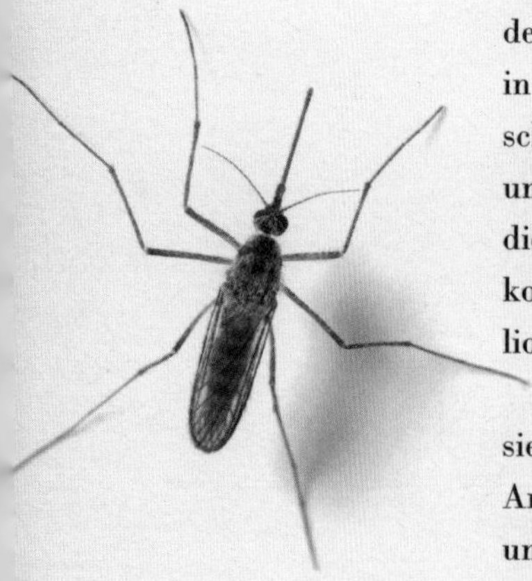

Stechmücken wurden nicht deshalb in dieses Buch aufgenommen, weil sie die Sommerfrische mancherorts zur Hölle machen, sondern weil einige Arten über die Jahrhunderte für Millionen von Todesfällen bei Mensch und Tier verantwortlich waren. Mehrere Arten übertragen lebensbedrohliche Krankheiten wie Gelbfieber, Dengue-Fieber, Chikungunya-Fieber und Malaria. Im Jahr 1900 fielen der Malaria weltweit drei Millionen Menschen zum Opfer, darunter 80 000 in Europa und Nordamerika. Zu den Todesfällen bei Mensch und Tier kamen damals in den Endemiegebieten erhebliche sozioökonomische Auswirkungen hinzu, welche die wirtschaftliche Entwicklung und die Landwirtschaft stark beeinträchtigten, was in mancher Hinsicht auch heute noch gilt. Die jährliche Zahl der Malaria-Todesopfer liegt inzwischen bei unter einer Million, da die Krankheit mittlerweile in Europa, in fast ganz Nordamerika sowie in vielen Teilen Asiens und Südamerikas ausgerottet ist. In Afrika südlich der Sahara fordert sie jedoch jährlich etwa 850 000 Opfer, darunter viele Kinder.

Fiebermittel
Reklame für ein Malariamittel (um 1881) – dies zeigt, welche Bedeutung die Krankheit in den USA früher hatte.

Dort, wo Malaria immer noch endemisch ist, sind *Anopheles*-Mücken für die Infektionen bei Mensch und Tier verantwortlich. *Anopheles* setzt sich zusammen aus den griechischen Wortteilen *an*, «ohne, nicht», und *ophelos*, «Nutzen, Vorteil», die Gesamtbedeutung ist also «unnütz». Die Gattung *Anopheles* umfasst etwa 460 Arten, von denen rund 50 Arten verschiedene Malariaerreger übertragen können. Etliche *Anopheles*-Arten bevorzugen tierische Wirte, andere machen keinen Unterschied zwischen Mensch und Tier. *Anopheles gambiae*, Überträger des gefährlichsten und oft tödlichen Malariaerregers *Plasmodium falciparum*, bevorzugt Menschen und ist damit einer der wichtigsten Malariavektoren.

Blutrünstiges Weibchen

Wie viele andere Insekten durchläuft *Anopheles gambiae* einen Entwicklungszyklus mit den vier Stadien Ei, Larve, Puppe, Imago (adultes Insekt). Je nach Feuchtigkeit und Temperatur wird dieser Zyklus in 1,5–3 Wochen vollendet. Das Weibchen legt kleine, floßförmige Gelege mit jeweils 50–200 Eiern auf die Oberfläche stehender, sauberer Gewässer. Bei günstigen Bedingungen schlüpfen die Larven bereits nach 2–3 Tagen, in kühleren Gegenden kann dies aber deutlich länger dauern. Die Larven hängen waagerecht unter der Wasseroberfläche, ernähren sich von Mikroorganismen und kleinen pflanzlichen Partikeln und tauchen nur bei Störung ab.

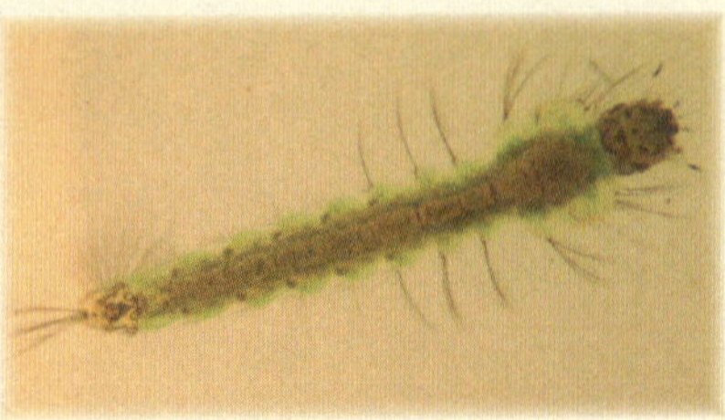

Wasserkind
Erwachsene Stechmücken leben an Land und suchen dort ihre Nahrung, doch das Larvenstadium ist ans Wasser gebunden.

Ein Lob auf Tonic-Wasser

✦

Die Tropen waren früher als das «Grab des weißen Mannes» bekannt, weil so viele Forschungsreisende und Kolonialbeamten an Malaria starben. Im frühen 17. Jahrhundert beobachtete ein in Lima lebender Jesuit, dass die Peruaner die Rinde des Chinarindenbaums zur Behandlung von Malaria nutzten (die Krankheit war aus Afrika eingeschleppt worden). Er sandte Chinarinde nach Rom, wo Malaria damals noch endemisch war. Das Mittel erwies sich als erstes wirksames Malariamedikament. Der aktive Wirkstoff, das Chinin, wurde 1820 von zwei französischen Chemikern aus Chinarinde isoliert. Im 19. Jahrhundert vermischte man das bittere Chininpulver mit Wasser, das man als «Tonic-Wasser» gegen Malaria trank. Angeblich war es ein Offizier der britischen East India Company, der sein Tonic-Wasser erstmals mit Gin versetzte, damit es besser schmeckte, und so den Longdrink Gin Tonic kreierte.

Sie können keinen Sauerstoff aus dem Wasser aufnehmen und müssen daher unmittelbar an der Oberfläche leben. Sie sind anfangs 1 mm lang, häuten sich vier Mal im Lauf einer Woche und messen nach der letzten Häutung 5–8 mm. Die ausgewachsenen Larven entwickeln sich zu schwimmenden, sehr beweglichen Puppen, aus denen nach 2–3 Tagen die adulten Malariamücken schlüpfen. Die jungen *Anopheles* schlüpfen in der Abenddämmerung und sind binnen Minuten flugfähig.

Der Körper einer adulten *Anopheles* besteht aus Kopf, Brustteil (Thorax) und Hinterleib (Abdomen). Am Kopf sitzen die Augen, ein Paar langer Antennen, mit deren Hilfe Nahrungsquellen, Brutplätze und menschliche Wirte ausgemacht werden, der Stechrüssel (Proboscis) und zwei lange Unterkiefertaster. Der Thorax trägt drei Beinpaare und die Flügel, das lange Abdomen ist auf Verdauung und Fortpflanzung spezialisiert. Adulte *Anopheles* ernähren sich von Blütennektar und Pflanzensäften; zum reinen Überleben reicht diese vegetarische Ernährung aus. Nur das Weibchen benötigt Blut – nicht für sich selbst, sondern für seine Eier, die sich nur nach Aufnahme von Protein entwickeln können. Wenn die Männchen in der Abenddämmerung schwärmen, suchen die Weibchen jene gezielt auf und paaren sich. Danach sucht das *Anopheles*-Weibchen zwecks Blutmahlzeit einen menschlichen Wirt auf und begibt sich anschließend zu einem Ruheplatz: Dort wird das Blut verdaut, die Eier werden gebildet und nach etwa 2–3 Tagen Reifezeit gelegt. Adulte Moskitos können in freier Natur je nach Witterung und verfügbarer Nahrung bis zu zwei Wochen überleben.

Lebensretter
Das erste wirksame Malariamedikament, das Chinin (siehe rechts), wurde 1820 aus der Rinde des Chinarindenbaums (ganz rechts) isoliert.

Feuer im Blut

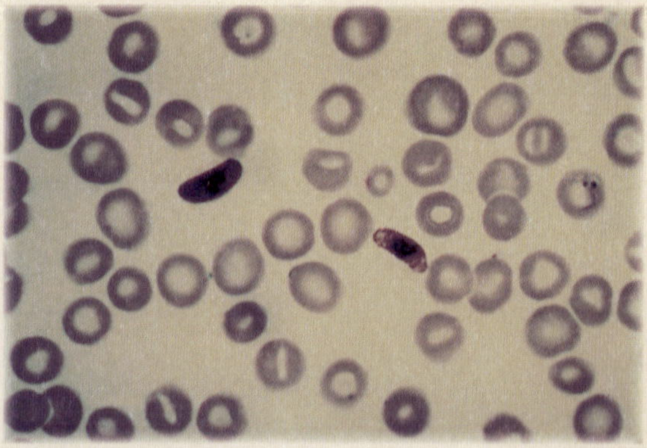

In Afrika südlich der Sahara ist der einzellige Parasit *Plasmodium falciparum* der häufigste Malariaerreger; er ist für etwa 80 Prozent der Erkrankungen und 90 Prozent der Todesfälle verantwortlich. Adulte *Anopheles*-Mücken nehmen den Parasiten über eine Blutmahlzeit von einem infizierten Menschen auf. Beim Menschen als Zwischenwirt führt *P. falciparum* zur Erkrankung, für die Stechmücke als Überträgerorganismus ist der Parasit unschädlich. Er vollendet im Insekt den sexuellen Teil seines Entwicklungszyklus; dabei entstehen Sporozoiten, die aus dem Darm der Malariamücke in ihre Speicheldrüsen wandern. Von dort gelangen sie beim Stich mit dem Speichel in die Haut des Menschen, treten in dessen Blutstrom ein und erreichen die Leber. Die Sporozoiten dringen in die Leberzellen ein, vermehren sich dort, gelangen in den Blutkreislauf und befallen als Merozoiten die roten Blutkörperchen, in denen sie sich solange vermehren, bis die Blutkörperchen gleichzeitig platzen; dabei kommt es zum Fieberschub. Die Merozoiten entwickeln sich teilweise zu Gametozyten, die wiederum bei einem Stich in eine *Anopheles* gelangen, sodass der Infektionskreislauf von Mensch zu Malariamücke und zurück zum Menschen weiterläuft.

Infiziert
Die dunklen, halbmondförmigen Gebilde inmitten der runden roten Blutkörperchen sind Vermehrungsstadien des Malaria-Erregers.

Moskitos suchen ihre Opfer nicht wahllos aus. Auf ihren langen Antennen tragen sie zahlreiche empfindliche Geruchsrezeptoren. Menschen mit einer bestimmten Art von Schweiß sind besonders attraktiv (angeblich werden die Moskitos vor allem von «Stinkefüßen» angezogen). Alle *Anopheles*-Arten sind zwar dämmerungs- und/oder nachtaktiv, doch sie bevorzugen zur Rast und Nahrungssuche unterschiedliche Plätze – manche halten sich vorwiegend in Gebäuden, andere im Freien auf. Bei der Bekämpfung der Malaria ist dieses Wissen wichtig: Zu den Maßnahmen gegen Moskitos in Gebäuden gehören das Versprühen von Insektiziden, das Schlafen unter Moskitonetzen sowie das Anbringen von Fliegengittern an Fenstern und Türen. Seit dem 17. Jahrhundert gibt es wirksame Methoden zur Vorbeugung und Behandlung von Malaria, doch diese sind in den ärmsten Regionen Subsahara-Afrikas nicht verfügbar. Dort sind vor allem Kinder gefährdet und erkranken. Und trotz aller Anstrengungen, die Malaria südlich der Sahara auszurotten, ist sie weltweit immer noch eine der häufigsten vermeidbaren Todesursachen.

Lästige Gedanken sind wie zudringliche Stechmücken.
Wilhelm Busch (1832–1908)

Honigbiene

Apis mellifera

Ursprüngliche Verbreitung Europa, Naher Osten und Asien

Klasse Insekten

Größe 12–16 mm

✦ Nahrung
✦ ***Medizin***
✦ ***Wirtschaft/Handel***
✦ ***Geschichte/Kultur***

Die Bedeutung der Honigbiene basiert nicht nur auf der Produktion von Honig und Bienenwachs, die Insekten spielen auch eine entscheidende Rolle bei der Bestäubung vieler Nutzpflanzenarten. Das Auftreten von Koloniezusammenbrüchen (CCD) könnte weltweit zu einem Rückgang der Ernteerträge führen.

Modellgesellschaft

Viele Insekten leben solitär und zögern nicht, Artgenossen zu verspeisen; manchmal fressen sie sogar ihren eigenen Nachwuchs. Honigbienen leben jedoch in großen, wohlgeordneten Kolonien, die nach menschlichen Maßstäben kleinen bis mittelgroßen Städten entsprächen. Ein Bienenstaat besteht aus 30 000–100 000 Bienen, die sich in drei Kasten teilen: eine fruchtbare Königin, sterile Arbeiterinnen und die Männchen (Drohnen); sie alle widmen sich eifrig dem Wohl des Staates. In Volkssagen ist der Bienenstaat ein Beispiel für perfekte soziale Ordnung, Kooperation und harte Arbeit. Diese ideale Insektengesellschaft ist jedoch kein Zusammenschluss freier Individuen. Einschließlich der Königin sind die Mitglieder der Kolonie Sklaven, deren Leben verwirkt ist, sobald sie nicht mehr in der Lage sind, ihre Rolle im Bienenstaat zu erfüllen.

Morphologisch gleicht die Honigbiene anderen Insekten: Ihr Körper gliedert sich in Kopf, Bruststück (Thorax) und Hinterleib (Abdomen). Darüber hinaus besitzt sie jedoch raffinierte anatomische Anpassungen, die ihr erlauben, ihre ökologische Nische zu nutzen. Arbeitsbienen verfügen am letzten ihrer drei Beinpaare über ein Pollenkörbchen. Wenn eine Biene nach Nahrung sucht, sammelt sich der staubartige Blütenpollen auf ihrem Kopf und Körper. Mithilfe ihrer beiden Vorderbeine bürstet sie den Pollen in Richtung Hinterbeine und vermischt ihn mit Nektar, um die Masse geschmeidiger zu machen. Dann wird der Pollen zu einem kleinen Ball geformt und in Höhe der Pollenkörbchen zu den sogenannten Pollen-

Ein Blumenglöcklein vom Boden hervor
war fröhlich gesprossen im lieblichen Flor.
Da kam ein Bienlein und naschte fein -
- o die müssen wohl beide füreinander sein.
Johann Wolfgang von Goethe (1749–1832)

höschen verdichtet. So kann eine Sammmelbiene eine große Pollenladung sicher zum Stock zurücktransportieren. Nektar wird in einem speziellen «Honigmagen» zurück zur Kolonie gebracht. Im Stock wird er hochgewürgt und zu Honig verarbeitet oder zur Fütterung der Brut verwendet. Mehrere Drüsen an der Abdomenspitze scheiden durchsichtige Wachsschüppchen ab, die durch Kauen geschmeidig gemacht und zum Bau von Wachszellen verwendet werden. In diese wabenförmig angeordneten Zellen werden Eier gelegt sowie Honig und Pollen gespeichert.

Pollenvorrat
Bienen sammeln Blütenpollen, der ihnen zur Eiweißversorgung dient. Ein kleiner Teil gelangt in den Honig, der Rest wird an einem trockenen Platz im Stock gespeichert.

Eine weitere Anpassung ist der Giftstachel, den Bienen einsetzen, um sich gegen Eindringlinge zu verteidigen. Bei den unfruchtbaren Arbeiterinnen ist der Stachel eine abgewandelte Legeröhre (Ovipositor). Der Stachel ist gezähnt und wird beim Einstich in die Haut eines Säugers samt anhängendem Giftsack und zugehöriger Muskulatur aus dem Körper der Biene gerissen. Das tötet die Biene innerhalb weniger Minuten, stellt jedoch auch sicher, dass das Gift in den Körper des Eindringlings gepumpt wird, denn die Muskulatur übt weiter ihre Funktion aus. Die Drohnen haben keine Legeröhre und können daher auch nicht stechen. Die Königin ist die einzige Biene in der Kolonie mit einer ungezähnten Legeröhre, was heißt, dass sie mehrfach zustechen kann, ohne ihr Leben zu opfern.

Was die Honigbiene von Solitärbienen und anderen Insekten unterscheidet, sind jedoch die sozialen Anpassungen, die dazu geführt haben, dass mehrere Tausend Individuen wie ein einziger «Superorganismus» fungieren können. Dazu gehören eine strikte Rollentrennung und raffinierte Kommunikationsmethoden: zwischen der Königin und den Arbeiterinnen durch chemische Signale, zwischen den Arbeiterinnen durch den berühmten Bienentanz, mit dem eine Sammelbiene ihren Kolleginnen die genaue Lage einer Nahrungsquelle mitteilen kann. Bei warmem Wetter erzeugen Arbeiterinnen mit ihren Flügeln am Flugloch einen kühlenden Luftstrom. Wird es kühler, drängen sich die Stockbienen aneinander und erhöhen durch Muskelzittern die Temperatur um Königin und Brut.

Killerbienen

✦

Seit den 1990er-Jahren warnen die Medien immer wieder, die sogenannten «Afrikanisierten Honigbienen» würden in die USA einwandern und Tod und Zerstörung mit sich bringen. Auch wenn diese «Killerbienen» aggressiver sind als gewöhnliche Honigbienen, sind sie nur für 1–2 Todesfälle pro Jahr verantwortlich.

Das einzige fruchtbare Weibchen der Kolonie ist die Königin, deren Lebensaufgabe darin besteht, Eier in die von den Arbeiterinnen gebauten Wachszellen zu legen. Sie verlässt die Kolonie nur zu zwei Gelegenheiten: bei ihrem Hochzeitsflug, auf dem sie sich mit möglichst vielen Drohnen paart und deren Sperma sie in ihrer Samenvorratsblase speichert. Damit besamt sie die vielen Tausend Eier, die sie während ihrer Herrschaft legen wird. Wenn die Kolonie zu groß wird, kann es auch sein, dass die Königin den Stock mit rund der Hälfte der Arbeiterinnen verlässt und ausschwärmt, um eine neue Kolonie zu gründen, während sie die alte Kolonie einer jüngeren Nachfolgerin überlässt. Das ist die einzige Gelegenheit, bei der es zu einer friedlichen Übergabe im Bienenstaat kommt. Eine Königin kann 3–4 Jahre alt werden. Sobald sie aber schwächer wird, wird sie von ihren Töchtern getötet, die mehrere Jungköniginnen für ihre Nachfolge heranziehen. Die Königinnen-Larven werden mit einer speziellen Nahrung gefüttert. Dieses sogenannte «Gelée Royale» beschleunigt die Entwicklung der Larven von den üblichen 21 auf 15 Tage und stellt eine vollständige Entwick-

Einwegartikel
Früher konnten Bienenkörbe – hier ein Strohkorb aus dem Mittelalter – nur einmal abgeerntet werden.

lung der Geschlechtsorgane sicher. Die erste Königin, die schlüpft, tötet ihre noch ungeborenen Rivalinnen. Sollten zwei Königinnen gleichzeitig schlüpfen, kommt es zu einem Kampf auf Leben und Tod.

Die Siegerin begibt sich auf ihren Hochzeitsflug und kehrt anschließend zur Kolonie zurück, wo sie mit der Eiablage beginnt. Nach einigen Tagen schlüpfen aus den Eiern Larven, die in den ersten drei Tagen mit Gelée Royale gefüttert werden. Wenn sie nicht dazu bestimmt sind, Königinnen zu werden, werden die Larven weitere sieben Tage mit Honig, Pollen und Nektar ernährt. Anschließend werden ihre Zellen versiegelt. Die Larven verpuppen sich und machen eine Metamorphose zur erwachsenen Biene durch. Die geschlüpften Arbeiterinnen nehmen sofort ihren Dienst in der Kolonie auf.

Götterspeise
Diese Darstellung einer Bienengottheit aus dem alten Griechenland zeigt, wie wichtig Honig in antiken Kulturen war.

In den ersten drei Tagen säubern die Arbeiterinnen die Zellen und halten die frisch gelegten Eier warm. Die nächsten drei Tage kümmern sie sich um ältere Larven und füttern sie, bevor sie 6–10 Tage lang als Ammen für frisch geschlüpfte Larven sorgen. Die Tage 8–16 verbringen sie damit, Pollen und Nektar von Sammelbienen entgegenzunehmen und in Waben zu speichern. Während dieser Zeit bauen sie Wachszellen, die für die Eiablage und als Nahrungsspeicher dienen. Den Rest ihres Lebens verbringen sie entweder als Wächterinnen am Eingang des Stocks oder als Sammelbienen. Die Lebenserwartung einer Arbeiterin reicht von mehreren Wochen im Sommer bis zu mehreren Monaten beim «Überwintern», wenn die Arbeiterinnen die Temperatur des Stocks regulieren.

Die Drohnen haben die längste Entwicklungszeit aller Honigbienen – von der Eiablage bis zum Schlupf dauert es rund 24 Tage. Drohnen kümmern sich nicht um die Larven und tragen auch keine Nahrung ein; ihre einzige Aufgabe ist es, sich mit der Königin zu paaren. Die Anstrengungen der Paarung sind so groß, dass sie direkt nach dem Hochzeitsflug sterben. Unverpaarte Drohnen werden vor Winteranbruch in der sogenannten Drohnenschlacht aus der Kolonie vertrieben. Da sie sich nicht selbst ernähren können, sterben sie rasch an Hunger oder Kälte oder fallen Fressfeinden zum Opfer, gegen die sie sich, da stachellos, nicht verteidigen können.

Goldene Ernte

Honigbienen und Menschen können auf eine lange gemeinsame Geschichte zurückblicken. Bevor im Mittelalter raffinierter Zucker aus dem Nahen Osten nach Europa gelangte, war Honig eines der wenigen verfügbaren Süßungsmittel. Seit Urzeiten haben Jäger- und Sammlervölker Bienenstöcke

Beräuchern
In der modernen Imkerei wird Rauch eingesetzt, um die Aggressivität der Bienen zu senken. Bienenkästen mit herausnehmbaren Rahmen erlauben eine Entnahme der Honigwaben, ohne die Brut oder die Kolonie zu schädigen.

geplündert, um an Honig zu gelangen, und viele antike Kulturen, zum Beispiel in Ägypten, China, Griechenland, Kreta und im Römischen Reich, kannten und pflegten die Apikultur. Wie Dokumente, Fresken und Flachreliefs zeigen, war die Imkerei ein höchst angesehener Beruf, was den hohen Status des Honigs widerspiegelte. Wie heute wurde Honig im natürlichen, unverarbeiteten Zustand genossen und auch zum Kochen gebraucht. Aus vergorenem Honig wurde zudem ein alkoholisches Getränk – Met – hergestellt, vor allem in Regionen, wo kein Wein angebaut werden konnte.

Honig wird auch in der Medizin verwendet. Man findet ihn noch immer in vielen Husten- und Erkältungsmitteln, und seine antiseptischen Eigenschaften erleben seit Kurzem bei der Behandlung von antibiotikaresistenten Krankenhauskeimen eine Renaissance. Ein anderes, sehr begehrtes Produkt von Bienenstöcken ist Bienenwachs, das von alters her viele wichtige Verwendungen in Haushalt und Industrie hat. Im antiken Rom wurden Holztäfelchen mit einer dünnen Wachsschicht überzogen, die dann als wiederverwendbare Schreiboberflächen dienten. Bienenwachs spielte auch in der frühen Metallverarbeitung eine wichtige Rolle, denn es wurde bei der Technik der verlorenen Form eingesetzt. Zudem diente Wachs zur Imprägnierung von Kleidung und fand auch im Haus- und Schiffsbau Verwendung.

So tun die Honigbienen, Kreaturen,
die durch die Regel der Natur uns lehren
Zur Ordnung fügen ein bevölkert Reich
William Shakespeare, Heinrich V. *(1599)*

Bis gegen Ende des 18. Jahrhunderts wurden domestizierte Bienen in Bienenkörben aus Stroh, ausgehöhlten Bäumen oder großen Keramikgefäßen gehalten. Da man diese Art von Behausung bei der Ernte von Honig und Wachs nicht öffnen oder zerlegen konnte, musste man die Stöcke aufbrechen, wobei die Brut getötet und die Kolonie zerstört wurde. Erst um die Wende vom 18. zum 19. Jahrhundert wurden nachhaltige Modelle für Bienenstöcke entwickelt, bei denen man Wachs und Honig entnehmen konnte, ohne den Stock zu zerstören. Der amerikanische Imker Lorenzo Langstroth (1810–1895) schuf die ersten modernen Bienenstöcke. Er setzte den von ihm entdeckten «Bienenabstand» praktisch um – den spezifischen Abstand zwischen Waben, den Bienen als freien Durchgang lassen und nicht überbauen. Langstroth bestimmte diesen Abstand – er misst 5–8 mm – und entwickelte einen Bienenkasten mit entfernbaren Rähmchen, die er sorgfältig trennte, um den so wichtigen Bienenabstand einzuhalten. Er stellte fest, dass die Bienen ihre Waben parallel zueinander und senkrecht zum Kastenboden einbauen, ohne sie miteinander oder mit der Wand zu verbinden. Das erlaubt dem Imker, das Rähmchen herauszuziehen und zu inspizieren, ohne die Waben zu schädigen.

Obgleich Honig noch immer eine wichtige Zutat beim Backen und Kochen und ein geschätztes Genussmittel ist, besteht die wichtigste Rolle der Honigbienen in der Bestäubung kommerziell angebauter Nutzpflanzen. Die größte gelenkte Bestäubung findet jedes Frühjahr in kalifornischen Mandelbaumplantagen statt, wenn aus allen Ecken der USA rund eine Million Bienenstöcke per LKW herangeschafft werden. Auch die Apfelplantagen im Staat New York und die Blaubeeren in Maine sind auf den großflächigen Einsatz von Honigbienen zur Bestäubung angewiesen. Viele weitere Kulturpflanzen wie Gurken, Melonen, Erdbeeren und Kürbisse benötigen Honigbienen als wichtige Mitbestäuber. Die zunehmende Häufigkeit der Bienenkrankheit *Colony Collapse Disorder* (siehe Kasten rechts) könnte weltweit zu einem ernsten Problem für die Landwirtschaft werden, denn wenn Bienen als Bestäuber plötzlich in dramatischer Weise zurückgehen würden, könnten andere bestäubende Insektenarten diese Lücke nicht schließen.

Das Mary-Celeste-Phänomen

✦

In den vergangenen Jahren ist es weltweit zunehmend häufiger zu einem sogenannten *Colony Collapse Disorder* (CCD, Völkerkollaps) gekommen. CCD wird auch als «Mary Celeste»-Phänomen bezeichnet, nach dem Segelschiff, das 1872 auf hoher See von Kapitän und Mannschaft verlassen aufgefunden wurde. Hierbei handelt es sich um eine Kolonie, in der nur sehr wenige oder keine Arbeiterinnen zu finden sind, obwohl in den Wachszellen ungeschlüpfte Larven sitzen und die Königin noch im Stock weilt. Bisher wissen wir nicht, wie es zu dieser Störung kommt. Es gibt verschiedene Erklärungsversuche: Dazu gehören sowohl natürliche Ursachen wie Krankheiten, Parasiten- und Pilzinfektionen als auch anthropogene Ursachen wie zunehmender Pestizid- und Antibiotikumeinsatz, Klimawandel, Elektrosmog und in den USA die Ferntransporte von Bienenstöcken zwecks Befruchtung. Da Honigbienen für die Bestäubung von wichtigen Kulturpflanzen unverzichtbar sind, stellt CCD eine ernste Bedrohung für die kommerzielle Landwirtschaft dar.

Bestäubung
Der Ertrag der kommerziellen US-amerikanischen Mandelproduktion ist völlig von der Bestäubung durch Honigbienen abhängig.

Zwergwal

Balaenoptera acutorostrata

Ursprüngliche Verbreitung Weltweit

Klasse Säuger

Größe bis zu 10 m lang

✦ **Nahrung**
✦ Medizin
✦ **Wirtschaft/Handel**
✦ Geschichte/Kultur

Bis 1986 wurden die Bartenwale wegen ihres Fleisches und ihres Öls mitleidslos gejagt, bis sie am Rand der Ausrottung standen. Auch wenn der Walfang von Japan und einigen nordischen Ländern noch immer in begrenztem Umfang weiterbetrieben wird, sind diese sanften Riesen der Meere zum Wahrzeichen der Umweltbewegung geworden. Viele Küstengemeinden, die früher mit Walfang ihren Lebensunterhalt verdienten, setzen heute stattdessen auf den wachsenden Whale-Watching-Tourismus.

Monster aus der Tiefe

Von der biblischen Geschichte über Jona und den Wal bis zu Melvilles «Moby Dick» (1851), stets ist der Wal als gefräßiges Ungeheuer geschildert worden. Walsichtungen waren wahrscheinlich häufig die Vorlage für die vielen Geschichten und Legenden über Seeschlangen und andere Seeungeheuer, von denen antike und mittelalterliche Entdecker berichteten. Mit ihrer gigantischen Größe und ihrem plötzlichen Auftauchen aus der Tiefe müssen Wale den Seefahrern in ihren zerbrechlichen Holzschiffen einen gewaltigen Schrecken eingejagt haben. Die Bartenwale, zu denen Finn-, Sei-, Blau-, Buckel- und Zwergwal zählen, haben jedoch keine Zähne – sie filtrieren Nahrung aus dem Wasser. Die einzige Gefahr, die sie für Seeleute darstellen, besteht darin, dass sie unabsichtlich deren Boote rammen; doch da sie geschickte Navigatoren sind, passiert so etwas normalerweise nicht.

Wir alle wissen, dass Wale luftatmende Säuger sind wie wir selbst. Alles Leben stammt aus dem Meer und eroberte dann nach und nach das Land, doch einige Tiergruppen kehrten im Lauf ihrer Evolution ins Meer zurück, sei es, um Fressfeinden zu entkommen oder um neue ökologische Nischen zu nutzen. Nach Ansicht von Paläontologen stammen die Bartenwale von landlebenden Säugern ab, die etwa so groß wie ein kleines Reh waren und sich vor rund 53 Millionen Jahren auf den Weg zurück ins Meer machten.

Filtrierer
Die Bartenwale sind die größten Tiere, die heute auf der Erde leben. Sie ernähren sich von einigen der kleinsten Geschöpfe.

Vor etwa 40 Millionen Jahren hatten sie sich in zahlreiche, völlig ans Wasser angepasste Gattungen und Arten aufgespalten, darunter auch der riesige *Basilosaurus*, der lange für einen Dinosaurier gehalten wurde, aber in Wahrheit ein 18 m langer Zahnwal war und vermutlich das größte lebende Tier seiner Zeit. Die ersten Bartenwale tauchten vor 12–13 Millionen Jahren auf.

Ahabs Fluch
Melvilles mörderischer Moby Dick trug dazu bei, das populäre Bild des Wals im 19. Jahrhundert zu formen. Im Gegensatz zu Bartenwalen wie dem Zwergwal ist Moby Dick ein Pottwal und damit ein Zahnwal.

Der Zwergwal gehört zu den kleinsten Bartenwalen, er wird nicht länger als 10 m und wird von seinem riesigen Vetter, dem Blauwal, der eine Länge von 30 m erreichen kann, weit in den Schatten gestellt. Zwergwale, auch Minkwale genannt, haben einen schwarzen oder grauen Rücken mit einer einzelnen Rückenflosse (Finne) und einen hellen Bauch. Ihren Vortrieb erzeugen sie mit ihrer kräftigen Schwanzflosse (Fluke); die beiden Brustflossen (Flipper) dienen zur Stabilisierung und zum Steuern. Zwergwale können eine Geschwindigkeit von 38 km/h erreichen. Sie atmen durch zwei Blaslöcher auf dem Kopf und können bis zu 20 Minuten unter Wasser bleiben, bevor sie zum Luftholen wieder auftauchen müssen. Wenn die Tiere einschlafen, riskieren sie zu ertrinken, daher nimmt man an, dass sich die rechte und die linke Hirnhälfte beim Schlafen abwechseln, sodass stets eine Hirnhälfte aufpasst, dass das Tier nicht unter Wasser atmet.

Zwergwale ernähren sich von kleinen Meerestieren, die sie zusammen mit großen Mengen an Wasser ins Maul nehmen und mithilfe ihrer Aberhundert kammartigen Barten, die die Innenseite ihres Maules säumen, herausfiltern. Wie alle anderen Waltiere haben Zwergwale ein großes, wohlentwickeltes Gehirn. Die Tiere kommunizieren mit Artgenossen durch sogenannte Walgesänge, die unter Wasser viele Kilometer weit zu hören sind. Wie andere Säuger sind Zwergwale lebend gebärend; ihre Tragzeit beträgt 10 Monate. Die Walkuh nährt ihr Kalb 5 Monate lang mit einer sehr dicken, fettreichen Milch von zahnpastaartiger Konsistenz. Zwergwale können bis zu 60 Jahre alt werden, führen aber keine lebenslangen Partnerschaften.

Kleiner Fisch im grossen Teich

Menschen jagen schon seit prähistorischen Zeiten Wale. Zunächst wurden kleinere Arten gejagt, die in Küstengewässer kamen. Die Wale wurden ins Flachwasser getrieben, wo man sie mit Harpunen töten oder mit Netzen fangen konnte. Diese Form des Walfangs existierte in den Küstenregionen von Japan, dem Pazifischen Nordwesten und der Arktis bis in die Neuzeit; sie wurde und wird von indigenen Völkern betrieben, die auf Walfleisch und Blubber angewiesen sind. Die Zahl der getöteten Wale war relativ ge-

Schlachtschiff
Mit dem Aufkommen von Dampfschiffen konnten größere, schnelle Schiffe auf Walfang gehen und die größeren Bartenwale fern der Küsten im offenen Meer ins Visier nehmen.

ring und bedrohte den Bestand der Arten nicht. Diese Kulturen waren nicht in der Lage, die größeren Bartenwale zu jagen, die den größten Teil ihres Lebens auf hoher See verbrachten.

Die moderne, industrielle Form des Walfangs in großem Maßstab begann Anfang des 17. Jahrhunderts, als Briten, Franzosen, Spanier, Niederländer und Dänen Walfangflotten zur Inselgruppe Spitzbergen schickten. Wale wurden in den dortigen Buchten und Fjorden mit kleinen Booten gejagt und dann an Land geschleppt, wo sie in zeitweilig errichteten Walstationen zerlegt und ihr Blubber zu Öl (Tran) verarbeitet wurde. Im gesamten folgenden Jahrhundert stritten sich verschiedene europäische Mächte erbittert um die besten Walbuchten, was zu mehreren kleineren «Walkriegen» führte. Als die Schiffe größer wurden, dehnte sich der Walfang allmählich auf das offene Meer aus, die Landstationen wurden aufgegeben, der Blubber bei der Rückkehr der Flotte im Heimathafen verarbeitet.

Praktischer Nutzen
Vor der Entdeckung von Erdöl wurde Walöl (Tran) zur Beleuchtung, zum Kochen und zum Schmieren von Maschinen verwendet.

Während die Waljäger in der Arktis, an der Küste von Japan und im Pazifischen Nordwesten Wale wegen ihres Fleisches jagten, das für sie ein Grundnahrungsmittel war, hatten es die industriellen Walfangflotten auf den Blubber der Tiere abgesehen, der zu Walöl verarbeitet wurde. Bis zum Ende des 19. Jahrhunderts, als es schließlich durch Erdölprodukte (Petroleum) ersetzt wurde, blieb Walöl als Lampenöl für die häusliche Beleuchtung wichtig. Die Barten, die auch als «Fischbein» bekannt waren (obwohl sie weder mit Fischen noch mit Knochen – Bein – etwas zu tun haben), wurden zu verschiedenen Zwecken eingesetzt, etwa zum Versteifen von Hemdkrägen, als Speichen für Sonnen- und Regenschirme und – wohl am berühmtesten – als Korsettstangen.

Gegen Ende des 19. Jahrhunderts kam es zu einer weiteren Intensivierung des Walfangs. Die viel größeren Schiffe, von denen zahlreiche inzwischen dampfbetrieben waren, konnten deutlich größere Bartenwale jagen, einschließlich der größten Art, des Blauwals, der riesige Mengen Fleisch und Öl lieferte. Weil das Öl nicht länger zum Beleuchten gebraucht wurde, wurde es nun zu Margarine verarbeitet. Das nicht besonders schmackhafte Walfleisch landete als Tierfutter in Hunde- und Katzennäpfen. Die Konzentration auf große Walarten bedeutete für die kleineren Zwergwale eine Erholungspause. Aufgrund einer Überjagung der größeren Walarten gerieten Zwergwale jedoch von den 1970er-Jahren bis zum Walfangmoratorium 1986 wieder ins Visier der Walfänger. Seit dem Moratorium haben einige Länder wie Japan, Norwegen, Island und Korea eine kleine Zahl von Zwergwalen angeblich «zu Forschungszwecken» erlegt, doch der größte Teil des Fleisches landet auf Tellern in Tokio, Oslo, Reykjavik und Seoul.

Seit dem Ende des industriellen Walfangs haben sich die Bartenwalpopulationen weltweit erholt. Die neue Wachstumsindustrie in früheren Walfängergemeinden in Island, Grönland, dem Pazifischen Nordwesten, Australien und Südafrika ist Whale-Watching. Häufig sind dabei Zwergwale zu sehen, da sie relativ zahlreich sind, in bestimmten Jahreszeiten in Küstennähe kommen und von Natur aus neugierig sind – gern beobachten sie ihre menschlichen Zuschauer beim Whale-Watching. Diese kleinen Wale sind jedoch nicht die populärsten Bartenwale. Ihre Fähigkeit, bis zu 20 Minuten lang zu tauchen, bringt es mit sich, dass sie nur kurz auftauchen und dann für den Rest der Whale-Watching-Tour verschwinden können.

Ein rechtzeitiges Verbot des Walfangs und die Entwicklung neuer Wege, aus lebenden Bartenwalen Gewinn zu ziehen, hat diese sanften Riesen gerettet, sodass auch zukünftige Generationen sie bewundern und vielleicht sogar mit ihnen kommunizieren können. Wale, die einst gefürchtet und getötet wurden, sind nun das Symbol für die neue Beziehung zwischen Menschen, Tieren und ihrer gemeinsamen natürlichen Umwelt. Um unseres eigenen wie auch ihres Überlebens willen müssen wir lernen, die reiche biologische Vielfalt der Erde zu schützen und richtig zu nutzen.

Verirrt

✦

Gelegentlich verirren sich Wale und schwimmen in Mündungen und Flussläufe hinauf, wo sie oft stranden und sterben. Zu den berühmtesten dieser «Irrgäste» gehörte der Buckelwal Humphrey, der zweimal in die Bucht von San Francisco schwamm, erstmals 1985 und dann nochmals 1990. Im Jahr 2006 schwamm ein Tümmler die Themse bis London empor, wo er leider an Stress starb. Die wohl außergewöhnlichste Irrfahrt hatte jedoch ein 5,5 m langer Zwergwal hinter sich, der 2007 mitten im Amazonas-Urwald auf einer Sandbank in der Nähe der brasilianischen Stadt Santarém gestrandet aufgefunden wurde – fast 1600 km vom Meer entfernt.

Amerikanischer Bison

Bison bison

Ursprüngliche Verbreitung Nordamerika

Klasse Säuger

Größe bis zu 2 m Schulterhöhe

✦ ***Nahrung***
✦ Medizin
✦ ***Wirtschaft/Handel***
✦ ***Geschichte/Kultur***

Das Schicksal des Amerikanischen Bisons symbolisiert die Eroberung und Besiedlung der Great Plains im Lauf des 19. Jahrhunderts. Die Beinahe-Ausrottung des Bisons, der einst die Lebensgrundlage der Prärie-Indianer bildete, zerstörte die traditionelle Lebensweise der Stämme und führte zu ihrem Niedergang.

Der Herrscher der Great Plains

Der umgangssprachliche Name für *Bison bison*, «Büffel», ist eigentlich eine Fehlbezeichnung, die auf die nachlässige Namensvergabe der frühen europäischen Entdecker zurückgeht. Biologisch gesehen ist der Bison weit enger mit einem europäischen Wildrind, dem Wisent, verwandt als mit dem afrikanischen Kaffernbüffel oder dem asiatischen Wasserbüffel. Der Bison ist der größte in Nordamerika heimische Landsäuger: Ein ausgewachsenes Tier hat eine Schulterhöhe von rund 2 m, eine Länge von 2,1–3,5 m und ein Gewicht von 350–1000 kg. Auch wenn der Bulle etwas größer ist als die Kuh, unterscheiden sich die Geschlechter beim Bison kaum. Beide sind kräftig gebaut, mit massigem Kopf und Hals, bedeckt von einer zotteligen, dunkelbraunen Mähne, und einem deutlich ausgeprägtem Buckel. Der lange Schwanz endet in einer Quaste. Trotz ihrer Größe und den relativ kurzen Beinen können Bisons eine Spitzengeschwindigkeit von 55 km/h erreichen. Doch sie setzen nicht nur ihr Gewicht, ihre Stärke und ihre Geschwindigkeit gegen Feinde ein, sondern verteidigen sich zusätzlich mit einem Paar spitzer, gebogener Hörner. In der Paarungszeit verwenden Bullen ihre Hörner auch bei Rivalenkämpfen.

Bisons kommen heute nur noch auf kommerziellen Farmen und in Nationalparks vor, doch ihr Verbreitungsgebiet erstreckte sich ursprünglich von Nordmexiko bis Kanada und östlich bis zu den Appalachen. Der Bison weist zwei Unterarten auf, den etwas größeren Waldbison *(Bison bison athabascae)* und den Präriebison *(Bison bison bison)*. Wie andere Rinder sind Bisons Pflanzenfresser und ernähren sich von Süß- und Sauergräsern, Weiden-, Espen- und Eschenzweigen, Misteln, Pilzen, Farnen, Flechten, Moosen, Eicheln und Brombeeren. Sie weiden in der Abenddämmerung und

nachts und ruhen tagsüber. Bisonherden können eine Fläche rasch überweiden und müssen ständig wandern, um frische Weidegründe zu finden. Im Winter befreien sie den Boden vom Schnee, sodass sie selbst dann noch Nahrung finden.

Offene Landschaft
Der amerikanische Westen war vor der Besiedlung durch die Europäer die Heimat riesiger Büffelherden. Dieses Bild zeigt eine Landschaft in Missouri um 1833.

Die Bullen sind entweder Einzelgänger oder finden sich zu kleinen Gruppen zusammen. Nur zur Paarungszeit im August und September suchen sie die Kühe auf; dabei kann es zu Kämpfen kommen, bei denen die Rivalen ihre Köpfe heftig gegeneinanderschlagen. Die dominanten Männchen paaren sich als erste. Kurz nach der Paarung trennen sich die Kühe von den Bullen und bilden eigene Herden. Nach neun Monaten Tragzeit werden die Kälber geboren. Sie sind heller gefärbt und entwickeln ihren typischen Buckel und ihre Hörner mit etwa zwei Monaten. Die Kühe säugen ihre Kälber etwa ein Jahr lang; in dieser Zeit lernt das Kalb, sich in die Herde einzufügen. In freier Wildbahn werden Bisons bis zu 20 Jahre alt; in Gefangenschaft können sie ein doppelt so hohes Alter erreichen. Abgesehen vom Menschen sind die Hauptfeinde des Bisons Wolf und Grizzlybär. Wie andere Herdentiere haben Bisons kollektive Verteidigungsstrategien gegen Raubtiere entwickelt.

Der mexikanische Bulle

Die erste Sichtung eines Amerikanischen Bisons durch einen Europäer fand nicht etwa in den Prärien Nordamerikas statt, sondern 1520 in der Aztekenhauptstadt Tenochtitlan. Unter den vielen Schätzen, die der Aztekenherrscher Montezuma (1466–1520) angehäuft hatte, befand sich auch eine Menagerie seltener wilder Tiere, die aus ganz Amerika stammten. Ein Historiker beschrieb das Tier, das die Konquistadoren als «mexikanischen Bullen» bezeichneten, wie folgt:

Zu den größten Raritäten zählte der mexikanische Bulle, eine wunderbare Komposition aus verschiedenen Tieren. Er hat gebeugte Schultern mit einem Buckel auf dem Rücken wie ein Kamel, seine Flanken sind trocken, sein Schwanz ist groß, und um den Hals trägt er eine Mähne wie ein Löwe. Seine Hufe sind gespalten, sein Kopf bewaffnet wie der eines Bullen, dem er in seiner Wildheit ähnelt und auch in Kraft und Beweglichkeit nicht nachsteht.

Leben in der Prärie
Die Lebensweise der Prärie-Indianer beruhte auf der Nutzung des Bisons.

Diese erste Begegnung mit den Konquistadoren, die das Aztekenreich wenig später zerstören sollten, war ein Vorgeschmack auf eine weitaus schlimmere Behandlung, die den Bisons seitens der späteren europäischen Siedler bevorstand. Die erste belegte Sichtung in Nordamerika erfolgte erst 1612. Damals berichtete ein britischer Entdecker irgendwo in der Nähe des Ortes, an dem später einmal Washington, D.C. entstehen sollte, er habe Bisons gesehen und gegessen: «Ich stieß auf eine große Herde von Rindern, so groß wie Kühe, von denen die Indianer, die uns führten, ein paar töteten. Ihr Fleisch ist schmackhaft und sie sind leicht zu töten, denn sie sind schwer, langsam und nicht so ungestüm wie andere große Wildtiere.» Abgesehen von gelegentlichen Zusammentreffen mit Europäern waren die menschlichen Hauptfeinde der Bisons die indigene amerikanische Bevölkerung.

Bevor die Europäer im 16. Jahrhundert das Pferd wieder nach Amerika einführten, jagte die Urbevölkerung zu Fuß. Um es zu erlegen, versuchte man, ein Tier von der Herde zu trennen, die Herde über eine Klippe zu jagen oder sie in einem Canyon ohne Ausgang einzuschließen. Die Indianer verwendeten jeden Teil des Bisons, von den Hörnern bis zu den Hufen. Die besten Fleischteile lösten sie aus und verzehrten sie frisch, den Rest konservierten sie als Dörrfleisch oder Pemmican, eine Mischung aus getrocknetem Fleisch und Fett, gewürzt mit Beeren. Die Häute wurden für Zelte, Schilde, Taschen, Kleidung oder Trommelbespannungen verwendet, die Sehnen dienten als Bogensehnen. Die Ankunft des Pferdes erleichterte die Jagd beträchtlich, und die Prärie-Indianer, die nun den Bisonherden folgen konnten, entwickelten einen nomadischen Lebensstil.

Ein Jäger wandelt sich zum Naturschützer

✦

Der zum Wildwest-Schausteller gewandelte Soldat und Büffeljäger «Buffalo Bill» Cody (1846–1917) verdankte seinen Spitznamen der Tatsache, dass er während einer einzigen Jagdsaison 1867/68, in der er für die Kansas Pacific Railroad arbeitete, mehr als 4000 Büffel tötete. Als die großen Herden Anfang der 1870er abgeschlachtet waren, erkannte Cody, dass der Druck auf den Bison zu groß war, und unterstützte Maßnahmen zum Schutz der Art. Ein Zusammenschluss von Ranchern, dem Militär und den Eisenbahngesellschaften sorgte jedoch dafür, dass ein solches Schutzgesetz niemals verabschiedet wurde, und ab den 1880ern war der Amerikanische Bison in den Great Plains so gut wie ausgerottet.

Schlachtfeld

Mit der Ankunft der Europäer im 19. Jahrhundert begann sich die Situation zu verändern. Zunächst kamen die Neuankömmlinge als Händler, die den Indianern anboten, Büffelfleisch und -häute gegen Feuerwaffen zu tauschen. In manchen Regionen zeigte sich bereits in den 1830er-Jahren, wie negativ sich die kommerzielle Jagd der nun entsprechend ausgerüsteten Indianer auf die Bisonpopulationen auswirkte. Als die Besiedlung durch die Europäer immer rascher voranschritt, stieg auch der Druck auf die Bisons und die Indianerstämme. Ein Zusammenkommen mehrerer Faktoren hätte im letzten Jahrzehnt des 19. Jahrhunderts fast zum völligen Aussterben des Amerikanischen Bisons geführt: Nach einer schlimmen Dürre zwischen den 1840er- und 1860er-Jahren war die Population zusammengebrochen. Die Bestände begannen sich gerade zu erholen, als der schlimmste Vernichtungsfeldzug durch den Menschen einsetzte.

Der Bison behinderte das unaufhaltsame Vordringen europäischer Siedler nach Westen: Die Wildrinder konkurrierten mit den Hausrindern um Weidefläche; sie beschädigten oder verzögerten Eisenbahnen, und sie waren die Lebensgrundlage der Indianerstämme in der Prärie, die mit den Siedlern um den Besitz ihres Landes kämpften. Eine Koalition aus Ranchern, Eisenbahngesellschaften und Militärs hatte ein gemeinsames Interesse an der Ausrottung der Büffel, zudem waren Büffelhäute ein wertvolles Handelsgut. In den 1860er- und 1870er-Jahren wurden professionelle Jäger wie «Buffalo Bill» Cody (siehe Kasten S. 24) angestellt, um die Bisons in ihrem ursprünglichen Verbreitungsgebiet auszurotten. Das Gemetzel war beispiellos; an einem einzigen Tag wurden Tausende von Tieren getötet. Die Tiere wurden nur gehäutet, die Kadaver ließ man einfach verrotten. Längs der Gleise türmten sich derart große Knochenhaufen, dass sich ein sekundärer Industriezweig entwickelte: Aus den eingesammelten Knochen wurde Dünger hergestellt. Ab den 1880er-Jahren war die Politik der Ausrottung derart erfolgreich, dass die Prärie-Indianer gezwungen waren, sich zu unterwerfen, wenn sie nicht verhungern wollten, und ihre Lebensweise gehörte für immer der Vergangenheit an.

Der Wilde Westen
«Buffalo Bill» Cody und der Sioux-Häuptling Sitting Bull stemmten sich gemeinsam gegen die Regierungspolitik, doch ihre Bemühungen um den Schutz des Amerikanischen Bisons blieben erfolglos.

Herkuleskeule

Bolinus brandaris

Ursprüngliche Verbreitung Mittelmeer

Klasse Schnecken

Größe bis zu 3,9 cm lang

Eine der wertvollsten Substanzen der Antike bestand aus den Sekreten einer einfachen Meeresschnecke, aus der man einen leuchtend blau- bis rotvioletten Farbstoff, den echten oder tyrischen Purpur, gewann. Die Produktion von Purpur war so teuer, dass dieser Farbstoff über Jahrhunderte nur den Herrschern vorbehalten war.

✦ ***Nahrung***
✦ Medizin
✦ ***Wirtschaft/Handel***
✦ Geschichte/Kultur

Die Farbe Purpur

Im Altertum gewann man Färbemittel oft aus den erstaunlichsten Quellen. Nach einer antiken griechischen Legende verdanken wir den Purpurfarbstoff dem Hund des Herkules. Als der Held im Nahen Osten an einem Strand entlangwanderte, fraß sein Hund einige Schnecken, und seine Schnauze färbte sich sofort purpurn. Wie viele alte Legenden enthält auch diese Geschichte vielleicht einen wahren Kern. Die Herkuleskeule und andere Purpurschnecken werden auch von Menschen verzehrt, und so entdeckte man den Farbstoff möglicherweise zuerst durch ein Missgeschick beim Kochen. Früher stellte man den Farbstoff, den echten oder tyrischen Purpur, in der alten Phönizierstadt Tyros (im heutigen Libanon) her und exportierte ihn in die restliche antike Welt. Nach neueren archäologischen Erkenntnissen züchtete man auch während der Minoer-Kultur in Kreta Purpurschnecken, um den wertvollen Farbstoff zu extrahieren.

Die Herkuleskeule lebt an Felsen im Flachwasser und in Gezeitentümpeln im Mittelmeer. Das Schneckenhaus besitzt einen langen Siphonalkanal, ist im Körperumgang bauchig und das Gewinde läuft in eine kurze Spitze aus. Das Gehäuse trägt etliche kurze Stacheln, die einen Anhaltspunkt für das Alter des Tieres geben. Das Weibchen legt Eier, die zum Schutz vor Fressfeinden von einer harten Eikapsel umgeben sind. Die Entwicklung der Larve läuft vollständig in der Eikapsel ab. Die Jungtiere sehen bereits wie Miniatur-Purpurschnecken aus und benötigen etwa drei Jahre bis zur Geschlechtsreife. Die Herkuleskeule ist so etwas wie ein Hannibal Lecter der Molluskenwelt, da sie gleichzeitig karnivor und kannibalistisch ist. Zuerst löst die Schnecke die Schale des Beutetiers durch ein kalklösendes Sekret auf, dann durchstößt sie diese mit ihrer Radula (der harten Raspelzunge) und gelangt so ans weiche Innere der Beute.

Echter tyrischer Purpur war angeblich sein Gewicht in Gold wert und bildete eine der Grundlagen für den sagenhaften Reichtum der Phönizier. Man sammelte die Purpurschnecken nicht nur an der Küste, sondern züchtete sie auch in großen Behältern. Die Hypobranchialdrüse mit dem darin enthaltenen Farbstoff wurde entfernt und mit Meersalz und Pottasche gekocht, um einen Färbeextrakt zu erhalten, der besonders leuchtende Farben lieferte, die zudem nicht ausblichen. Das zu färbende Garn wurde dann ein- bis zweimal in die Färbelösung getaucht, bis der erwünschte Farbton erzielt war. Die Farben reichten von einem dunklen Blauviolett bis Rotviolett. Im Mittelalter ging die Herstellung von tyrischem Purpur zurück, insbesondere nachdem die Kreuzfahrer im 13. Jahrhundert das Byzantinische Reich erobert hatten. In der muslimischen Levante wurde der Farbstoff zwar immer noch produziert, doch Westeuropa wandte sich anderen natürlichen Färbemitteln zu, bis der Gebrauch der Naturprodukte Mitte des 19. Jahrhunderts mit der Einführung synthetischer Farbstoffe abnahm.

Purpurgeburt

✦

Von alters her werden Farben als Rangabzeichen eingesetzt. Gelb war in China der kaiserlichen Familie vorbehalten, während im römischen Kaiserreich Purpur die Farbe des kaiserlichen Rangs war. Die letztgenannte Verbindung war so eng, dass die Mitglieder des Kaiserhauses im Byzantinischen Reich als *porphyrogenitos* bezeichnet wurden, was wörtlich übersetzt «der Purpurgeborene» heißt. Im Byzantinischen Reich besaß dies sogar eine Doppelbedeutung, denn es bezog sich einerseits auf das Tragen von Purpurgewändern, andererseits auf die Farbe der kaiserlichen Geburtskammer, die vollständig mit purpurfarbenem Porphyr (einem Stein) ausgekleidet war.

«Bei Fuss!»
Nach einer Legende fraß der Hund des antiken Helden Herkules Meeresschnecken am Strand und «entdeckte» dabei den tyrischen Purpur. Wahrscheinlicher ist allerdings, dass der Farbstoff durch einen Zufall beim Kochen entdeckt wurde.

Echter Seidenspinner

Bombyx mori

Ursprüngliche Verbreitung Nordchina

Klasse Insekten

Größe 4–6 cm

Seide war ein streng gehütetes Geheimnis der Chinesen, mehr als 3000 Jahre lang kontrollierten sie Herstellung und Verkauf. Der Handel mit den kostbaren Stoffen bildete die Hauptstütze der Seidenstraße, die China mit dem Nahen Osten und dem Römischen Reich verband. Im 6. Jahrhundert nach Christus gelangte das Geheimnis der Seidenraupenzucht nach Byzanz und Persien und verbreitete sich von dort über die Alte Welt und später in die Neue Welt.

✦ Nahrung
✦ Medizin
✦ **Wirtschaft/Handel**
✦ Geschichte/Kultur

Der Tee der Kaiserin

In China heißt es der Legende nach, die Kaiserin Lei Zu habe im 27. Jahrhundert vor Christus die Kunst des Seidenbaus, die Serikultur, entdeckt, während sie in den Palastgärten unter einem Maulbeerbaum saß und Tee trank. Ein Schmetterlingskokon fiel in ihre Tasse und begann sich in dem heißen Getränk abzuwickeln. Der gesamte Garten war mit dem Seidenfaden bedeckt, bis der Kokon schließlich aufgeriffelt war und die Seidenraupe zum Vorschein kam. Die Kaiserin erkannte den Zusammenhang zwischen Falterraupe und Seidenfaser-Kokon und bat ihren Gatten, den Gelben Kaiser, Seidenraupen in einem Maulbeerhain züchten zu dürfen und ihren Entwicklungszyklus zu untersuchen. Dabei entdeckte sie nicht nur, wie man die Falter züchtete, um an die Kokons zu gelangen, sondern auch, wie man den Faden verspann und auf einem Webstuhl zu Stoff webte. Zum Dank für ihr großes Geschenk an China wurde Lei Zu zur Göttin der Seide erhoben.

Dies ist zwar eine hübsche, aber unwahrscheinliche Legende. Wie bei der Entwicklung vieler anderer vorindustrieller Fertigungsverfahren, dauerte es vermutlich auch bei der Serikultur viele Jahrhunderte, bis sie durch systematisches Ausprobieren ausgereift war. Man weiß, dass die Seidenraupenzucht bis zum Beginn der chinesischen Zivilisation zurückdatiert (vor mehr als 5500 Jahren). Das Geheimnis wurde vom chinesischen Staat streng gehütet und gelangte erst im 6. Jahrhundert n. Chr. in den Westen. In der Antike verstand man außerhalb von Asien nicht wirklich, was Seide eigentlich war: Die meisten Römer – sie schätzten Seide besonders – glaubten, sie sei eine Pflanzenfaser wie Baumwolle, und ahnten nicht, dass es sich um ein tierisches Produkt handelte.

Spinnraupe
Das Geheimnis der Seide war so streng gehütet, dass im Westen kaum jemand wusste, dass Seide von den Raupen (Larvenstadium) eines Insekts gebildet wurde.

Wie die anderen bisher besprochenen Insekten, Malariamücke und Honigbiene, besitzt auch der Seidenspinner einen Entwicklungszyklus mit vier Stadien: Ei, Larve (Raupe), Puppe und Imago (Falter). Als «Seidenraupe» wird das Larvenstadium des Seidenspinners bezeichnet, er gehört zur Ordnung Lepidoptera, den Schmetterlingen (Tag- und Nachtfaltern). Im Vergleich zum erwachsenen Falter sind die Eier winzig – nur so groß wie Mohnsamen. Nach etwa zwei Wochen schlüpfen die Raupen. Nur in diesem Entwicklungsstadium nimmt der Seidenspinner Nahrung zu sich, und zwar ausschließlich die Blätter des Weißen Maulbeerbaums *(Morus alba)*. Anfangs sind die Larven mit schwarzen Härchen bedeckt, wenn der Kopf dunkel wird, sind sie zur Häutung bereit. Nach der Häutung ist die Raupe weiß und unbehaart, mit einem Analhorn auf dem Rücken.

Endlos-Faser
Ein Seidenraupenkokon besteht aus einem einzigen Filament, das bis zu 900 m lang werden kann und viel dünner als ein Menschenhaar ist.

Nach der vierten und letzten Larvenhäutung bildet die Seidenraupe in ihren Speicheldrüsen einen Seidenfaden und spinnt daraus einen Kokon um den ganzen Körper. Dieser Kokon schützt sie im letzten Stadium der Metamorphose vor Wind, Wetter und Fressfeinden. Das Gespinst besteht aus einem einzigen durchgehenden Rohseidenfilament, das 300–900 m lang und 10 µm dick ist (ein Menschenhaar ist 20–180 µm dick). Im Kokon verwandelt sich die Larve zur braunen, von einer Chitinhülle umschlossenen Puppe. Wenn sich die Seidenraupe weiter entwickelt und das Puppenstadium vollendet, sondert sie schließlich ein Enzym ab, das den Kokon an einer Stelle auflöst, sodass der Falter schlüpfen kann. Doch dadurch wird das Seidenfilament des Kokons zerstört und damit für die kommerzielle Seidenproduktion wertlos. Der adulte Seidenspinner ist trotz der großen Flügel flugunfähig. Da seine Mundwerkzeuge nicht funktionsfähig sind, kann er keine Nahrung zu sich nehmen; seine einzige Funktion ist die Fortpflanzung. Seidenspinner gehören zu den wenigen Insekten, die vollständig domestiziert sind – sogar so weit, dass sie zum Überleben inzwischen gänzlich auf den Menschen angewiesen sind.

Weisser Maulbeerbaum
Morus alba

«Gesponnenes Gold»
Die Seidenherstellung war im gesamten Altertum chinesisches Monopol; man handelte das kostbare Material gegen Gold und andere Rohstoffe aus dem Westen.

Die erste Datenautobahn

Die frühesten archäologischen Belege für eine Seidenherstellung in China reichen bis ins 4. Jahrtausend v. Chr. zurück. Seidenstoffe, die man in Grabstätten des 3. Jahrtausends v. Chr. fand, zeigen, dass die Chinesen bereits raffinierte Färbe- und Webtechniken entwickelt hatten. Seide war aufgrund von Textur, Schimmer und leuchtenden Farben ein Luxusprodukt; sie war im alten China der Elite vorbehalten. Auch bei den «barbarischen» Nachbarn war sie sehr begehrt und wurde ihnen als Geschenk oder manchmal als Bestechung überreicht. Seidenstoff selbst war so wertvoll, dass er neben Silber- und Goldmünzen als Zahlungsmittel anerkannt war.

Der Seidenhandel mit dem Westen ist seit dem 2. Jahrtausend v. Chr. nachgewiesen. So hat man Seide in den Pharaonengräbern im Tal der Könige in Ägypten gefunden. Die großen Reiche des Altertums, Persien, das antike Griechenland und Rom, waren allesamt süchtig nach Seide, die sie teuer aus China importieren mussten. Seide war im Ost-West-Handel als Produkt so wichtig, dass die Handelsrouten zwischen China und dem Nahen Osten beziehungsweise Europa nach ihr benannt wurden. Tatsächlich war die Seidenstraße nicht ein einziger Handelsweg, sondern ein Netzwerk aus Überland- und Seehandelsrouten. Die bekannteste Route durchquerte die Wüsten und Gebirge Zentralasiens und Persiens und führte zur Stadt Antiochia an der syrischen Küste; doch es gab auch eine nördlichere Route durch das heutige Russland und eine südlichere durch Indien. Als Seeweg verlief die Seidenstraße an Südostasien und Indien entlang, dann durch das Rote Meer nordwärts und über Land bis zum Hafen von Alexandria in Ägypten.

Super-Handelsroute
Seide war das wichtigste Handelsgut der alten Seidenstraße, die China mit den Zivilisationen des Nahen Ostens und Europas verband.

Nicht nur Seide wurde gehandelt. Andere chinesische Produkte wie Papier, Keramik und Porzellan gelangten ebenfalls in den Westen, im Austausch gegen westliche Waren wie Glas, Bernstein, Elfenbein, Gold und Silber. Der eigentliche Zweck der Seidenstraße war zwar der Handel, doch sie spielte auch eine wichtige Rolle im Austausch von Kunst und Kultur. Ohne Übertreibung kann man die Seidenstraße als erste Datenautobahn bezeichnen, als Vorläufer des Internets, die den Austausch von industrieller und militärischer Technologie, Kunststilen sowie religiösen und philosophischen Ideen zwischen dem Fernen Osten, dem Nahen Osten und Europa erleichterte. Was die Religionen angeht, so gelangte beispielsweise das Christentum ostwärts bis nach China, wo bereits im 1. Jahrhundert n. Chr. christliche Gemeinden entstanden. Der Buddhismus breitete sich von seinem Entstehungsort Indien aus und wurde in Asien vorherrschend, bis er in Zentralasien durch den Islam und in China durch den Taoismus verdrängt wurde.

Drachenkleid
Dieses bestickte seidene Ritualgewand aus dem 4. Jahrhundert v. Chr. ist ein hervorragendes Beispiel für die hochentwickelten Fertigkeiten der damaligen chinesischen Textilkünstler.

Bei der Herstellung und Verbreitung von Seide haben Frauen eine wichtige Rolle gespielt. Die Serikultur war traditionell ihre Domäne. Sie zogen die Seidenraupen auf Maulbeerblättern auf; die ausgewachsenen Raupen spannen dann in Vorbereitung auf die Verpuppung ihre Kokons. Man sammelte diese und warf sie in kochendes Wasser, um die Puppen abzutöten und die hart gewordene Seide aufzuweichen, sodass man das Seidenfilament von Hand abwickeln und zu einem Faden verspinnen konnte. Dieser Faden wurde gefärbt und zu Stoffen gewebt. Seidenspinner-Eier durften bei Todesstrafe nicht aus China ausgeführt werden. Laut einer weiteren Legende schmuggelte eine chinesische Prinzessin die Eier jedoch im 1. Jahrhundert n. Chr. heraus, als sie den Herrscher des Königreichs Hotan in Zentralasien heiratete, da sie nicht ohne ihre geliebten Seidenstoffe leben wollte. Der Seidenbau verbreitete sich von Zentralasien nach Indien, wo er bereits im 3. Jahrhundert n. Chr. etabliert war. Im frühen 4. Jahrhundert gelangte das Geheimnis der Serikultur nach Japan, Chinas östlichem Nachbarn. Dort entwickelte sich eine blühende Seidenindustrie, die bis heute überlebt hat.

Das Geheimnis der Seide erreichte schließlich im Jahr 522 den Westen, als der byzantinische Kaiser Justinian (483–565 n. Chr.) von zwei Mönchen, die er in geheimer Mission nach Zentralasien gesandt hatte, Seidenspinner-Eier erhielt. Die Mönche schmuggelten die Eier im Inneren von

Bambusrohren zurück nach Konstantinopel (Byzanz). Die byzantinischen Kaiser errichteten nun ihrerseits ein Seidenmonopol und versuchten genau wie die Chinesen, den lukrativen Seidenhandel mit Westeuropa zu kontrollieren. Die Araber, die vom 7. Jahrhundert an den Nahen Osten, Nordafrika und Südeuropa blitzartig eroberten, wurden zu ihren Konkurrenten. Sie führten den Seidenbau in ihren eroberten Gebieten in Afrika, Spanien und Sizilien ein. Die Chinesen hatten zwar das Seidenmonopol verloren, doch hochwertige Seide wurde nach wie vor über die Seidenstraße gehandelt.

Mit den Kreuzzügen im 12. und 13. Jahrhundert gelangte der Seidenbau schließlich ins restliche christliche Europa. Die Kreuzfahrer – ihr vorgebliches Ziel war die Befreiung des Heiligen Landes – eroberten das christliche Byzantinische Reich. Viele Seidenhandwerker verließen Konstantinopel und ließen sich in Südfrankreich und Italien nieder, die bald zu Zentren der Seidenproduktion wurden. Das Ende des chinesischen Seidenhandels kam im 14. Jahrhundert mit dem Zerfall des Mongolenreichs, das sich über die gesamte Länge der Seidenstraße erstreckt hatte. Seither wurde die beste Seide für den europäischen Markt in Florenz, Lucca und Venedig hergestellt. Die Kosten für Seidenstoffe belasteten die französischen Finanzen so stark, dass König Franz I. (1494–1547) die Serikultur

Festlicher Glanz
Seide ist der Stoff der Wahl für festliche Kleidung, angefangen von Ballkleidern bis zu indischen Saris, die kunstvoll mit Pailletten und Miniperlen bestickt sind.

rund um Lyon ansiedelte, das bis ins späte 19. Jahrhundert ein Zentrum der Seidenproduktion blieb. Ähnliche Versuche in Europa waren weniger erfolgreich. Doch im 17. Jahrhundert ließen sich protestantische Seidenweber aus Frankreich und Flandern, die wegen ihres Glaubens aus ihrer überwiegend katholischen Heimat geflohen waren, im Spitalfields-Bezirk in Ost-London nieder, und Spitalfields blieb im nächsten Jahrhundert das englische Zentrum für Seidenstoffe und -kleidung.

Seide gegen Nylon

Die Industrielle Revolution im 18. Jahrhundert wurde von den Textilproduzenten angeführt, insbesondere von den englischen Baumwollherstellern. In Frankreich brachte die Erfindung des Jacquard-Webstuhls (1801) Verbesserungen in der Seidenherstellung. Der Webstuhl wurde mithilfe von Lochkarten betrieben, ganz ähnlich wie die frühen Computer. Die neue Maschine war so produktiv, dass es zu Unruhen unter den Seidenwebern kam, da diese Angst hatten, durch den Webstuhl überflüssig zu werden. Doch zu Ende des 19. Jahrhunderts ging die europäische Seidenproduktion stark zurück. Drei Faktoren trugen zu ihrem Zusammenbruch bei: Es kam zu Krankheiten, zuerst bei den Seidenraupen, dann bei den Maulbeerbäumen. Die Mode veränderte sich und andere Stoffe kamen auf den Markt. Schließlich wurde die japanische Seidenindustrie modernisiert und konnte ihre europäischen Konkurrenten unterbieten.

Bis zum 2. Weltkrieg war Japan der größte Exporteur von Seidengarnen und den daraus hergestellten Produkten. Doch durch den Krieg im Pazifik wurde der Handel unterbrochen, und es kam zur Entwicklung billiger synthetischer Alternativen wie Nylon. Nach Kriegsende konnte die Seide ihre frühere Vormachtstellung nicht wieder erlangen. Zurzeit ist China der führende Seidenproduzent der Welt, gefolgt von Indien. Seide ist immer noch ein Luxusmaterial und wird in der Edel-Modeindustrie zu Hemden, Blusen, Krawatten, Dessous, Anzügen und Kleidern verarbeitet. In Japan und Indien wird die traditionelle Bekleidung – Kimono und Sari – aus Seide hergestellt. Auch für Wohntextilien wie Möbelstoffe, Vorhangstoffe und Tapeten findet Seide Verwendung.

Einer Prinzessin würdig

✦

Seit der Antike ist Seide der Lieblingsstoff der Könige. Jahrhundertelang fertigte man die Hofkleidung des europäischen Adels aus Seide, und erst im viktorianischen Zeitalter begannen praktischere Stoffe zu dominieren. Am 29. Juli 1981 erwartete ein Großteil der Weltöffentlichkeit mit Spannung die Ankunft von Lady Diana in der St. Paul's Cathedral (London), wo sie den britischen Thronfolger Prinz Charles heiraten sollte. Die Aufregung galt dem Hochzeitskleid. Dieses war von Elizabeth und David Emanuel entworfen und bis zum Hochzeitstag geheim gehalten worden. Lady Di entstieg der Kutsche in einer extravaganten romantischen Kreation mit ausladendem Rock, riesigen Puffärmeln und mit Rüschen besetztem Ausschnitt. Das Kleid war aus elfenbeinfarbenem Seidentaft gefertigt, mit Spitze, Handstickerei, Pailletten und 10 000 Miniperlen verziert und gekrönt von einer 7,6 m langen Schleppe.

Europäisches Hausrind

Bos primigenius taurus

Ursprüngliche Verbreitung Europa

Klasse Säuger

Größe 1,25–1,5 m Schulterhöhe

✦ ***Nahrung***
✦ ***Medizin***
✦ ***Wirtschaft/Handel***
✦ ***Geschichte/Kultur***

Das Europäische Hausrind ist wahrscheinlich die wichtigste essbare sowie wirtschaftlich und kulturell bedeutsamste Tierart in diesem Buch. Rinderhaltung kann verschiedene Formen annehmen, wie das Ranching in Nordamerika, die nomadische Weidewirtschaft bei den Massai in Ostafrika und die Milchviehhaltung im ländlichen Europa.

Milchkühe

Die Kuh ist kein besonders aufregendes Tier. Sie löst nicht dieselben emotionalen Reaktionen wie Hund, Katze oder Pferd aus; sie hält sich friedlich wiederkäuend im Hintergrund unserer Gedanken – stets präsent, doch weitgehend für selbstverständlich gehalten. Doch wenn man die Kuh mit einem Fingerschnippen aus unserer Geschichte verschwinden lassen könnte, wäre die Welt von heute ein völlig anderer Platz – wir würden Ernährung, Kleidung, religiöse Überzeugungen und Lebensweise von Milliarden Menschen nicht wiedererkennen. Die Kuh hat viele Kulturen von prähistorischen Zeiten bis in die Gegenwart geprägt, und während die Welt immer reicher wird, steigt ihr Einfluss auf unsere Zivilisation, was nicht unbedingt positiv ist. Die Rinderhaltung ist inzwischen ins Visier von Umweltaktivisten geraten; sie sehen darin eine Bedrohung für die Artenvielfalt und die menschliche Gesundheit, eine Verschwendung kostbarer Ressourcen und einen Faktor, der zur globalen Erwärmung beiträgt.

Unverzichtbar
Kühe wirken vielleicht etwas langweilig, doch sie sind wohl die wichtigste essbare Tierart, die in diesem Buch vorgestellt wird.

Hinterhalt
Der wilde europäische Auerochse oder Ur war für Jäger wie Wölfe oder Frühmenschen ein schwieriger Gegner.

Der gemeinsame Vorfahr aller Hausrinder ist der heute ausgestorbene Auerochse *(Bos primigenius)*. Der Auerochse entwickelte sich vor rund zwei Millionen Jahren in Indien und drang langsam nach Westen vor, sodass er vor rund 250 000 Jahren Europa erreichte. Der Stammvater unserer Hausrinder war viel größer und kräftiger gebaut als unsere modernen domestizierten Rassen; seine Schulterhöhe betrug 2 m und er trug zwei lange Hörner. In der Jungsteinzeit (Neolithikum) jagte der Mensch den Auerochsen, wie auf Höhlenmalereien in Spanien und Frankreich zu sehen ist. Vor etwa 8000–6000 Jahren wurde der Auerochse domestiziert. Die Domestikation des Auerochsen fand wohl an mehreren Orten unabhängig voneinander statt. Wahrscheinlich waren die ersten Rinderhalter nomadische Hirten, die auf der Suche nach frischen Weidegründen ständig mit ihren Herden umherzogen. Der Auerochse überlebte in seiner Wildform bis in die Neuzeit. Das letzte bekannte Individuum starb 1627 in Polen.

Das Hausrind gehört zu der großen Gruppe der Huftiere (Ungulata), zu denen auch Pferd, Lama, Ziege und Schaf zählen. Rinder sind Wiederkäuer (Ruminantia) mit einem Magen, der aus vier Kammern besteht: Pansen (Rumen), Netzmagen (Reticulum), Blättermagen (Omasum) und Labmagen (Abomasum). Dieser komplizierte Verdauungstrakt erlaubt es der Kuh, cellulosereiches Pflanzenmaterial (wie Gras und Blätter) zu verdauen, das für Menschen unverdaulich ist, und es in nutzbare Kohlenhydrate, Fette und Eiweiße umzuwandeln. Die Nahrung wird zunächst durch Kauen grob zerkleinert, dann gelangt sie in den Pansen und den Netzmagen, wo sie von Mikroorganismen verarbeitet wird. Anschließend wird sie wieder hochgewürgt, erneut durchgekaut und wieder verschluckt. Schließlich gelangt der Nahrungsbrei in den Labmagen, den eigentlichen Magen der Kuh, der in seiner Funktion unserem Magen entspricht.

Es ist diese Fähigkeit der Kuh, für uns unverdauliches Material in verwertbare Proteine und Fette umzuwandeln, die sie zu einem Wunder der Natur macht und zur Basis vieler Kulturen in Vergangenheit und Gegenwart hat werden lassen. Hausrinder werden als Fleisch- und Milchlieferanten gehalten, man kann sie als Lasttiere einsetzen oder als Zugtiere beim Pflügen. Sie sind zudem die Hauptquelle für Leder, das zu Kleidung

Milchkühe
Unsere Vorfahren haben Rinder zunächst wegen ihres Fleisches gejagt und später gezüchtet, doch bald erkannten sie den Wert der Tiere als Milchproduzenten.

Heilige Kühe
Auch wenn Kühe in der indischen Küche als Produzenten von Milch, Butter und Ghee (eine spezielle Butterzubereitung) für die Ernährung eine zentrale Rolle spielen, wurde die Kuh im hinduistischen Indien niemals als Göttin angesehen oder verehrt.

und Schuhen verarbeitet wird. Rindsleder findet auch in der Möbelindustrie sowie bei der Innenausstattung von Autos Verwendung. In historischen Zeiten wurde nur ein sehr geringer Teil des Rindes nicht genutzt, doch heute haben synthetische Produkte viele Objekte ersetzt, die früher aus Rindsleder, Horn, Sehnen und Hufen hergestellt wurden.

Ein heiliges Symbol

Die praktische Bedeutung des Rindes für zahlreiche antike Zivilisationen wird durch seine Verwendung als religiöses Symbol unterstrichen. Im alten Mesopotamien (heute Irak) symbolisierten Hörner Göttlichkeit und Königtum, in Ägypten wurden zwei Gottheiten durch Rinder verkörpert: Hathor, die Göttin der Liebe und der Mutterschaft, und der heilige Stier Apis. Apis wurde in seinem eigenen Tempel in der ägyptischen Hauptstadt Memphis, im Serapeum, verehrt. Als das Serapeum gegen Ende des 19. Jahrhunderts ausgegraben wurde, entdeckten Archäologen die rituelle Begräbnisstätte von 60 Bullen, die in ihren eigenen Sarkophagen bestattet worden waren. Das Rind ist ein wichtiges Tier in der ägyptischen Bildsprache und wurde als Skulptur, in Wandmalereien und in Gebrauchsgegenständen verewigt.

Das Rind spielte auch in der antiken Mythologie und Religion eine wichtige Rolle. Unter den Wandmalereien, die im großen minoischen Palast auf Knossos entdeckt wurden, findet sich eine Szene, in der ein junger kretischer Akrobat mit einem Sprung über die Hörner eines herangallopierenden Bullen setzt. Wir wissen nicht, ob es sich um ein sportliches Ereignis, ein religiöses Ritual oder um eine Kombination von beidem handelt, doch Stiere spielten eine zentrale Rolle in der minoischen Religion. Auf der kretischen Stierverehrung beruhte wahrscheinlich die Geschichte vom Minotaurus, einem monströsen Zwitterwesen, halb Mensch, halb Stier, der sich vom Fleisch geopferter Menschen ernährte, die aus Griechenland auf die Insel gesandt wurden. Auch die alten Griechen schätzten das Rind hoch. Bei den großen Festen zu Ehren der olympischen Götter war der Stier das Opfertier der Wahl. In Athen wurden Zeus und Athene jedes Jahr Hunderte von Stieren geopfert, um die Stadt vor Feinden und Naturkatastrophen zu schützen. Die Römer, die Erben der griechischen Zivilisation, opferten ihren Göttern ebenfalls Stiere. Die Stierkampftraditionen in Spanien und Südfrankreich gehen wahrscheinlich auf antike römische Spiele zurück, bei denen Gladiatoren gegen Stiere antraten (siehe Kasten S. 38).

Die Kultur mit der vielleicht engsten Verbindung zu Rindern finden wir in Indien, der Heimat der «heiligen Kühe». Im Gegensatz zu Griechenland und dem Nahen Osten, wo Rinder sowohl als Gottheiten verehrt als auch geopfert und gegessen wurden, wird die Kuh in Indien nicht als eigenständige Gottheit angesehen, und der Hinduismus verbietet das Töten und Verzehren von Rindern. In einem Land, in dem es immer wieder zu Nahrungsmangel kam, sind Rinder als vielfältig verwendbare natürliche Ressource zu kostbar, um sie aufzuessen. Milchprodukte bilden für viele Inder, die sonst keinen Zugang zu tierischem Eiweiß hätten, einen wichtigen Teil der Nahrung. Im Indien unserer Tage hat der wachsende Lebensstandard in den Städten jedoch die Nachfrage nach Rindfleisch steigen lassen.

Minotaurus
Im Mittelpunkt der kretischen Kultur stand der Stierkult.

Rinderhaltung

Als die spanischen Konquistadoren Anfang des 17. Jahrhunderts in Mexiko landeten, fanden sie dort keine großen Haustiere vor. Das amerikanische Pferd war bereits viele Jahrtausende zuvor ausgestorben, und das einzige einheimische Rind, der Amerikanische Bison, lebte weit im Norden der aztekischen Hauptstadt. In Zentralamerika wurden Aufgaben wie Lastentransport und Pflügen von Menschen übernommen. Die Europäer führten das Pferd wieder ein, was das Leben der Prärie-Indianer stark beeinflussen sollte, und sie brachten auch Nutzvieh wie Schaf, Ziege und Rind mit sich. Damit begann sich die Ökologie des Doppelkontinents langsam zu verändern.

Die Spanier führten die Rinderhaltung in Nord- und Südamerika ein und passten dabei die in Europa übliche Haltung den neuen Verhältnissen an. Diese Praxis wurde von den nordamerikanischen Siedlern übernommen und nach Westen verbreitet. Die riesigen offenen Graslandschaften der Great Plains waren ideal für eine extensive Form der Viehhaltung («Open Range»). Dabei streiften die Rinder wie die Bisons, die sie bald ersetzen sollten, auf Nahrungssuche frei umher. Im Herbst trieben Cowboys die

Heilige Hörner
Der Stiergott Apis hatte in der ägyptischen Stadt Memphis seinen eigenen Tempel; dort fand man 60 heilige Stiere, in ihre eigenen Steinsarkophage gebettet.

Tiere zusammen, sortierten sie anhand ihrer Brandzeichen und trieben die erwachsenen Rinder zum Markt. Diese Open-Range-Rinderhaltung war weitgehend für die Erschließung des Westens zwischen den 1840er- und den 1860er-Jahren verantwortlich.

Als immer mehr Siedler kamen, stieg auch die Nachfrage nach Ackerflächen. Der Homestead Act von 1862 schuf die Möglichkeit, in den Open-Range-Gebieten Getreidefarmen anzulegen, die die Farmer einzäunten, um zu verhindern, dass Rinder ihre Felder plünderten. Das führte zu Konflikten zwischen Farmern und Ranchern. Das Ende der Open-Range-Viehhaltung wurde nicht durch zunehmenden Ackerbau und eine Verringerung der Weideflächen eingeläutet, sondern war eine Folge des extrem kalten Winters 1886/87, als viele Tausend Rinder starben, und einer katastrophalen Überweidung. Aus diesem Grund baten die Rancher die Regierung um Landzuteilungen, sodass sie ihr Land einzäunen und die Prärien für ihren eigenen Viehbestand erhalten konnten.

Auch wenn sich in den Köpfen von Stadtbewohnern romantische Bilder halten – von Cowboys, die riesige Rinderherden über die Prärie treiben –, ist die Realität der modernen Fleisch- und Milchwirtschaft eine ganz andere. Rinder sind Big Business, und der Welthandel mit Rindfleisch und Milchprodukten lag im Jahr 2000 bei rund sechs Milliarden Dollar. In den Industriestaaten gibt es riesige Milchfabriken mit vielen Tausend Kühen, in denen der Melkbetrieb rund um die Uhr läuft. In der Rinderzucht haben indust-

Ein rotes Tuch für den Stier

Die *Corrida de Toros*, der spanische Stierkampf, geht auf die antiken römischen Zirkusspiele zurück, in denen Gladiatoren zur Unterhaltung der Zuschauer mit wilden Tieren kämpften. Die moderne *Corrida* findet in einer Arena statt, die dem römischen Vorbild nachempfunden ist. Der Stier wird zunächst von einem berittenen Picador, der mit einer langen Lanze, der *pica*, bewaffnet ist, und von einem Banderillero gereizt; Letzterer sticht dem Stier mit Widerhaken versehene und mit bunten Bändern geschmückte Spieße in den Nacken. Der Matador verwendet anschließend zwei Tücher, den großen, meist außen purpurroten und innen gelben *capote* und die kleinere, dunkelrote *muleta*, um den Stier zum Angriff zu reizen. Der Matador zeigt sein Geschick und seinen Mut, indem er den Stier möglichst nahe herankommen lässt, bevor er sich im letzten Moment wegdreht, und indem er abschätzt, wann er dem Stier den Rücken zudrehen kann. In den Endphasen der *Corrida* benutzt der Matador die dunkelrote *muleta* und einen langen Degen, um den Stier durch einen Stich zwischen den Schulterblättern hindurch in Herz und Lunge zu töten. Ein besonders geschickter Matador erhält die Ohren des Stieres als Preis.

Biologischer Risikofaktor
Einst ein Grundpfeiler der Zivilisation, sind Rinder inzwischen zu einem großen ökologischen Problem geworden, da sie Land-, Wasser- und Nahrungsressourcen intensiv nutzen.

Wut anstacheln
Bei der spanischen *Corrida* wird der Stier zunächst dadurch geschwächt, dass ihm ein berittener Picador eine Lanze in die Schulter sticht.

rielle Tierhaltungsmethoden, Klonierung und Biotechnologie längst Einzug gehalten, vor allem in den Vereinigten Staaten; dort erhalten die Rinder Antibiotika und Wachstumshormone, um die Fleischproduktion zu maximieren. Kritiker warnen davor, dass sich Stoffe, die das Wachstum fördern und für mageres Fleisch sorgen sollen, negativ auf die menschliche Gesundheit auswirken könnten. Umweltschützer haben zudem darauf hingewiesen, dass die Rinderhaltung eine besonders ineffektive Art der Nahrungsproduktion sei. Während Rinder in der Vergangenheit anderweitig nicht verwertbares Pflanzenmaterial in Fleisch und Milch umwandelten, werden sie nun mit Getreide gefüttert, was die Vorräte verringert, die für die menschliche Ernährung zur Verfügung stehen. Rinder sind außerdem eine der Hauptquellen für das Treibhausgas Methan und tragen daher zum globalen Klimawandel bei. Da die Nachfrage nach Rindfleisch in Schwellenländern wie China und Indien steigt, werden weltweit große Gebiete entwaldet und in Weideland umgewandelt, was die biologische Vielfalt und die Lebensräume des Planeten bedroht.

Historisch gesehen, haben Hausrinder eine entscheidende Rolle beim Entstehen der menschlichen Zivilisation gespielt, indem sie einen verlässlichen Nachschub an Fleisch, Milch und Leder sicherten. Dies befreite unsere Vorfahren von dem Zwang, auf Jagd zu gehen und Nahrung zu sammeln. Es wäre eine Ironie der menschlichen Geschichte, wenn Rinder jetzt zum Auslöser für den langsamen Niedergang der menschlichen Zivilisation durch Umweltdegradation werden sollten.

Dromedar

Camelus dromedarius

Ursprüngliche Verbreitung Arabische Halbinsel

Klasse Säuger

Größe 1,8–2,1 m

✦ ***Nahrung***
✦ Medizin
✦ Wirtschaft/Handel
✦ ***Geschichte/Kultur***

Das Dromedar ist für die Wüsten Arabiens und Nordafrikas, was Pferd und Rind für die gemäßigten Breiten sind: Lasttier, Reittier in Schlachten, Milch- und Fleischlieferant. Dromedare, oft einfach Kamele genannt, gewinnen keinen Schönheitswettbewerb, doch sie sind hervorragend an trockene Regionen angepasst und ermöglichen dem Menschen eine Existenz unter extrem unwirtlichen Bedingungen.

Ein oder zwei Höcker?

Fast jeder weiß, dass es zwei Arten von Kamelen gibt: mit einem oder mit zwei Höckern. Das Trampeltier oder Baktrische Kamel *(Camelus ferus)* aus Zentralasien besitzt zwei Höcker, während das Dromedar oder Arabische Kamel, um das es in diesem Eintrag geht, nur einhöckrig ist. Kamele gehören zu den ungraziösesten Tieren der Welt: lange, krumme Beine mit «Knubbelknien», mitten auf dem Rücken ein oder zwei kegelförmige Höcker, ein kleiner Kopf mit übergroßen Augen.

Das Dromedar gehört zwar ganz klar in die Wüsten der Arabischen Halbinsel und Nordafrikas, doch die Familie der Cameliden hat sich ursprünglich vor etwa 45 Millionen Jahren in Nordamerika entwickelt. Vor 2–3 Millionen Jahren wanderten die Vorfahren der heutigen Cameliden dann über neu gebildete Landbrücken nach Südamerika beziehungsweise Eurasien. Die nordamerikanischen Cameliden starben nach Ankunft der ersten Menschen vor etwa 10 000–8000 Jahren aus, möglicherweise aufgrund von Bejagung, und es blieben nur sechs Arten übrig: die vier höckerlosen Neuweltkamele in Südamerika, nämlich Alpaka, Lama, Guanako und Vikunja, und die zwei höckertragenden Altweltkamele: Dromedar und Trampeltier.

Die Cameliden zählen zu den Paarhufern, ähnlich wie Rinder und Schafe, haben aber keine Hufe. Als sogenannte Schwielensohler besitzen sie stattdessen große ledrige Fußpolster mit zwei Zehen, sodass das Körpergewicht gleichmäßig verteilt wird und die Tiere nicht im Sand einsinken. Ähnlich wie Rinder käuen Kamele wieder, das heißt, die Nahrung wird mehrmals hochgewürgt und gekaut. Man rechnet sie taxonomisch aber nicht zu den Wiederkäuern, da ihr mehrkammeriger Magen (in dem die mikrobielle Verdauung der Pflanzennahrung stattfindet) nur aus drei Mägen besteht; der für Wiederkäuer wie Rinder typische Blättermagen fehlt bei ihnen. Was die Kamele jedoch im Vergleich zu anderen Großsäugern auszeichnet, sind die körperlichen Anpassungen, dank derer sie sich besonders für ein Leben in trockenen Gebieten wie Wüsten eignen.

Wüstenleben
Dank etlicher Anpassungen können Kamele auch unter Extrembedingungen überleben, die für andere Säugetierarten tödlich wären.

Weit verbreitet ist der Irrtum, der Kamelhöcker diene zur Wasserspeicherung und ein schlaffer, kleiner Höcker bedeute, dass das Tier durstig ist. Tatsächlich wird im Höcker Fett und nicht Wasser gespeichert, und dank dieser tragbaren «Speisekammer» können Kamele längere Hungerperioden überstehen. Bei den meisten Säugetieren, wie auch beim Menschen, ist das Fettgewebe gleichmäßig über den Körper verteilt, sodass es als Isolierung gegen Auskühlung dient. Im Wüstenklima ist dies nicht nur unnötig, sondern würde die Ableitung der Körperwärme sogar erschweren. Das helle Fell der Kamele kann einerseits Wärme gut reflektieren und wärmt andererseits in den kalten Wüstennächten. Mehrere Anpassungen bieten in Sandstürmen Schutz: Die Nasenlöcher sind verschließbar, die Augenwimpern extrem lang und die Ohren mit lange Haaren gesäumt. Ein drittes, transparentes Augenlid kann wie ein Scheibenwischer Sand aus den Augen entfernen, gleichzeitig kann das Tier trotz geschlossener Augen sehen.

Kamele sind hervorragend daran angepasst, Wasser zu speichern und zu sparen. Säugetiere schützen sich durch Schwitzen vor Überhitzung: Indem sie Wasser über die Haut abgeben, senken sie die Körpertemperatur durch Verdunstungskälte. Für Tierarten, deren Lebensraum die Wüste ist, könnte Schwitzen jedoch tödlich sein. Kamele schwitzen nur selten, sondern regulieren vor allem ihre Körpertemperatur. Sie können diese tagsüber bis auf 41,7 °C erhöhen (Wärme aufnehmen) und in der kühlen Nachtluft auf 34 °C senken (gespeicherte Wärme abgeben). Außerdem wird der Urin in der Niere sehr stark konzentriert und auch der Kot ist praktisch wasserfrei, sodass er als Anzünder fürs Kochen und zum Heizen verwendet werden kann.

Trotz dieser Anpassungen gibt es Situationen, in denen Kamele unter Wassermangel leiden. Sie halten die nötige Flüssigkeitsmenge im Kreislaufsystem aufrecht, indem sie Flüssigkeit aus dem gesamten Körpergewebe

Kriegsgefährte
Seit dem Altertum wurden Dromedare als Reittiere in Kriegen eingesetzt.

herausziehen. Bei den Cameliden sind die roten Blutkörperchen nicht rund, sondern oval, was möglicherweise dazu beiträgt, dass das Blut trotz Eindickung noch fließfähig bleibt. Kamelblut besteht wie unser Blut zu 94 Prozent aus Wasser, doch das Tier kann gefahrlos bis zu 40 Prozent seines Körperwassers verlieren, während ein Mensch bereits nach einem Verlust von 12 Prozent sterben würde. Kamele können einen Wassermangel rasch ausgleichen und in zehn Minuten fast 120 Liter Wasser trinken. Wenn ein dehydrierter Mensch so schnell eine entsprechende Flüssigkeitsmenge aufnähme, würde er an «Wasservergiftung» (Hyperhydratation) sterben. Doch beim Kamel wird das Wasser von den roten Blutkörperchen aufgenommen, die bis auf das Zweieinhalbfache ihrer ursprünglichen Größe anschwellen können, sodass das Körpergewebe über den Blutkreislauf rasch rehydriert wird.

Dromedare in Australien

✦

Der australische Kontinent wird im Inneren von einer riesigen Wüste eingenommen, die von den besiedelten, nicht so unwirtlichen Küstenregionen umgeben ist. Da es in Australien keine heimischen Tiere gab, die als Last- oder Reittiere dienen konnten, boten sich Dromedare an, als man begann, das wüstenhafte Landesinnere zu erkunden. Das erste, 1840 eingeführte Dromedar, stammte von den Kanarischen Inseln; zwischen 1860 und 1907 folgten schätzungsweise 10 000–12 000 Tiere vom Indischen Subkontinent. Bis zur Motorisierung in den 1920ern wurden Kamele vielfältig eingesetzt: beim Bau von Telegrafen- und Wasserleitungen, ferner zur Versorgung von Städten im Landesinneren, von Goldgräbercamps, Schaf- und Rinderfarmen sowie von Aborigines-Siedlungen. Allerdings wurden die Kamele einfach freigelassen, als man sie nicht mehr benötigte. So entwickelte sich eine Kamelplage: die weltweit größte Dromedarpopulation, die mindestens 150 000–200 000, nach manchen Schätzungen sogar eine Million Tiere zählt.

Kamelreiter

Nach Meinung der Archäologen wurde das Dromedar zuerst im 3. Jahrtausend v. Chr. im Küstengebiet der Arabischen Halbinsel domestiziert – etwa zur selben Zeit wie das Pferd in den gemäßigten Breiten. Dromedare, die man früher wegen ihres Fleisches bejagt hatte, wurden zu Lasttieren, lieferten Milch und später auch Wolle zum Weben. Doch erst nachdem ein stabiler Sattel erfunden war, konnte das Dromedar sein volles Potenzial als Reittier für große Entfernungen und in der Kriegsführung entfalten. Während das Pferd mit seinem flachen, breiten Rücken sich sofort zum Reiten anbietet und das Trampeltier durch die beiden Höcker einen natürlichen Sattel besitzt, erforderte der Dromedarsattel ein ausgeklügeltes Design. In manchen Regionen wurde der Sattel vor dem Höcker platziert, in anderen dahinter. Bei einer neuen Machart, die zuerst im 2. Jahrhundert n. Chr. in Nordarabien auftauchte, bestand der Sattel aus einem Holzrahmen, der den Höcker umgab, sodass der Reiter auch im Kampf einen sicheren Sitz hatte.

Seit dem 1. Jahrtausend v. Chr. breitete sich das domestizierte Dromedar durch Handel und Kriege im Nahen Osten, Westasien und Nordafrika aus. Dromedare dienten im Weihrauchhandel zwischen Arabien und Ägypten als Packtiere. Vor allem Trampeltiere beförderten die Güter auf der Seidenstraße, die das Römische Reich und China verband. Die kriegerischen Assyrer und Perser führten bei der Eroberung Ägyptens und der Levante Dromedare mit sich, doch zur stärksten Verbreitung der Kamele kam es während der islamischen Expansion im 7. Jahrhundert n. Chr.

Nach dem Untergang des Römischen Reichs im 5. Jahrhundert n. Chr. verfielen auch seine Straßennetze, und Kamele ersetzten in Nordafrika und im Nahen Osten Fahrzeuge mit Rädern. Bis weit in die Moderne erfolgte der Ferntransport von Gütern und Menschen hauptsächlich durch Kamele, die schließlich durch die Motorisierung überflüssig wurden. Im 19. Jahrhundert spielten Dromedare eine wichtige Rolle bei der Erschließung Australiens (siehe Kasten gegenüber); die US-Armee stellte ein eigenes «Camel-Corps» auf, das im Südwesten der USA zu Transportzwecken eingesetzt wurde. Heute sind Kamele weitgehend durch Lastwagen und andere Fahrzeuge ersetzt, doch in der arabischen Welt sind sie nach wie vor wichtige Lieferanten von Milch, Wolle und Fleisch.

Wüstenexpress
In Wüstengebieten, in denen Radfahrzeuge kein Fortkommen fanden, waren Kamele die wichtigsten Transportmittel für Güter und Menschen.

Wolf

Canis lupus & subspp.

Ursprüngliche Verbreitung Nordamerika und Eurasien

Klasse Säuger

Größe 80–85 cm Schulterhöhe

Während der Mensch gegenüber Großkatzen eine Mischung aus Bewunderung und Furcht empfindet, überwiegt beim Wolf meist der Schrecken – das Resultat von Volksmärchen, die über Jahrhunderte den «bösen Wolf» zum Thema hatten. Wölfe sind jedoch für einen ausgewachsenen Menschen keine Bedrohung, es sei denn, sie sind tollwütig oder ausgehungert. Trotzdem ist der Wolf zum dunklen Spiegelbild der domestizierten Arten stilisiert worden, die unser Leben teilen: wild, gefährlich und barbarisch – die blutige Verkörperung der Natur.

✦ Nahrung
✦ Medizin
✦ ***Wirtschaft/Handel***
✦ ***Geschichte/Kultur***

Rudelführer

«Wer hat Angst vor dem bösen Wolf?», hieß es schon bei Walt Disney. Wir natürlich. Seit der Kindheit sind wir durch Geschichten wie «Rotkäppchen» und «Die drei kleinen Schweinchen» geprägt. Doch vor 20 000 Jahren waren Mensch und Wolf eher Verbündete als Feinde: Beide Arten teilten die unwirtlichen Lebensbedingungen der letzten Eiszeit, beide machten Jagd auf große pflanzenfressende Paarhufer und beide waren soziale Arten, die in hierarchischen, von einem dominanten Männchen angeführten Familienrudeln lebten. Man vermutet, dass die Interaktionen zwischen Wolf und Mensch – zum Vorteil beider Arten – um diese Zeit begannen. Der Wolf war ein gerissener Jäger, und die Menschen hatten Waffen mit Steinspitzen entwickelt, mit deren Hilfe sie große Beute erlegen konnten. Die Kooperation von Mensch und Wolf führte zur Evolution des Haushunds. Genau zu diesem Zeitpunkt änderte sich unsere Beziehung zu Wölfen. Wir waren nicht mehr Verbündete im Überlebenskampf, sondern wurden nach und nach Rivalen. Der Wolf war zum ungezähmten, wilden Anderen geworden – einem intelligenten, blutdürstigen und mitleidslosen Killer. Aufgrund dieser veränderten Einstellung wurde der Wolf in späteren Jahrhunderten im Großteil seines natürlichen Verbreitungsgebiets ausgerottet. In jüngerer Zeit hat man versucht, Wölfe in manchen Regionen Europas wieder anzusiedeln, doch dies scheiterte zum Beispiel in Großbritannien bisher am Widerstand der Viehhalter.

Wie bei den Kamelen entwickelten sich die Vorfahren des Wolfs in Nordamerika, bis sie schließlich über Landbrücken nach Asien wanderten. In Amerika reichte das natürliche Verbreitungsgebiet des Wolfs nie weiter südlich als bis Nordmexiko; heute ist er auf Kanada und wenige geschützte Populationen in den USA beschränkt. In der Alten Welt hatte der Wolf ein riesiges Verbreitungsgebiet: ganz Asien einschließlich Indien, den Nahen Osten (inklusive Arabischer Halbinsel), dazu Europa und Nordafrika. Heute ist der Wolf in Westeuropa, bis auf Gebirgsregionen in Spanien, Italien und im Balkan, weitgehend verschwunden. Die größten europäischen Populationen existieren in Osteuropa. In Asien kommen Wölfe auch heute noch in vielen Regionen vor. In diesem riesigen Verbreitungsgebiet haben sich mehrere Unterarten entwickelt, die sich in Größe, Färbung und Fellausprägung unterscheiden.

Horrorgeschichten Der grimmige Wolf – entweder Tier oder sagenhafter Werwolf – war immer schon ein beliebter Bösewicht in billigen Abenteuerromanen.

Aufgrund der engen Verwandtschaft ähneln sich Wolf und Hund; das gilt vor allem für Hunderassen wie Husky und Deutschen Schäferhund. Der Wolf ist jedoch kräftiger gebaut und besitzt größere Zähne als domestizierte Hunderassen. Wölfe haben ein dickes Winterfell, sodass sie auch bei Minustemperaturen gut überleben können. Die Unterwolle des Winterfells ist wesentlich dichter als diejenige des Sommerfells. Die Farbvariationen bei Wölfen sind deutlich geringer als bei Hunden – das Fell kann weiße, blonde, graue, braune und schwarze Farbtöne aufweisen, doch graues Fell dominiert. Männchen und Weibchen unterscheiden sich morphologisch kaum, die Fähen sind aber etwas kleiner.

Der Wolf ist ein soziales Tier und lebt in Familienrudeln. Diese bestehen aus einem dominanten, lebenslang verpaarten Paar und seinen dies- und vorjährigen Nachkommen. Fremde erwachsene Wölfe werden praktisch nie in ein Rudel aufgenommen, doch es ist bekannt, dass verwaiste Jungtiere adoptiert wurden.

Wolfsmann

✦

Bei vielen Völkern gibt es Geschichten über Gestaltwandler, die das Aussehen von Wölfen annehmen können. Nach westlicher Überlieferung (wie in zahllosen Werwolf-Filmen dargestellt) wird ein Mensch durch den Biss eines Werwolfs angesteckt und verwandelt sich bei Vollmond in ein monsterhaftes Mensch-Wolf-Zwitterwesen, das anderen Menschen auflauert. Die Vorstellung, ein Werwolf könne nur mit einer Waffe aus Silber getötet werden, tauchte zuerst in Romanen des 19. Jahrhunderts auf und wurde später von Autoren und Filmregisseuren eifrig übernommen. Der Werwolf führt sich in seiner Wolfsform viel schlimmer auf als die echten Wölfe: Er ist ein Einzelgänger, der auf Mord aus ist und seine Opfer wahllos und erbarmungslos abschlachtet. Der Werwolf-Mythos ist aber weniger Ausdruck unserer Furcht vor Wölfen als vielmehr ein Spiegelbild unserer tiefen Ängste vor uns selbst und unserer Fähigkeit zu gedankenloser Grausamkeit gegenüber Mensch und Tier.

Wölfe sind sehr territorial und signalisieren durch Geruchsmarkierungen und Heulen die Reviergrenzen. Die Mitglieder von Nachbarrudeln achten darauf, nicht in fremde Reviere einzudringen, da es sonst zu heftigen, auch tödlichen Kämpfen komnmen würde. Wölfe jagen einzeln oder in Rudeln; dabei können sie die Beute auch in eine Falle treiben oder ihr auflauern. Erfahrene Wölfe greifen größere Beutetiere nicht direkt an, sondern hetzen sie stattdessen bis zur Erschöpfung und beißen sie, um sie durch den Blutverlust zu töten. Der Wolf steht an der Spitze der Nahrungskette und hat, abgesehen von Tiger, Bär und natürlich dem Menschen, nur wenige Feinde.

Demokratie ist, wenn zwei Wölfe und ein Schaf über die nächste Mahlzeit abstimmen.

Benjamin Franklin (1706–1790)

«Grossmutter, was hast du für grosse Zähne!»

Wie wir im nächsten Eintrag über den Hund lesen werden, besteht zwischen Mensch und Wolf seit vorgeschichtlicher Zeit eine lange und komplexe Beziehung. Der Wolf war das erste Tier, das der Mensch domestizierte, lange vor Rind oder Pferd. Der Mensch nutzte die Jagdfertigkeiten des Wolfs, und dieser lernte, dass er bei menschlichen Siedlungen Nahrung finden konnte – so wie verwilderte Hunde in Teilen der Dritten Welt auch heute noch leben. Diese wechselseitige Beziehung hatte Bestand, bis die Menschen gezielt Hunde züchteten und begannen, die großen Pflanzenfresser zu domestizieren, die früher die Jagdbeute von Mensch und Wolf gewesen waren. An diesem Punkt wurde der Wolf vom Verbündeten zur Bedrohung für die Schaf-, Ziegen- und Rinderherden.

Rudeltier
Aufgrund seines sozialen Wesens war der Wolf ein idealer Kandidat für die Domestizierung.

Wölfe haben zwar immer schon Menschen angegriffen und getötet, doch die Opferzahl seit dem Mittelalter bemisst sich weltweit nur in Tausenden – das ist wenig, verglichen mit der Unzahl an Wölfen, die der Mensch getötet hat. Normalerweise halten sich Wölfe von Menschen fern und legen ihre Höhlen weit weg von menschlichen Siedlungen an. An Tollwut erkrankte oder ausgehungerte Wölfe greifen Menschen jedoch an. Wölfe erbeuten Nutztiere und töten auch Hunde. Bis auf den (recht geringen) Handel mit Wolfsfellen besitzen Wölfe für den

Menschen wenig kommerziellen Wert. Ähnlich wie andere Tierarten, die dem Menschen in die Quere kamen, wurden auch Wölfe in vielen Ländern bis zur Ausrottung bejagt. Heutzutage überleben sie in abgelegenen Gebirgen oder dichten Waldgebieten, wo es kaum Kontakt zu Menschen gibt.

In den letzten Jahrhunderten hatte der Wolf anscheinend vor allem eine Funktion: als Kinderschreck und Kinderbelustigung, der die lieben Kleinen daran erinnern sollte, dass außerhalb des sicheren Heims und im Dunkeln gefährliche Raubtiere lauern, die unvorsichtige und unschuldige Zeitgenossen überfallen. Der Wolf ist zum Sinnbild jenes Teils der menschlichen Natur geworden, der nach wie vor ungezähmt und gefährlich ist – der kriminellen, perversen und unzivilisierten Elemente. Diese tiefen Ängste gipfeln in der Legende vom Ungeheuer, dem Mensch-Wolf-Zwitterwesen, dem Werwolf.

Doch in jüngster Zeit hat der Wolf wieder Glück: Da er im letzten Jahrhundert in vielen Teilen der industrialisierten Welt bereits ausgerottet war und sich dank Naturschutz und Natur-Dokumentarfilmen eine neue Sicht durchsetzte, konnte er in den Augen der Menschen rehabilitiert werden. Er wurde nicht nur unter Schutz gestellt, sondern in mehreren Ländern des ursprünglichen Verbreitungsgebiets wieder angesiedelt. Wölfe sind zwar nicht überall willkommen (vor allem bei Viehhaltern und Hundebesitzern nicht), doch aus ihrer Rückkehr könnte sich eines Tages wieder ein tolerantes Zusammenleben mit dem Menschen ergeben.

Kinderschreck
Vom Märchen bis zur Kriegspropaganda – Wölfe wurden immer als das absolut Böse dargestellt, dessen Ziel die Zerstörung der menschlichen Zivilisation ist.

Wolfskinder

✦

Romulus und Remus, die mythischen Gründer von Rom, waren zweifellos die berühmtesten Kinder, die angeblich von Wölfen aufgezogen wurden. Das Bild der Brüder, die von der Wölfin gesäugt werden, gehörte zu den Symbolen der Stadt Rom.

Haushund

Canis lupus familiaris

Ursprüngliche Verbreitung Weltweit

Klasse Säuger

Größe 12–107 cm Schulterhöhe

Das erste Tier, das der Mensch domestizierte, war der Wolf; er war auch das erste, das selektiv auf bestimmte Merkmale wie Größe, Körperform, Färbung und Temperament hin gezüchtet wurde. Als Resultat gibt es Hunderte von Hunderassen, die eine wichtige Rolle bei der wirtschaftlichen Entwicklung der Zivilisation gespielt haben, indem sie dem Menschen bei Transport, Jagd und Viehhaltung halfen. Heutzutage ist der Hund jedoch vor allem ein Gefährte und Heimtier des Menschen.

- ✦ Nahrung
- ✦ Medizin
- ✦ Wirtschaft/Handel
- ✦ Geschichte/Kultur

Gentechnisch nicht veränderter Organismus

Auf den ersten Blick glaubt man kaum, dass der winzige Chihuahua vom wesentlich größeren Wolf abstammen soll, der den Winzling mit einem Happen verspeisen könnte. Doch durch molekulargenetische Untersuchungen wurde inzwischen bestätigt, dass alle Hunde, ob groß oder klein, sanft oder wild, genetisch Wölfe sind. Diese Verbindung lässt sich überzeugend daran zeigen, dass Hunde sich mit Wölfen kreuzen können (beim Chihuahua wäre allerdings eine Trittleiter nötig). Nicht die moderne Gentechnik ist jedoch für die erstaunliche Vielfalt der modernen Hunderassen verantwortlich, sondern eine geduldige, jahrhundertelange Zuchtwahl, um die erwünschten Merkmale zu erhalten.

Wann, wo und wie die Wölfe domestiziert wurden, und ob dies ein- oder mehrmals passierte, ist in wissenschaftlichen Kreisen nach wie vor ein viel diskutiertes Thema. Nach der gängigsten Theorie fanden die ersten Domestizierungen irgendwann in der Zeit vor 20 000–10 000 Jahren statt, doch manche Experten meinen, die Domestizierung und Differenzierung von Wolf zu Haushund könnte schon vor etwa 100 000 Jahren begonnen haben. Debattiert wird auch, ob dies nur in einer Region stattfand oder mehrmals zu unterschiedlichen Zeiten und an unterschiedlichen Orten. Als Regionen für die frühesten Domestikationen werden China und der Nahe Osten genannt. Da weit entfernt lebende Bevölkerungsgruppen in vorgeschichtlicher Zeit nur wenig Kontaktmöglichkeiten hatten und auch andere Tierarten wie Rind und Pferd mehrfach unabhängig domestiziert wurden, erscheint der Schluss logisch, dass es mehrmals und an verschiedenen Orten zur Domestikation des Wolfs kam.

Ein Wolfsabkömmling
Alle Hunde sind genetisch prinzipiell mit Wölfen identisch, auch wenn sie sich rein äußerlich stark unterscheiden.

Eine interessante Theorie besagt, dass der Wolf sich selbst domestizierte, indem er sich willentlich den Frühmenschen anschloss. Nach dieser Theorie hätten Wölfe, die weniger Angst vor Menschen hatten und geselliger waren, in den Abfallhaufen von Siedlungen nach Nahrung gesucht und so bessere Fortpflanzungschancen gehabt als wildere und ängstlichere Wölfe. Diese sozialeren Tiere gaben ihre Eigenschaften an ihre Nachkommen weiter, die sich immer stärker an den Menschen anschlossen, bis sie schließlich Teil der menschlichen Gemeinschaft wurden.

Gefährte
Hunde waren unsere ersten tierischen Gefährten; möglicherweise wurden sie schon vor 100 000 Jahren domestiziert.

Nach einer dritten Theorie begann die Domestizierung, als Wolfswelpen von Menschen aufgezogen wurden, um ihnen bei der Jagd zu helfen und als Lasttiere zu dienen. Die Indianer verwendeten bis zur Einführung der Pferde Hunde als Packtiere; bei den Inuit werden immer noch Schlittenhunde eingesetzt. Wölfe besitzen einen hervorragenden Geruchssinn und sind exzellente Fährtensucher. Als Jagdgehilfen des Menschen hätten sie dadurch profitiert, dass ihre menschlichen Meister ihnen einen Teil der Beute überließen.

DNA-Untersuchungen lassen vermuten, dass sich Wolf und Hund vor etwa 15 000 Jahren auseinanderzuentwickeln begannen; archäologische Funde im Nahen und Fernen Osten zeigen, dass vor etwa 12 000 Jahren bereits domestizierte Hunde existierten. Der römische Adel hielt schon im 1. Jahrhundert n. Chr. Jagdhunde, und die Damen verwöhnten Schoßhündchen, die fast wie heutzutage als modisches Accessoire galten. Mit dem Aufstieg und Fall von Zivilisationen veränderten sich auch die Hunderassen und ihre Rollen, doch zu allen Zeiten sind Hunde unsere Gefährten geblieben. Trotz der großen morphologischen Variation in Körperform, Größe, Färbung und Temperament sind Hunde von ihren Wolfsvorfahren bis heute genetisch nicht prinzipiell zu unterscheiden. Wie diese sind sie soziale Rudeltiere, sind aber wegen ihrer langen Beziehung zum Menschen geselliger als ihre wilden Vettern und können große Rudel (Meuten) aus nicht verwandten Individuen bilden, in denen komplexe hierarchische Beziehungen herrschen.

Der beste Freund des Menschen

Vermutlich ging es in der Beziehung Mensch-Hund anfangs um Hunde als Lieferanten von Nahrung und Fellen. In unserer Kultur ist der Verzehr von Hundefleisch inzwischen zwar undenkbar, doch diese Praxis ist historisch belegt und in Ostasien bis heute üblich. Auch im alten Mittelamerika, wo es keine großen Pflanzenfresser gab, galten Hunde als wertvolle Fleischquelle. Hundefleisch wird heutzutage noch in Korea und Teilen Chinas und Südostasiens verzehrt, doch möglicherweise steht es in Zukunft seltener auf dem Speisezettel, da der Wohlstand im Fernen Osten zunimmt, immer mehr andere Fleischquellen verfügbar sind und Hunde stärker zum Heimtier und Gefährten werden. In Europa und Amerika, wo es immer Alternativen gab, wurden Hunde nur in Notzeiten verzehrt.

Bis in die Moderne wurden Hunde vor allem als Nutztiere gehalten. Sie dienten oft als Lasttiere, vor allem in Nordamerika, wo Pferde erst im 16. Jahrhundert wieder eingeführt wurden. In Europa, wo Pferde und Ochsen für die Schwerarbeit zur Verfügung standen, fanden Hunde bei der Jagd und Viehhaltung Verwendung. Parallel zu den sich wandelnden Jagdmethoden entstanden mit der Zeit spezielle Hunderassen. Bei der Parforcejagd (Jagd zu Pferde) spürt eine Meute von Laufhunden den Fuchs oder andere Beute auf, stellt und tötet diese, falls sie nicht zurückgerufen wird. Mit der Entwicklung der Feuerwaffen wurden Jagdhunde wie zum Beispiel Vorsteh-, Stöber- und Apportierhunde gezüchtet, die dem Jäger den Standort der Beute anzeigten beziehungsweise die tote oder verletzte Beute apportierten. Ferner gibt es eine Gruppe kleiner Jagdhunde wie Dackel oder Jack Russell Terrier; sie sollen beispielsweise Füchse aus dem Bau treiben oder auch «Ungeziefer» wie Ratten aufscheuchen und dezimieren.

Halali
Hunde wurden früher vor allem als Jagdhunde gezüchtet, um sich an die Beute anzupirschen, sie zu hetzen oder zu apportieren.

Sogar heute, im Zeitalter der technisierten Hochleistungs-Landwirtschaft, gibt es in landwirtschaftlichen Betrieben noch Hirtenhunde. Rassen wie Border Collie und Deutscher Schäferhund nutzen ihren modifizierten Jagdtrieb, um Viehherden zu hüten und zusammenzutreiben. Als Herdenschutzhunde schützen Hirtenhunde das Vieh vor den Angriffen von Wölfen, Füchsen und anderen Raubtieren. Leider werden Hunde auch in Hundekämpfen eingesetzt; diese sind in den meisten Industrieländern zwar verboten, existieren illegal aber nach wie vor. Doch es gibt auch etliche Einsatzmöglichkeiten, die dem Allgemeinwohl dienen: Rettungshunde machen beispielsweise Menschen ausfindig, die durch Erdbeben oder Lawinen verschüttet wurden; Polizeihunde spüren Drogen und Sprengstoffe auf und Blindenhunde ersetzen ihrem Herrchen oder Frauchen das Augenlicht. Auch aus der Forschung sind Hunde nicht wegzudenken: Denken wir an Laika (1954–1957), die als erstes Lebewesen die Erde umrundete, allerdings ohne Rückfahrkarte. Da ist ferner die medizinische Forschung und schließlich – jedoch eher kontrovers – der Einsatz von Hunden bei der Testung von Kosmetika und anderen Konsumgütern.

Lost in Space
Im Jahr 1957 umrundete der russische Weltraumhund Laika als erstes Lebewesen die Erde.

Heutzutage werden Hunde in Industrieländern überwiegend als Heimtiere gehalten. Es konnte gezeigt werden, dass Hundebesitzer weniger Stress empfinden und die Wahrscheinlichkeit von Herzkrankheiten und Schlaganfällen bei ihnen daher geringer ist. In den wohlhabenden Regionen der Welt ist der Hund kommerzialisiert worden. Bestimmte Rassehunde und neue Kreuzungen dienen als modisches Accessoire und werden an der Seite (oder im Handtäschchen) der Reichen und Schönen zur Schau gestellt. Produkte und Dienstleistungen rund um den Hund sind ein Wachstumsmarkt; Bekleidung, Spielzeug, Hundepflege und sogar Hundepsychologen für den kleinen oder großen Liebling sind gefragt. Und wenn der beste Freund des Menschen in den Hundehimmel entschwebt, findet er seine letzte Ruhestätte auf dem Hundefriedhof.

Panzerabwehr-Hunde

Als die Deutschen im 2. Weltkrieg 1941 in Russland einmarschierten, gab es auf russischer Seite kaum Minen und andere Waffen zur Panzerabwehr. So verlegte man sich auf Hunde, die mit umgeschnallter Sprengvorrichtung dazu ausgebildet wurden, unter Panzer zu kriechen. Dort sollte die Sprengvorrichtung ausgelöst und der Panzer auf diese Weise zerstört werden. Doch der tollkühne Plan hatte einige erhebliche Mängel: Die Hunde gerieten während der Schlacht oft in Panik und rannten zu ihren eigenen Reihen zurück; zudem waren sie an sowjetischen Panzern ausgebildet worden und liefen daher oft unter die eigenen statt unter die feindlichen Panzer. Es gab zwar ein paar Anfangserfolge, doch die Deutschen lernten rasch, die Hunde auszuschalten, bevor diese auch nur in die Nähe der deutschen Panzer gelangten.

Hausziege

Capra aegagrus hircus

Ursprüngliche Verbreitung
Anatolien (Osttürkei)

Klasse Säuger

Größe 43–107 cm Schulterhöhe

- ***Nahrung***
- Medizin
- ***Wirtschaft/Handel***
- ***Geschichte/Kultur***

Höchstwahrscheinlich war die Hausziege die erste Wiederkäuerart, die von Bauern und Hirten domestiziert wurde. Die genügsame Ziege gedeiht auch unter schwierigen Bedingungen und bei wechselndem Futter, sie ist von Natur aus ein Generalist, der uns Nahrung und Rohstoffe für Bekleidung liefert.

Allzwecktier

Die Wildziege wurde zuerst vor etwa 10 000 Jahren in Anatolien (Osttürkei) domestiziert und dort als Nutztier gehalten, das Fleisch, Milch, Leder und Wolle lieferte. In der Entwicklung der menschlichen Zivilisation spielte die Hausziege eine wichtige Rolle, da sie die menschliche Ernährung wesentlich bereicherte. In den Industrieländern mit ihrer zunehmend technisierten Landwirtschaft hat sie inzwischen jedoch kaum noch kommerzielle Bedeutung. Bei Rindern, Schafen und Schweinen wurden gezielt immer leistungsfähigere Rassen gezüchtet, dagegen ist die Hausziege nach wie vor ein Generalist unter den Nutztieren. Ihre Wolle ist qualitativ hochwertig, doch die Menge ist viel geringer als bei Schafen; ihre Milchleistung bleibt hinter der von Milchkühen weit zurück; sie liefert Fleisch, aber nicht in vergleichbarer Menge wie Rinder oder Schweine. Im Nahen Osten, in Indien und der Karibik, wo Rind- und Schweinefleisch kaum erhältlich ist, ist Ziegenfleisch allerdings nach wie vor weitverbreitet.

Ziegen besitzen ein langes, dichtes Fell; sowohl Männchen als auch Weibchen tragen einen «Bart» und spitze dunkle Hörner. Wie für Wiederkäuer typisch, besitzen Ziegen im Oberkiefer keine Schneide-

Generalisten
Die vielseitige Hausziege liefert dem Menschen Fleisch, Milch sowie Wolle und leistet noch weitere Dienste, zum Beispiel als Lasttier.

Zugtier
Ziegen gelten allgemein nicht als Zugtiere, doch man kann ihnen ein Geschirr anlegen und sie als Lasttiere nutzen.

und Eckzähne; stattdessen nutzen sie eine harte Hornplatte vor dem knöchernen Gaumen sowie die unteren Schneidezähne, Lippen und Zunge, um Nahrung aufzunehmen. Ausgewachsene Ziegen besitzen vier Mägen, sodass cellulosereiches Futter verdaut und in wichtige Nährstoffe wie Fette und Eiweiße umgewandelt werden kann. Mit 11–22 Liter Inhalt ist der Pansen (Rumen) der größte der vier Mägen. Er enthält Mikroorganismen, die aus Cellulose durch Fermentation Fettsäuren herstellen, die dann durch die Pansenwand aufgenommen werden. Der Netzmagen (Reticulum) liegt direkt hinter der Einmündung der Speiseröhre. Er ist der kleinere Abschnitt des «Reticulorumen». Der größere ist der Pansen, von dem er durch die sogenannte Netzmagenrinne getrennt ist. Der Blättermagen (Omasum) besteht aus zahlreichen Schleimhautfalten, zwischen denen Flüssigkeit aus der aufgenommenen Nahrung gepresst und resorbiert wird. Schließlich werden im Labmagen (Abomasus; entspricht unserem Magen) Säure und Verdauungsenzyme abgesondert, die das Futter aufschließen, bevor es in den Darm gelangt.

Neugierig
Ziegen sind neugierig und intelligent; sie knabbern fast alles an, um zu sehen, ob es essbar ist.

Ziegen sind vor allem Laubfresser und vermeiden, im Gegensatz zu Grasfressern, kieselsäurehaltiges Futter wie Gräser. Die Tiere sind recht wählerisch und vertragen verschmutztes oder verdorbenes Futter nicht, fressen aber junge Disteln, Brombeerranken, Zweige, Baumrinde und sogar Giftpflanzen, die für andere Wiederkäuer toxisch sind, ohne irgendwelchen Schaden davonzutragen. Da Ziegen intelli-

Trittsicher
Ziegen sind gelenkig und daher besonders für Steillagen geeignet, die Rinder und Schafe überfordern würden.

gent und von Natur aus neugierig sind, beknabbern und untersuchen sie fast alles, was ihnen unterkommt, auch Abfall und selbst Wäschestücke auf der Trockenleine. Sie sind außerdem sehr trittsicher und können hervorragend klettern. Zäune werden oft zerstört oder übersprungen; die Tiere klettern auch in Bäume, um junge Triebe und Blätter zu erreichen.

Etwa zwei Prozent der weltweiten Milchproduktion entfallen auf Milchziegen. Im besten Alter gibt eine Ziege 2,7–3,6 l Milch pro Tag; die Milch hat einen Fettgehalt von durchschnittlich 3,5 Prozent. Die Fetttröpfchen sind klein und gut emulgiert, sodass Ziegenmilch von Natur aus homogenisiert ist und die Sahne sich nicht wie bei der Kuhmilch absetzt. Vor allem für die Käseherstellung ist es günstig, dass keine Homogenisierung erfolgen muss, denn diese verändert die Struktur der Milch, sodass sie schlechter gerinnt. Ziegenkäse wird in vielen Ländern Europas hergestellt, besonders berühmt sind die französischen Ziegenkäsespezialitäten.

Neben Fleisch und Milch sind vor allem die Haare der Ziege sehr geschätzt. Die meisten Rassen besitzen eine weiche, gut isolierende Unterwolle. Die darüberliegenden Deckhaare sind relativ wertlos, da sie sich schlecht verspinnen und färben lassen. Vor allem die feinste Unterwolle ist in der Textilindustrie begehrt, besonders gilt dies für die Kaschmirwolle. Diese gehört zu den teuersten handelsüblichen Naturfasern und wird von Kaschmirziegen produziert. Kaschmirwolle wird einmal jährlich ausgekämmt, ein Tier liefert durchschnittlich 200 g Wolle. Auch die Angoraziege wird wegen ihrer Wolle gehalten, diese wird als Mohair bezeichnet. Der gesamte Körper der Angoraziege ist mit langen, seidigen Locken bedeckt, die groben Deckhaare fehlen. Mohair wächst ganzjährig und kann 10 cm lang oder länger werden. Angoraziegen werden zweimal pro Jahr geschoren und liefern durchschnittlich 4,5 kg Wolle.

Schreckstarre

✦

Die «Myotonische Ziege» oder «Fainting Goat» ist eine nordamerikanische Hausziegenrasse, deren Muskeln beim Erschrecken etwa 10 Sekunden lang verkrampfen. Diese Schreckstarre ist schmerzlos, führt aber meistens zum Umfallen der Tiere; ihre Ursache ist eine Erbkrankheit namens Myotonia congenita. Vor allem jüngere Ziegen fallen um. Ältere Tiere lernen, ihre Beine zu spreizen oder sich irgendwo anzulehnen; oft laufen sie auch steifbeinig «schlurfend» weiter. Während dieser kurzen Lähmung verlieren die Ziegen jedoch nicht das Bewusstsein. Manche Farmer haben sich diese Eigenschaft zunutze gemacht und halten Myotonische Ziegen gezielt zusammen mit der Schafherde, sodass die Ziegen als Ablenkung dienen, wenn Wölfe oder Kojoten angreifen. Während die schreckensstarre Ziege gerissen wird, können die Schafe entkommen.

Bocksbeinige Götter und Dämonen

Die antike Sagenwelt wird von waldbewohnenden, gehörnten Satyrn und dem Hirtengott Pan bevölkert. Sie besaßen einen menschlichen Oberkörper und die Beine und Hörner eines Ziegenbocks. Diese Mischwesen lebten außerhalb der gesitteten Verhaltensregeln, wanderten, wohin sie wollten, und vertrieben sich die Zeit mit Nymphen oder Menschenfrauen. Pan und die Satyrn verkörperten eine ungezügelte Libido, die von Lüsten und Leidenschaft beherrscht ist. In der nordischen Mythologie gilt die Ziege als Sinnbild der Fruchtbarkeit und ist als Julbock mit dem winterlichen Julfest assoziiert. Im Judentum wird die Ziege als «reines» (koscheres) Tier angesehen und wurde in biblischer Zeit gemeinsam mit Schafen als Opfergabe dargebracht. Während des Jom Kippur, des Tags der Sündenvergebung, wählten die Priester zwei Ziegenböcke aus: einer wurde geopfert, während dem anderen – dem «Sündenbock» – die Sünden des Volkes Israel übertragen wurden, die er nach seiner Freilassung in die Wüste mitnehmen sollte. Die Ziege gehört zu den chinesischen wie auch zu den westlichen Sternzeichen; im Westen ist ihr das zehnte Tierkreiszeichen zugeordnet: Capricornus, der Steinbock oder Ziegenfisch.

Als sich das Christentum ausbreitete und im 4. Jahrhundert n. Chr. als Staatsreligion des Römischen Reichs durchsetzte, deutete man viele der alten heidnischen Götter zu Dämonen um. Besonders Pan bot sich dank seiner tierischen Merkmale und ungezügelten Sexualität als leichtes Opfer für die Frühchristen an. Im mittelalterlichen Volksglauben assoziierte man ihn mit dem Teufel; Satan wird oft mit Ziegenhufen, Ziegenhörnern und spitzem Ziegenbart dargestellt. Bei satanistischen Ritualen würde der Teufel, so glaubte man, in Form eines schwarzen Ziegenbocks auftreten.

Die Hausziege zählt zu den Tieren, die schon vor sehr langer Zeit domestiziert wurden, doch im Gegensatz zu anderen domestizierten Arten hat sie sich ihre Selbstständigkeit bewahren können. Ähnlich wie die Katze gehört sie zu den Tierarten, die am ehesten wieder verwildern. Als die Europäer im 16. Jahrhundert begannen, fremde Erdteile zu besiedeln, brachten sie ihre eigenen Haustiere mit. So konnten sich in Australien, Neuseeland und auf den Galapagosinseln große Bestände an verwilderten Hausziegen entwickeln und die Umwelt massiv schädigen.

Bocksgeil
Der griechische Gott Pan war halb Mensch, halb Ziegenbock; er war wegen seiner ungezügelten Lüsternheit bekannt.

Kanadischer Biber

Castor canadensis

Ursprüngliche Verbreitung Nordamerika

Klasse Säuger

Größe 89–132 cm lang

Der Biber verdankt seinen Platz in diesem Buch nicht der Tatsache, dass er einer der besten Baumeister im Tierreich ist, sondern weil seine kommerzielle Nutzung vom 17. bis zum 19. Jahrhundert entscheidend dazu beigetragen hat, die riesige nordamerikanische Wildnis zu erschließen. Biber wurden wegen ihres Fleisches und der Felle gejagt, doch besonders begehrt war ein Drüsensekret, das Bibergeil oder Castoreum, das in der damaligen Medizin eine wichtige Rolle spielte.

- ✦ ***Nahrung***
- ✦ ***Medizin***
- ✦ ***Wirtschaft/Handel***
- ✦ Geschichte/Kultur

Bauingenieur in freier Wildbahn

Der amphibisch lebende Kanadische Biber, auch Amerikanischer Biber genannt, ist nach dem südamerikanischen Wasserschwein und dem Europäischen Biber der drittgrößte Nager der Welt. Um einen geeigneten Lebensraum zu schaffen, fällt er Bäume und staut Wasser für seinen Bau. Durch diese Eingriffe leistet er unabsichtlich einen wichtigen Beitrag zum Erhalt von Feuchtgebieten, wovon auch viele andere Tier- und Pflanzenarten profitieren. Seine Rolle beim Erhalt der Landschaft wurde jedoch lange verkannt, bis es fast zu spät war und Biber in großen Teilen ihres natürlichen Verbreitungsgebiets beinahe ausgerottet waren. Zwischen dem 17. und dem 19. Jahrhundert töteten Fallensteller Biber in großen Mengen wegen ihres Fleisches, ihres Fells und eines bitteren Drüsensekrets, Bibergeil genannt, dem man heilende Wirkung zuschrieb. Infolgedessen ist die ursprüngliche Biberpopulation, die auf 60 Millionen Individuen geschätzt wurde, inzwischen auf 6–12 Millionen Tiere gesunken.

Wasserbaumeister
Der Biber formt seine Umwelt nach seinen Wünschen, da steht er nur dem Menschen nach.

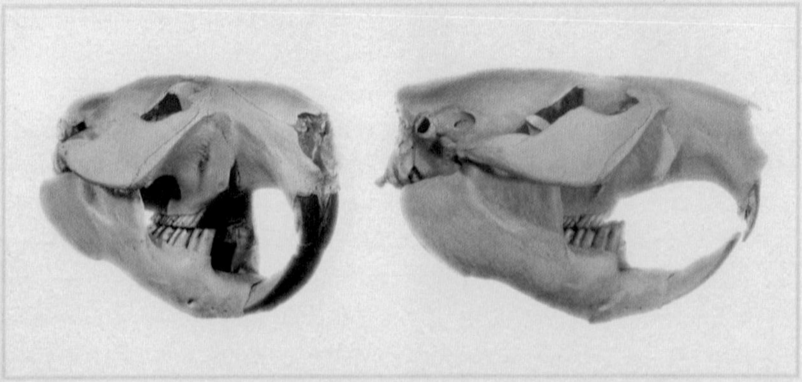

Spitze auf Kante
Die Schneidezähne des Bibers wachsen kontinuierlich weiter und werden beim Fällen von Bäumen und Abbeißen von Zweigen scharf gehalten.

Biber zeigen eine Reihe von Anpassungen an ihre einzigartige ökologische Nische: Ihre mit Schwimmhäuten versehenen Hinterfüße sind viel größer als die Vorderfüße und dienen dem Vortrieb im Wasser; eine der fünf Zehen trägt eine Doppelkralle, die als «Putzkralle» der Fellpflege dient. Die etwas kürzeren Vorderbeine haben Hände mit unverbundenen Fingern, die mit scharfen Krallen bestückt und zum Greifen ausgebildet sind; sie dienen zum Tragen von Zweigen, zum Abreißen von Pflanzen und zum Graben. Der Rumpf des Bibers ist durch eine dicke Fettschicht und einen dichten Pelz isoliert. Der Biberpelz setzt sich aus zwei Haartypen zusammen: Die deckenden Grannenhaare messen 6,5 cm, die Wollhaare der dichten Unterwolle 2 cm. Die Luft, die sich zwischen beiden Haarschichten fängt, wirkt zusätzlich isolierend und hält den Biber in kaltem Wasser warm.

Der Biber hat kleine Ohren, die er wie seine Nasenöffnungen beim Schwimmen und Tauchen verschließen kann. Beim Nagen unter Wasser werden die Lippen in die Lücke zwischen Schneide- und Backenzähnen eingefaltet, sodass die Schneidezähne durch die gespaltene Oberlippe nach außen ragen. So können Biber auch beim Schwimmen Zweige und abgeschnittenes Material transportieren, ohne Wasser zu schlucken. Die Augen werden beim Tauchen von einer durchsichtigen Nickhaut geschützt. Der ledrige, abgeflachte und haarlose Schwanz, auch Kelle genannt, ist 15–30 cm lang und 10–13 cm breit. An Land dient er beim Baumfällen als Stütze und beim Laufen auf zwei Beinen als Stabilisator, im Wasser dient er als Antrieb und Steuerorgan. Bei Störung schlägt der Biber mit seinem Schwanz aufs Wasser, um Artgenossen zu warnen.

Die Bezahnung des Bibers besteht aus 4 Schneide- und 16 Backenzähnen, die vorwiegend dem Zerkleinern von Nahrung dienen. Die Schneidezähne wachsen ständig nach und sind im Durchschnitt 6,5 cm lang. Durch das Fällen von Bäumen beziehungsweise das Abbeißen von Zweigen nutzt der Biber seine Schneidezähne ab und hält sie gleichzeitig scharf. Die

Grenzland
Die Jagd auf Biber, denen wegen ihres Fells und ihrer Drüsensekrete nachgestellt wurde, erschloss riesige Gebiete des nordamerikanischen Kontinents für die menschliche Besiedlung.

Nahrung des Bibers besteht aus cellulosereichem Pflanzenmaterial, vor allem aus Weichhölzern samt Rinde und Laub sowie krautigen Pflanzen. Anders als Rinder käut der Biber seine Nahrung jedoch nicht wieder. Stattdessen frisst er sie zweimal. Wenn die Nahrung zum ersten Mal seinen Darm passiert hat, wird sie zu grünen, feuchten Kotballen (Pellets) zusammengepresst, die der Biber ausscheidet. Dann frisst er diese Pellets, um seiner Nahrung ein Maximum an Nährstoffen zu entziehen, bevor er sie endgültig ausscheidet.

Biber leben in kleinen Familiengruppen und verteidigen ihr Revier erbittert gegen Konkurrenten. In Teichen oder Seen legen sie Baue aus Zweigen und anderem Pflanzenmaterial an, die sie mit Schlamm abdichten. Diese Baue oder Biberburgen besitzen einen Eingang, der unter Wasser liegt und daher für Landraubtiere unzugänglich ist. Der Bau enthält zwei Kammern, eine zum Trocknen nach dem Schwimmen und einen trockenen Wohnkessel für die ganze Biberfamilie. Wenn sich kein geeignetes Gewässer findet, schaffen sich die Biber, was sie brauchen, indem sie Dämme errichten, mit denen sie das Wasser stauen.

Das Märchen von der Kastration

Die Indianer haben den Biber wegen seines Fells und Fleisches seit Jahrtausenden gejagt. Sie waren es, die die europäischen Siedler mit dieser Art bekannt machten, indem sie Biberfelle gegen andere Handelswaren tauschten. Ein Biberpelz ist warm und wasserdicht, daher eignet er sich hervorragend für Kleidungsstücke wie Hüte, Jacken und Mäntel. In den USA und Kanada aßen die europäischen Siedler auch Biberfleisch, wenn auch wahrscheinlich nicht regelmäßig (siehe Kasten S. 59). Der eigentliche Wert des Bibers lag für die Europäer jedoch in den medizinischen Eigenschaften einer Drüsenabsonderung, die als Bibergeil oder Castoreum bezeichnet wird. Damit markiert der Biber sein Revier und macht sein Fell wasserdicht. Die Drüsensäckchen, die dieses fetthaltige Sekret abscheiden, liegen in der Nähe der Afteröffnung.

Auch den Hoden der Bibermännchen wurde medizinische Wirkung zugesprochen. Darauf basiert die seltsame Ge-

Gut Holz!
Biber können sogar Bäume fällen, um Wasser anzustauen und damit günstige Bedingungen für ihre Baue zu schaffen.

schichte, dass sich Bibermännchen die eigenen Hoden abbeißen, um nicht von Fallenstellern verfolgt zu werden. Diese Geschichte gehört ins Reich der Fabeln: Da die Hoden des Bibers im Körperinneren liegen, wäre es ihm unmöglich, sich selbst zu kastrieren. Die Indianer nutzten Bibergeil zur Schmerzlinderung und nahmen es so ein, wie wir eine Aspirintablette einnehmen würden. Bibergeil ist reich an einem schmerzstillenden Wirkstoff, der aus der Weidenrinde stammt, die der Biber frisst, und die auch die ursprüngliche Quelle für Aspirin war. Die medizinischen Eigenschaften von Bibergeil waren in Europa hoch geschätzt; man behandelte damit Kopfschmerzen, Fieber und Hysterie. Nach der Beinahe-Ausrottung des Europäischen Bibers geriet sein nordamerikanischer Vetter ins Visier der Fallensteller, bis auch diese Art fast ausgerottet wurde.

Heute wird Bibergeil in der Parfüm- und in der Lebensmittelindustrie noch an einigen Stellen eingesetzt. In der Welt der teuren Parfüms dient die stinkende Absonderung von Biberdrüsen dazu, einer Parfümkomposition eine «ledrige» Note zu verleihen. In den USA und in Skandinavien wird Bibergeil auch als Aromastoff eingesetzt – der von der amerikanischen Lebensmittelüberwachung FDA zugelassene Zusatzstoff taucht auf dem Etikett häufig als «natürlicher Geschmacksstoff» auf.

Der Biber als Fisch

✦

Nach katholischer Tradition verzichten Gläubige freitags in der Fastenzeit auf Fleisch; nur der Verzehr von Fisch ist erlaubt. Das war für die Fleischliebhaber unter den römisch-katholischen Schäfchen ein Problem, und man ließ es nicht an Einfallsreichtum mangeln, um dieses Gebot zu umgehen. Im 17. Jahrhundert argumentierte der Bischof von Quebec, der Biber sei, da er im Wasser lebe, eigentlich ein Fisch und dürfe daher in der Fastenzeit verspeist werden. Auch das südamerikanische Wasserschwein wurde aus demselben Grund zum Fisch erklärt.

Tierische Holzfäller
Der Biber spielt eine wichtige Rolle bei der Regulierung von Feuchtgebieten, indem er Bäume fällt und Flüsse aufstaut bzw. umleitet.

Atlantischer Hering

Clupea harengus

Ursprüngliche Verbreitung Nordatlantik und Ostsee

Klasse Fische

Größe 30–46 cm lang

- ✦ ***Nahrung***
- ✦ Medizin
- ✦ ***Wirtschaft/Handel***
- ✦ Geschichte/Kultur

Der Atlantische Hering ist bis heute einer der wichtigsten Speisefische, doch im Mittelalter war der Heringshandel die Grundlage für den Reichtum und politischen Einfluss einer europäischen Supermacht.

Überleben der Zahlreichsten

Der Atlantische Hering ist trotz starker Überfischung in den 1990er-Jahren noch immer die zahlenmäßig stärkste Fischart im Meer. Im Atlantik und in der Ostsee zuhause, ist er seit prähistorischen Zeiten eine wichtige tierische Eiweißquelle für die Küstenbevölkerung und wurde im Mittelalter zu einem wertvollen Handelsgut. Auf das Geschäft mit dem Hering gründete sich der wirtschaftliche und politische Einfluss der Hanse. Die Hanse war ein Zusammenschluss nordeuropäischer Stadtstaaten, der zwischen dem 13. und dem 16. Jahrhundert den Handel in einem riesigen Gebiet kontrollierte, das heute die Niederlande, Deutschland, Skandinavien, Russland und die baltischen Staaten umfasst.

Heringe unternehmen weite Wanderungen von ihren Nahrungsgründen zu den Küstengewässern, wo sie ablaichen. Die Befruchtung der Eier erfolgt außerhalb des Körpers – die Weibchen legen ihre Eier und die Männchen setzen gleichzeitig große Spermawolken ab, die das Wasser milchig färben und daher als «Milch» bezeichnet werden. Die Strategie des Herings besteht darin, große Mengen an Eiern zu produzieren, um sicherzustellen, dass wenigstens ein paar überleben. Ein Weibchen legt im Schnitt zwischen 20 000 und 50 000 Eier, wobei es besonders große Exemplare auf bis zu 200 000 Eier pro Laichgang bringen können. Die Laichgründe liegen in einer Tiefe von 20–100 m, vorzugsweise auf ebenem Grund. Die klebrigen Eier sinken zu Boden, haften aneinander und bilden einen dichten Teppich, der mehrere Zentimeter

Dein Kleid, oh Hering, zeigt die Regenbogenfarben der untergehenden Sonne, die Patina alten Kupfers, das Goldbraun von Leder aus Cordoba, die herbstliche Tönung von Sandelholz und Safran. *Joris-Karl Huysmans (1848–1907)*

Heringsmacht
Auf den bescheidenen Hering gründete sich der Reichtum einer mittelalterlichen Supermacht.

dick sein kann. Auf einem einzigen Quadratmeter lassen sich unter Umständen sieben Millionen Eier finden. Die oben liegenden Eier haben zwar eine höhere Überlebenschance, da sie besser mit Sauerstoff versorgt werden, sind aber stärker durch Fressfeinde gefährdet, die sich an dieser reichen Eiweißquelle gern bedienen.

Nach 7–10 Tagen schlüpfen die Heringslarven. Sie sind rund 5–7 mm lang, durchsichtig und unbeschuppt. Bis sie soweit sind, sich von Plankton zu ernähren, zehren sie vom Inhalt ihres Dottersacks, der eine mobile Nahrungsreserve darstellt. Heringslarven sind schlechte Schwimmer und werden von Strömungen, Gezeiten und Winden verdriftet. Das Larvenstadium dauert etwa 6 Monate; anschließend wandeln sich die Larven in Jungheringe um. Ihr Körper wird tiefer und schmaler und sie entwickeln Schuppen, wodurch sie die silbrige Färbung der Erwachsenen annehmen. Die Jungheringe finden sich in Küstengewässern zu dichten Schwärmen zusammen. Tagsüber ziehen sie sich in tiefere Gewässerschichten zurück und steigen nachts zur Oberfläche auf, um zu fressen. Der Atlantische Hering wird im Alter von 3–4 Jahren geschlechtsreif; dann misst er etwa 25 cm.

Ein leichter Fang
Im Mittelalter wurden die Heringe während ihrer jährlichen Herbstwanderung von der Nord- in die Ostsee mit Netzen gefangen.

«Silber des Meeres»

Der Hering war der Garant für den wirtschaftlichen und politischen Erfolg einer mittelalterlichen Supermacht. Die Hanse wurde im 13. Jahrhundert gegründet und blieb bis ins 16. Jahrhundert eine der wichtigsten Wirtschaftsmächte Europas. Sie kontrollierte die reichen Fischgründe rund um die Halbinsel Falsterbo in Südschweden, die an der Wanderroute des Atlantischen Herings von der Nordsee in die Ostsee liegt. Die Fische, die jedes Jahr zwischen September und Oktober in riesigen Mengen gefangen wurden, wurden ausgenommen, gesäubert, gesalzen und dann in Fässer verpackt, um auf dem jährlichen Markt von Schonen (Skåne) verkauft zu werden. In guten Jahren beliefen sich die Heringsexporte auf 300 000 Fässer. Der Markt lockte Händler aus Ländern wie Schottland, England und Frankreich an und war 250 Jahre lang der wichtigste Umschlagplatz für Waren aus Westeuropa, die für Skandinavien und den Ostseeraum bestimmt waren. Der Rückgang der Heringsbestände in der Ostsee war einer der Gründe, die zum Niedergang der Hanse im 17. Jahrhundert führten.

Ein salziger Snack
Der Ostsee-Hering wurde ausgenommen, gesäubert und mit Salz haltbar gemacht, bevor er in Fässer verpackt nach ganz Europa exportiert wurde.

Haustaube

Columba livia

Ursprüngliche Verbreitung Europa und Asien

Klasse Vögel

Größe 64–72 cm Spannweite

✦ ***Nahrung***
✦ Medizin
✦ Wirtschaft/Handel
✦ ***Geschichte/Kultur***

Wir halten die Taube meist für einen lästigen Vogel mit nur einer einzigen Funktion: Fußgänger und Autos mit «Guano» zu bombardieren. Doch sie ist von alters her ein Gefährte des Menschen und ihre Domestizierung erfolgte in vorgeschichtlicher Zeit. Später sollte die Taube bei der Nachrichtenübermittlung in Kriegszeiten eine wichtige Rolle spielen.

Heimfindevermögen

Tauben sind in Städten überall zu finden, und das war vermutlich immer so. Die Stammform der Haustaube ist die Felsentaube; diese wurde vor etwa 5000–10 000 Jahren im Nahen Osten domestiziert, als unsere Vorfahren die ersten dauerhaften Siedlungen anlegten. Heute leben allein in Europa schätzungsweise 17–28 Millionen Haus- bzw. Straßentauben und gehören damit zu den häufigsten verwilderten Vogelarten. Tauben wurden zuerst als Nahrungslieferanten domestiziert, doch als man ihr hervorragendes Heimfindevermögen entdeckte, züchtete man sie speziell als Brieftauben. Vor der Erfindung der Telegrafie zählten Brieftauben zu den wenigen Möglichkeiten, um Nachrichten rasch über große Distanzen zu übermitteln.

Wie alle Vögel ist auch die Taube ein entfernter Nachfahr der großen Dinosaurier, die die Erde im Jura (vor ca. 200–145 Millionen Jahren) beherrschten. Mehrere Dinosaurierarten waren befiedert und bildeten über Millionen von Jahren langsam die Fähigkeit zum Fliegen aus. Zu diesem Zweck benötigen Vögel ein leichtes Skelett und kräftige Flugmuskeln. Ihre Muskulatur muss gleichmäßig mit Sauerstoff versorgt werden, was mit den bei Säugern üblichen zwei Lungenflügeln alleine nicht erreichbar wäre. Vögel besitzen daher zusätzlich neun hintere und vordere Luftsäcke. Beim Einatmen gelangt die Hälfte der Luft in die Lunge und die hinteren Luftsäcke, die andere

Tapferkeitsmedaille

✦

Die Dickin-Medaille wird Tieren verliehen, die in Kriegszeiten besonders mutiges Verhalten und Pflichtbewusstsein gezeigt haben. Im 2. Weltkrieg erhielt eine Brieftaube namens G. I. Joe (1943–1961) aus dem US Army Pigeon Service die Auszeichnung: Sie rettete am 18. Oktober 1943 mehr als 1000 Menschenleben, als sie unmittelbar vor dem geplanten Luftangriff auf Calvi Vecchia (Italien) dem Kommando der Alliierten die Botschaft übermittelte, dass die Ortschaft bereits von den Briten erobert worden war.

Hälfte gelangt durch die Lunge in die vorderen Luftsäcke. Die Luftsäcke spielen keine direkte Rolle beim Austausch von Sauerstoff und Kohlendioxid, der in der Lunge stattfindet, doch sie halten einen gleichmäßigen Luftstrom aufrecht, sodass die Atmung bei Tauben und anderen Vögeln wesentlich effizienter als beim Menschen ist.

Verbesserung
Tauben besitzen wie andere Vögel zusätzlich zu den beiden Lungenflügeln Luftsäcke, welche die Atmung verbessern.

Nach archäologischen Erkenntnissen waren es wahrscheinlich die Sumerer des antiken Babylon (heute Irak), die Felsentauben als Erste domestizierten; man hielt die Tauben als Fleischlieferanten, Opfertiere für religiöse Zeremonien und Haustiere. Im Lauf des 1. Jahrtausends v. Chr. entdeckte man ihr Heimfindevermögen, und so verwendeten bereits die alten Ägypter und Perser Botentauben-Netzwerke. Doch auf welche Weise genau die Tauben von einem unbekannten, weit entfernten Ort wieder heim zum Taubenschlag finden können, ist nach wie vor ungeklärt. Zurzeit gibt es drei Theorien. Erstens: Tauben nutzen das Magnetfeld der Erde zur Orientierung. Zweitens: Sie nutzen visuelle Landmarken, beispielsweise Straßen und Flüsse. Drittens: Sie nutzen ihren Geruchssinn, um einem spezifischen «Heimatgeruch» zu folgen.

Brieftauben wurden bis weit ins 20. Jahrhundert eingesetzt. Während der Belagerung von Paris durch die preußische Armee (1871) beförderten Brieftauben Botschaften bis nach London. Auch als die drahtlose Kommunikation bereits existierte, spielten Tauben in Kriegszeiten immer noch eine wichtige Rolle. Im Gegensatz zu Radiosignalen, die vom Feind abgefangen werden konnten, waren die von Brieftauben übermittelten Botschaften sicher, es sei denn, der Vogel wurde abgeschossen. Zwischen 1943 und 1949 erhielten 32 Tauben die Dickin-Medaille für besondere Tapferkeit oder Pflichterfüllung im Dienst (siehe Kasten gegenüber). Heute dagegen ist die Taubenzucht zum populären Hobby geworden, man denke an Rassetaubenvereine und Brieftauben-Wettflüge. In Südafrika gab es 2009 einen Wettbewerb zwischen einer Brieftaube und einem südafrikanischen Internetanbieter. Es ging darum, wer eine große formatierte Datenmenge am schnellsten befördern konnte. Die Brieftaube übermittelte die Daten auf einem USB-Stick und besiegte ihre elektronische Konkurrenz mit Leichtigkeit.

Mobiler Taubenschlag
Während der beiden Weltkriege wurden verbreitet Brieftauben zur sicheren Nachrichtenübermittlung eingesetzt.

Karpfen

Cyprinus carpio & subspp.

Ursprüngliche Verbreitung Europa und Asien

Klasse Fische

Größe bis zu 120 cm lang

Seit der Antike sind die im Süßwasser lebenden Karpfen eine wichtige Quelle von tierischem Protein – sowohl die Römer als auch die alten Chinesen züchteten Karpfen in speziellen Teichen. Karpfen werden aber nicht nur als Speisefische gezüchtet, sondern auch als Sportfische und als Zierfische für den Gartenteich.

- ✦ **Nahrung**
- ✦ Medizin
- ✦ **Wirtschaft/Handel**
- ✦ Geschichte/Kultur

Nahrung aus dem Fluss

Bei Nutztieren denken wir in erster Linie an Säugetiere wie Rinder und Schafe oder Vögel wie Hühner und Enten. Doch der Süßwasser-Karpfen wurde bereits in der Antike in Europa und Asien in künstlichen Gewässern gehalten und gezüchtet. Im 19. Jahrhundert wurden Karpfen als Speisefische in Nordamerika und in Australien eingeführt. Die Einführung dieser Fische in ihren neuen Lebensraum führte jedoch zu ernsthaften Umweltproblemen, und es sind seitdem große Anstrengungen unternommen worden, diese Tiere wieder auszurotten oder zumindest ihren Bestand zu kontrollieren. Karpfen sind nicht nur für Fischzucht wichtig, sie werden auch zu Sportzwecken und als Zierfische gezüchtet, vor allem in Japan, wo die Zuchtformen als Koi bekannt sind.

Der Körper des Karpfens ist von großen, bräunlichen Schuppen bedeckt. Die lange, stachlige Rückenflosse schreckt Fressfeinde ab; der muskulöse Schwanz samt der Schwanzflosse liefert den nötigen Vortrieb. Während die Brustflossen steuern, sorgen die Bauchflossen und die Afterflosse für die nötige Balance und Stabilität. An der Oberlippe trägt der Karpfen zwei Paar Barteln, mit deren Hilfe er Nahrung am Flussgrund sucht. Karpfen sind prinzipiell Allesfresser, ernähren sich aber vorwiegend von Kleinlebewesen wie Würmern, Insekten und kleinen Krebstieren. Sie leben in Gruppen von fünf oder mehr Individuen, es gibt aber auch Einzelgänger. Die Fische bevorzugen warmes Was-

Gaumen- und Augenschmaus
Karpfen sind vor allem in Ostasien als Speisefische und als Zierfische für Gartenteiche beliebt.

ser, weil sie als wechselwarme Tiere so aktiver sind. Karpfen verfolgen dieselbe Fortpflanzungsstrategie wie Heringe: Sie produzieren große Mengen an Eiern, um das Überleben einiger Individuen sicherzustellen. Ein Weibchen kann während eines einzigen Laichgangs bis zu 300 000 Eier ablegen, im Jahr bis zu einer Million. Trotz dieser riesigen Mengen bleiben die Karpfenpopulationen stabil, denn Eier und Jungfische fallen in großer Zahl Fressfeinden wie Watvögeln, wasserlebenden Säugetieren und anderen Fischen zum Opfer.

Monsterkarpfen Japanischer Farbdruck, der den volkstümlichen Helden Kintaro im Kampf mit einem riesigen Karpfen zeigt,

Bereits in der Antike wurden Karpfen im Osten wie auch im Westen domestiziert. Die Römer führten Karpfen überall in ihrem Herrschaftsgebiet ein, nach dem Zusammenbruch des Weströmischen Reiches im 5. Jahrhundert n. Chr. verbreiteten die Klöster die Karpfenzucht in ganz Europa. Etwa um dieselbe Zeit entwickelte sich auch in China die Karpfenzucht; von dort wurde sie nach Korea und Japan exportiert. In Gebieten im Landesinneren stellte der Karpfen eine wichtige und billige Proteinquelle dar, die sich zudem einfach in Gewässern halten ließ. Heutzutage übersteigt die Produktion von Zuchtkarpfen diejenige aller anderen Süßwasserfische in Aquakultur, wobei China die Liste der Erzeugerländer anführt. Karpfen werden in Mittel- und Osteuropa verzehrt und sind ein Grundbestandteil der jüdischen Küche. In Westeuropa, Nordamerika und Australien gilt der Karpfen eher als Sportfisch. Britische Angler zählen den Karpfen zu den *coarse fish* (wörtlich «grober Fisch», im Gegensatz zu Edelfischen wie Lachs und Forelle), der einen guten Kampf liefert.

Bunte Karpfen

✦

Die Zucht von Zierkarpfen, sogenannten Farbkarpfen oder Koi, begann in Japan bereits in den 1820ern. Da Japan bis 1868 von der Außenwelt weitgehend abgeschlossen war, blieben Koi im Westen bis Anfang des 20. Jahrhunderts unbekannt; 1914 wurden sie erstmals auf einer internationalen Ausstellung in Tokio präsentiert. Die Vielfalt an Farben und Mustern, in denen Koi gezüchtet werden, ist wirklich erstaunlich. Die häufigsten Farben sind Weiß, Schwarz, Rot, Gelb und Beige. Seit den 1980ern gibt es neue Zuchtformen, darunter Ghost- und Butterfly-Koi.

Cochenille-Schildlaus

Dactylopius coccus

Ursprüngliche Verbreitung Mittel- und Südamerika

Klasse Insekten

Größe Weibchen 5 mm lang

In der vorkolumbianischen Zeit verwendete man in Mexiko und Peru Cochenille, einen Farbstoff, der aus Cochenille-Schildläusen gewonnen wurde, um Textilien intensiv karminrot zu färben. Bis zum frühen 19. Jahrhundert zählte Cochenille zu den wichtigsten Exportartikeln Mexikos; es wird auch heute noch als Farbstoff in Nahrungsmitteln und Kosmetika eingesetzt.

✦ **Nahrung**
✦ Medizin
✦ **Wirtschaft/Handel**
✦ Geschichte/Kultur

Ein strahlendes Rot

Heutzutage sehen wir leuchtende und intensive Farben als selbstverständlich an, doch in vorindustrieller Zeit waren Farben ein teurer Luxus. Farbstoffe mussten aus natürlichen Quellen gewonnen werden, die qualitativ hochwertigsten waren seltene, teure Importartikel aus fernen Ländern. Ohne die modernen chemischen Beizmittel zur Fixierung der Farbstoffe waren die Farben oft nur gedämpft oder wurden schnell ausgewaschen. Manche Färbemittel waren sehr gesucht, da sie besonders farbintensiv waren und nicht ausblichen. Die Azteken nutzten Cochenille, um ihre Stoffe aus Baumwoll- und Agavenfasern zu färben, und bezogen das wertvolle Färbemittel als Tributzahlung von unterworfenen Städten. Nachdem die Spanier Mexiko erobert hatten, wurde Cochenille, auch Karmin genannt, nach Europa exportiert. Das neue Färbemittel war so viel besser als alles andere auf dem Markt, dass die Spanier die Produktion in Mexiko rasch ausweiteten, um die wachsende Nachfrage zu befriedigen. Bis zum Beginn des 19. Jahrhunderts war die Cochenilleproduktion ein mexikanisches Monopol und Cochenille einer der wichtigsten Exportartikel.

Die Cochenille-Laus ist eine ovale, flache Schildlaus mit weichem Körper. Adulte Männchen und Weibchen unterscheiden sich deutlich: Das Männchen ist geflügelt und wesentlich kleiner als das flügellose Weibchen. Die Insekten durchlaufen einen Entwicklungszyklus mit den Stadien Nymphe (Jugendstadium) und Imago (adultes Tier). Die Weibchen leben in Kolonien auf den flachen Sprossen des Feigenkaktus (Opuntie) und ernähren sich saugend von den Pflanzensäften. Sie sind weitgehend unbeweglich und werden zur Paarung von den geflügelten

Männchen aufgesucht. Anschließend bringen die Weibchen winzige Nymphen zur Welt. Diese sondern ein weißes Wachs ab, sodass sie nicht austrocknen. Die weiblichen Nymphen bilden zudem lange Wachsfäden, werden über diese mit dem Wind verfrachtet und können so neue Wirtskakteen besiedeln. Dort wachsen sie zu adulten Tieren heran, und ein neuer Entwicklungszyklus kann beginnen. Die Männchen können keine Nahrung aufnehmen und sterben bald nach der Paarung.

Farbstoffe
Die farbenfrohe traditionelle Bekleidung in Mexiko wird mit natürlichen Farbstoffen hergestellt, zum Beispiel mit getrockneten Cochenille-Schildläusen.

Die Weibchen bilden die rote Karminsäure, um Fressfeinde abzuwehren. Karminsäure macht 17–24 Prozent des Trockengewichts aus. Die Ernte der Cochenille-Schildläuse ist arbeitsaufwendig: Sie müssen im Alter von drei Monaten einzeln von den Kakteen abgeschlagen, abgebürstet oder gesammelt werden. Anschließend werden sie durch kochendes Wasser, Trocknen in der Sonne, Wasserdampf oder Hitze abgetötet – je nach Methode entsteht ein Farbstoff mit unterschiedlichem Rot- oder Orangeton. Man benötigt etwa 150 000 Insekten, um 1 kg Karmin (Cochenille) zu erhalten.

Cochenille verdrängte alle anderen roten Färbemittel rasch und erlangte ein Weltmonopol. Es war besonders zum Färben von Wollstoffen und -garnen geeignet – diese waren in Mittelamerika unbekannt, bis die europäischen Siedler im 16. Jahrhundert Schafe einführten. Der Farbstoff wurde bis in den Nahen Osten und nach Indien exportiert und dort bei der Herstellung von Orientteppichen verwendet. Doch als im 19. Jahrhundert die billigeren synthetischen Farbstoffe auf den Markt gelangten, ging die Vorherrschaft von Cochenille in der Färbeindustrie abrupt zu Ende.

Auch heute wird Cochenille noch häufig als Färbemittel eingesetzt, allerdings nicht mehr in der Textilindustrie. Es gehört zu den wenigen wasserlöslichen Farbstoffen, die sich bei Einwirkung von Wärme, Licht oder Luft nicht zersetzen, und ist, im Gegensatz zu vielen synthetischen roten Farbstoffen, die krebserregend sind, für Menschen gesundheitlich unbedenklich. Daher wird Cochenille bis heute in der Lebensmittel-, Getränke- und Kosmetikindustrie verwendet. Es ist in zahlreichen Produkten enthalten, zum Beispiel in alkoholischen Getränken und Softdrinks, in diversen Milch- und Fleischprodukten, Backwaren, Saucen und Süßigkeiten. Ein Großteil wird in der Kosmetikindustrie verarbeitet und ist Bestandteil von Lippenstiften, Make-up-Artikeln und Pflegeprodukten für Haut und Haare.

Bekömmliches Rot
Cochenille wird immer noch zum Färben von Kosmetika sowie Getränken und anderen Nahrungsmitteln eingesetzt.

Taufliege

Drosophila melanogaster

Ursprüngliche Verbreitung Weltweit

Klasse Insekten

Größe bis zu 2,5 mm lang

Die Taufliege ist zwar klein und recht unscheinbar, hat aber eine entscheidende Rolle in der Genetik und Entwicklungsbiologie gespielt und gehört seit Beginn des 20. Jahrhunderts zu den am häufigsten eingesetzten Modellorganismen. Ihr Genom enthält 75 Prozent der bekannten menschlichen Krankheitsgene und ist damit ein ideales Modell zur Erforschung etlicher menschlicher Krankheitsbilder.

- Nahrung
- ***Medizin***
- Wirtschaft/Handel
- Geschichte/Kultur

Modellorganismus

Da Menschen viele Jahre benötigen, bis sie erwachsen sind und sich fortpflanzen, eignet sich der Mensch nur schlecht, um die Mechanismen der Vererbung zu erforschen. Eine auf Menschen basierende Untersuchung der Vererbungsmechanismen würde Jahrhunderte dauern. Um dies zu beschleunigen, suchten die Biologen nach Modellorganismen, die als Ersatz für den Menschen dienen konnten. Zu Beginn des 20. Jahrhunderts kamen amerikanische Wissenschaftler auf die Idee, die Taufliege einzusetzen, da sie sich leicht in Gefangenschaft züchten lässt und schnell vermehrt. Dies erwies sich als kluge Wahl, da die Taufliege in ihrem Erbgut drei Viertel der bekannten menschlichen Krankheitsgene trägt, obwohl sie als Insekt evolutionär über 300 Millionen Jahre vom Menschen getrennt ist.

Taufliegen treten überall dort auf, wo es überreifes Obst und Gemüse gibt. Typische Erkennungsmerkmale sind ihre roten Augen und der hellbraune Körper mit schwarz quergestreiftem Abdomen (Hinterleib). Das

Rote Augen
Die Taufliege ist als genetischer Modellorganismus ideal, da sie sich im Labor leicht kultivieren lässt und innerhalb weniger Wochen mehrere Generationen hervorbringt.

Weibchen ist etwas größer als das Männchen. Dieses ist dunkler, mit schwarzem Fleck auf dem Hinterleib. Wie viele andere Insekten durchläuft die Taufliege einen Entwicklungszyklus mit den vier Stadien Ei (Embryo), Larve (Made), Puppe, Imago (adultes Insekt). Sobald das Männchen ein Weibchen lokalisiert hat, balzt es vor der Partnerin, indem es sie umrundet und mit den Flügeln vibriert. Wenn das Weibchen paarungswillig ist, nimmt es das Sperma des Männchens in zwei Samentaschen (Spermatheken) auf. Mit 1,8 mm Länge sind die Spermien von *Drosophila melanogaster* fast so lang wie die Tiere selbst! Die Paarung dauert etwa 30 Minuten. Die Weibchen können das Sperma mehrerer Männchen aufnehmen und speichern, wobei das Sperma des letzten Männchens die größte Aussicht auf die Befruchtung der Eier besitzt.

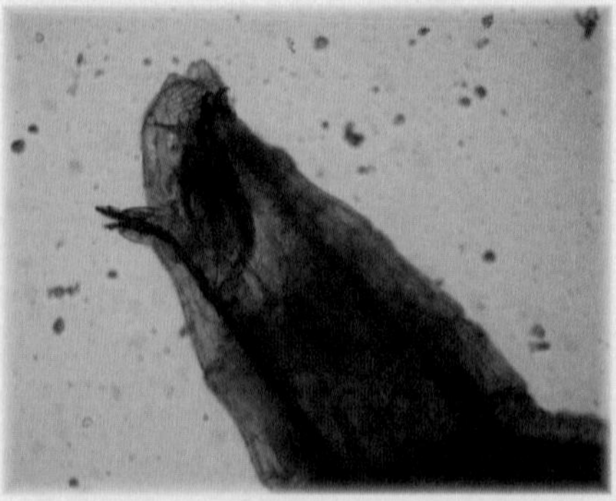

Obstfan
Taufliegenlarven schlüpfen bei mittlerer Temperatur schon nach kurzer Zeit, sie ernähren sich von Fruchtzuckern und Mikroorganismen.

Das Weibchen legt seine bis zu 500 Eier auf der Oberfläche von verfaulendem Obst oder anderem feuchtem organischem Material. Bei 25 °C schlüpfen die Larven binnen 12–15 Stunden. Sie ernähren sich von Mikroorganismen und Fruchtzuckern und häuten sich im Lauf von vier Tagen zweimal. Nach der zweiten Häutung erfolgt bald die Umwandlung zur Puppe, nach vier weiteren Tagen schlüpft das adulte Insekt. Bei der optimalen Temperatur von 28 °C dauert der Entwicklungszyklus der Taufliege vom Ei zum Adulttier eine Woche, bei kühleren Temperaturen kann er viel länger sein. Unter warmen Bedingungen leben Taufliegen durchschnittlich 30 Tage und legen bis zu 2000 Eier.

Aufstieg der Mutanten

Bis zum frühen 19. Jahrhundert akzeptierten die meisten Laien und Wissenschaftler die christliche Schöpfungslehre, nach der die Tierarten fertig und unveränderlich geschaffen worden waren. Damit ließ sich aber die große Variationsbreite innerhalb der Arten wie auch die Entdeckung ausgestorbener Tierarten (beispielsweise von *Iguanodon,* S. 110–115) nicht in Einklang bringen. Der französische Wissenschaftler Jean-Baptiste Lamarck (1744–1829) stellte 1809 seine Theorie der

«Das war ja toll!»

✦

Für ihre Arbeiten zur genetischen Steuerung der Embryonalentwicklung bei Taufliegen erhielt Christiane Nüsslein-Volhard (*1942) 1995 den Nobelpreis für Medizin. Ihre Forschungsergebnisse haben wesentlich zu unserem Verständnis der Entwicklungsbiologie beigetragen. Zudem konnte sie als Erste die sogenannten *Toll*-Gene identifizieren und deren wesentliche Rolle in der Embryonalentwicklung erklären. Die Bezeichnung «toll» geht auf ihren Ausruf «Das war ja toll!» zurück, als ihr die Bedeutung dieser Versuche erstmals klar wurde.

Vorkoster

✦

Im Lauf ihrer Evolution haben die Pflanzen über Jahrmillionen zahllose bittere und giftige Substanzen entwickelt, um zu verhindern, dass sie von Tieren gefressen werden. 2009 wurde auf der «Zunge» der Taufliege ein Geschmacksrezeptor isoliert, mit dessen Hilfe sie Toxine erkennen kann, die von Pflanzen als Abwehr gegen Insektenfraß gebildet werden.

«Transmutation der Arten» auf, wonach die Evolution der Tiere durch zwei Mechanismen erklärt wurde: Anpassung der Arten an ihre Umgebung sowie ein angeborenes Bestreben der Organismen, sich von einfachen zu komplexen Formen hin zu entwickeln.

In «Die Entstehung der Arten» (1859) stellte Charles Darwin (1809–1882) seine berühmte Alternativtheorie vor: natürliche Selektion als wichtigster Motor der Evolution. Anhand seiner Beobachtungen an den Darwinfinken (S. 96–99) sowie an anderen lebenden und fossilen Arten postulierte Darwin, dass bestimmte Merkmale im Lauf der Zeit nach und nach selektiert wurden. Allerdings fehlte in dieser Theorie ein physischer Mechanismus, um zu erklären, wie es zur Variation in Tierpopulationen kam. Bis zum Beginn des 20. Jahrhunderts wurden in der Biologie im Wesentlichen drei nicht mit Darwin konforme Theorien zur Erklärung des Evolutionsprozesses favorisiert: Neo-Lamarckismus (die Vererbung erworbener Merkmale), Orthogenese (angeborenes Bestreben der Organismen hin zum Wechsel) oder Saltationismus (Evolution durch plötzliche, große Mutationen).

Die Wissenschaft hätte sich viel Zeit und Mühen sparen können, wenn sie die Arbeiten von Gregor Mendel (1822–1884) berücksichtigt hätte, von denen die erste sieben Jahre nach «Die Entstehung der Arten» veröffentlicht wurde. Sie wurden aber kaum beachtet und fast sofort vergessen. Mendel, ein katholischer Ordenspriester, experimentierte sieben Jahre lang mit Erbsenpflanzen und konnte daraus die drei wichtigsten Vererbungsregeln (Mendelsche Regeln) ableiten: die Uniformitätsregel, die Spaltungsregel und die Unabhängigkeitsregel. Von Chromosomen und Genen wusste er aber noch nichts. Im Jahr 1900 wurden Mendels Erkenntnisse zur Vererbung im englischen Sprachraum durch den britischen Genetiker William Bateson (1861–1926) wiederentdeckt, der den Begriff «Genetik» prägte, außerdem parallel durch den Niederländer Hugo de Vries (1848–1935), der den Begriff «Mutation» einführte. De Vries war

Unterschätzt
Die wissenschaftliche Bedeutung von Gregor Mendels Arbeiten wurde erst Jahre nach seinem Tod erkannt.

Anhänger des Saltationismus. Als der Amerikaner Thomas Hunt Morgan (1866–1945) 1908 mit seinen Taufliegenexperimenten begann, wollte er eigentlich nicht Darwins Theorie der natürlichen Selektion, sondern de Vries' Theorie überprüfen.

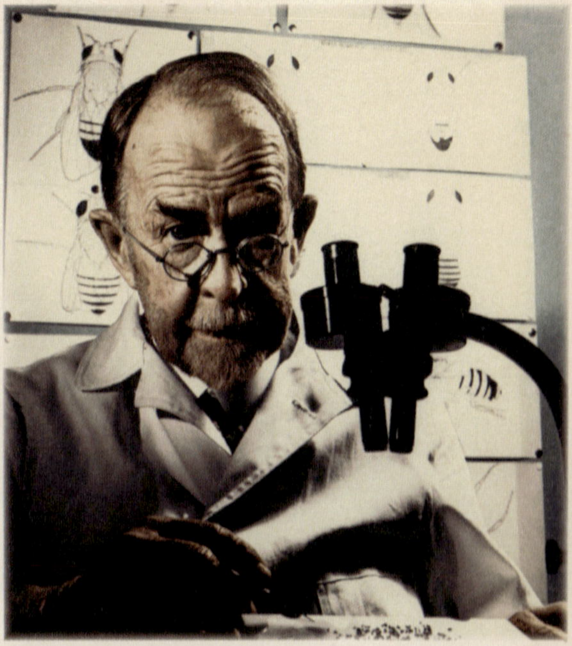

Durchbruch
Thomas Hunt Morgan war nicht der erste Forscher, der mit Taufliegen arbeitete, doch ihm gelang der Durchbruch, der zur Entschlüsselung der Genetik der Vererbung führte.

Morgan und andere Genetiker der Epoche hatten sich aus gutem Grund für die Taufliege als Modellorganismus entschieden. Sie ist klein und einfach zu züchten, und große Populationen lassen sich im Labor billig und mit wenig Aufwand halten. Meistens verwendet man Flaschen mit etwas Brei aus eingeweichten Haferflocken. Die Taufliegen paaren sich im Behälter und die Larven ernähren sich später von dem Brei. Da der Entwicklungszyklus unter optimalen Bedingungen nur eine Woche dauert, kann man innerhalb kurzer Zeit viele Taufliegengenerationen züchten. Männchen und Weibchen lassen sich gut unterscheiden, sodass man unverpaarte Weibchen sofort nach dem Schlüpfen isolieren und später mit ihnen genetische Kreuzungsversuche durchführen kann. Und schließlich besitzen Taufliegen nur vier Chromosomenpaare: drei Autosomenpaare und ein Geschlechtschromosomenpaar.

Morgan setzte Chemikalien und Strahlung ein, um Mutationen bei seinen Taufliegen auszulösen, und startete Kreuzungsexperimente, um erbliche Mutationen nachzuweisen. Nach zwei Jahren gelang es ihm, mehrere erbliche Mutationen zu erzeugen, vor allem eine männliche weißäugige Taufliegenmutante. Wenn diese weißäugigen Männchen mit rotäugigen Weibchen gekreuzt wurden, übersprang die weißäugige Mutation eine Generation. Damit hatte Morgen das erste rezessive, geschlechtsabhängige genetische Merkmal entdeckt. 1911 folgerte er, dass bestimmte Merkmale auf den Geschlechtschromosomen lokalisiert waren, während andere nicht geschlechtsgebunden waren, sondern autosomal vererbt wurden. Und so hatte er nicht die Theorie des Saltationismus erhärtet, sondern letztlich den physischen Mechanismus entdeckt, der sowohl die Mendelschen Regeln als auch Darwins Theorie der graduellen Evolution durch natürliche Selektion bestätigte.

Hausesel

Equus asinus asinus

Ursprüngliche Verbreitung Nordostafrika

Klasse Säuger

Größe 91–147 cm Schulterhöhe

- ***Nahrung***
- Medizin
- ***Wirtschaft/Handel***
- ***Geschichte/Kultur***

Der Esel gilt sprichwörtlich als störrisch und dumm. Tatsächlich ist er seit mehr als fünf Jahrtausenden einer der besten Helfer des Menschen. Er versorgt ihn nicht nur mit Fleisch, Milch und Häuten, sondern hat als trittsicherer, sturer Begleiter Reiter und Lasten über alle Handelswege befördert. So hat er zur Erforschung entlegener und exotischer Regionen beigetragen.

Out of Africa

Über Jahrtausende hat der Esel in Krieg und Frieden, bei Expeditionen und auf Handelswegen schwere Lasten für den Menschen getragen. Der älteste Vorfahr von Esel und Pferd lebte vor 54 Millionen Jahren. Er war ein kleiner Pflanzenfresser, etwa so groß wie ein großer Hund, und war ans schnelle Laufen angepasst. Im Lauf des Miozäns (vor 23–5,3 Mio. Jahren) diversifizierten sich die Pferde und ähnelten im Aussehen bereits den heutigen Arten. Die modernen Vertreter der Pferde (Gattung *Equus*), zu denen Pferde, Esel, Zebras, Tibet-Wildesel und Halbesel gehören, entwickelten sich während des Pleistozäns (vor 2,5 Mio.–12 000 Jahren), gleichzeitig mit den Vorfahren des modernen Menschen.

Die Stammform des Hausesels ist der Afrikanische Wildesel. Er gilt inzwischen als bedrohte Art und kommt nur mehr in geringer Zahl in Somalia, Eritrea und Äthiopien vor. Das historische Verbreitungsgebiet umfasste zusätzlich den Sudan, Libyen und Ägypten, wo nach Ansicht der Archäologen die Domestikation des Wildesels begann. Esel sind sehr gut an aride und semi-aride Regionen angepasst; sie sind zäher als Pferde und anspruchsloser, was die Nahrung angeht. Der Hausesel verbreitete sich bald über den Nahen Osten, Europa und Asien, erreichte aber erst spät den amerikanischen Doppelkontinent. Dort waren die Equiden vor etwa 12 000–8000 Jahren ausgestorben – entweder infolge eines Klimawandels oder weil es zur Überjagung kam, als der Mensch den Kontinent in mehreren Einwanderungswellen über die nordamerikanisch-asiatische Landbrücke besiedelte. Mit Christoph Kolumbus (1451–1506) gelangte der erste Hausesel im späten 15. Jahrhundert nach Amerika. Nur kurz darauf führten

die spanischen Konquistadoren auf ihren Entdeckungs- und Eroberungszügen ins Aztekenreich Pferde und Esel mit sich. Da es in Mittelamerika keine Lasttiere gab, wurden Esel rasch in den spanischen Kolonien der Neuen Welt heimisch.

Der Esel ist zwar kleiner als das Pferd, aber anatomisch ähnlich. Die Ohren sind wesentlich größer als Pferdeohren und dienen auch zur Kühlung bei warmem Wetter. Wie Hausrinder sind auch Esel Grasfresser, die sich vorwiegend von Gräsern und anderen krautigen Pflanzen ernähren, doch wie Ziegen fressen sie auch verholzte Pflanzenteile, aber nur, wenn nichts Besseres verfügbar ist. Esel sind zwar wie die Wiederkäuer auf cellulosehaltige Nahrung spezialisiert, besitzen aber keinen mehrteiligen Wiederkäuermagen und verdauen die ballaststoffreiche Nahrung nicht im Magen, sondern im Blinddarm. Anders als die geselligen, Herden bildenden Wildpferde sind Wild- und Hausesel in der Regel Einzelgänger, die über ihre sehr lauten Rufe miteinander in Kontakt bleiben.

PERSONENBEFÖRDERUNG
Der Esel ist der Kleintransporter der Pferdefamilie, der nicht nur Güter, sondern auch Menschen befördert.

Esel können gemeinsam mit Pferden Nachkommen zeugen, doch diese sind meistens unfruchtbar. Beim Maultier (Muli) ist der Vater ein Eselhengst und die Mutter eine Pferdestute, beim Maulesel ist es umgekehrt. Esel kreuzen sich gelegentlich auch mit Zebras; die Nachkommen werden als Zesel bezeichnet.

DIE ESEL DES PHARAO

Nach archäologischen Befunden von mehreren antiken Bestattungsplätzen begann die Domestikation des Wildesels wahrscheinlich vor etwa 6000 Jahren im Ägypten der prädynastischen Zeit. Die bisher ältesten Eselskelette wurden bei Kairo ausgegraben und auf 4600–4000 v. Chr. datiert. In Abydos stieß man beim Gräberkomplex eines nicht identifizierten Pharao (etwa 3000 v. Chr.) auf eine speziell angelegte Ziegelkammer, in der zehn Eselskelette vergraben waren. Ein Vergleich mit

ALTER ESEL
Nach der Meinung von Archäologen wurden Esel in Ägypten bereits vor 6000 Jahren domestiziert.

Shakespeares Esel

✦

Obwohl der Esel ein neugieriges und geselliges Wesen ist und man ihn für äußerst intelligent hält, wird er seit eh und je als Beispiel der Dummheit dargestellt. In Shakespeares «Sommernachtstraum» (etwa 1595) spielt der boshafte Puck dem sehr dummen Weber Nick Zettel einen Streich und verwandelt dessen Kopf in einen Eselskopf. Dann sorgt er dafür, dass sich seine Herrin, die Elfenkönigin Titania, in Nick Zettel verliebt. Dies ist nur ein Beispiel für die vielen unfreundlichen Eselsporträts in Kunst und Kultur. Ein jüngeres Beispiel ist der Esel im Computeranimationsfilm *Shrek der Dritte*.

den Skeletten moderner Hausesel und Wildesel zeigte, dass es sich bei den alten ägyptischen Eseln um eine Zwischenform handelte, die gemeinsame Merkmale mit beiden besaß. Verschleißerscheinungen an Wirbelsäule und Gelenken legten nahe, dass sie damals bereits als Lasttiere eingesetzt worden waren. Auf Grabmalereien aus der dynastischen Periode ist sowohl die Jagd auf Wildesel als auch der Transport von Handels- und Agrargütern durch Hausesel dargestellt.

Auch auf der «Standarte von Ur» (etwa 2600–2400 v. Chr.) ist bereits die Verwendung von Eseln dargestellt. Dieser Holzkasten ist mit Einlegearbeiten aus Muschelstückchen, roten Kalksteinchen und Lapislazuli verziert und wurde auf dem Königsfriedhof der sumerischen Stadt Ur (im heutigen Südirak) gefunden. Auf dem obersten der drei horizontalen Schmuckfriese ist der Herrscher von Ur vor einem vierrädrigen Streitwagen abgebildet, der von Wild- oder Hauseseln gezogen wird (von manchen werden diese für Pferde gehalten). Auf dem unteren Fries ist eine Schlachtszene mit ähnlichen Streitwagen zu sehen. Dies ist eine der wenigen Darstellungen, die zeigen, dass Esel auch im Krieg eingesetzt wurden. In anderen Kulturen des Altertums bevorzugte man Pferde, und im Nahen Osten zog man später auf Dromedaren in die Schlacht.

Bis weit in die Neuzeit diente der Esel hauptsächlich als Lasttier. Er war vor allem für die Gebirgspfade im antiken Griechenland und Kleinasien (heute Türkei) geeignet. Die Griechen waren zwar berühmte Seeleute, doch sie waren, anders als die Römer, keine sonderlichen Straßenbaumeister. In der Provinz Attika mit der mächtigen Hauptstadt Athen gab es nur drei gepflasterte Straßen, die für Ochsenkarren geeignet waren. Deshalb erfolgten Handel und Transport zwischen Athen und den umgebenden Ortschaften vorwiegend mithilfe von Eseln.

Prost!
Antikes griechisches Trinkgefäß in der Form eines Eselskopfes.

In Mexiko und Lateinamerika wurden Esel häufig eingesetzt, in Nordamerika jedoch gehörten sie nicht zu den bevorzugten Lasttieren. Allerdings war kein Geringerer als Präsident George Washington (1732–1799) mit Größe und Kraft der damals in den USA üblichen Eselrassen unzufrieden und importierte größere Zuchttiere aus Europa, um kräftigere Arbeitsmaultiere zu züchten. Aus seinen Züchtungsversuchen ging eine eigene Eselrasse hervor, der Amerikanische Mammoth Jack. Washington hatte noch einen weiteren Grund, Eseln dankbar zu sein: Er verlor seine Zähne bereits im frühen Alter und ließ sich mehrere Gebisse anfertigen –

eines davon mit Teilen von Eselzähnen als Zahnersatz. Auch nach der Einführung des Mammoth Jack waren Esel in den USA nicht sehr verbreitet; erst ab Mitte des 19. Jahrhunderts lernte man im Zuge des amerikanischen Goldrauschs den geselligen, robusten und trittsicheren Esel gegenüber dem schreckhafteren Pferd zu schätzen.

Doch schon im frühen 20. Jahrhundert wurden Esel immer seltener als Arbeitstiere eingesetzt und stattdessen in den Industrieländern als Haustier gehalten. In den ärmeren Regionen der Welt sind Esel aber nach wie vor wichtige Nutztiere. Der Weltbestand an Eseln wird heute auf 44 Millionen Tiere geschätzt. Die meisten leben in Lateinamerika, Afrika, dem Nahen Osten, auf dem indischen Subkontinent und in China, das alleine ein Viertel des Weltbestands beherbergt.

Arbeitstier
Esel werden in den Industrieländern heute meistens als Haustiere gehalten, doch in ärmeren Regionen der Welt dienen sie oft noch als Arbeitstiere.

Hauspferd

Equus ferus caballus

Ursprüngliche Verbreitung Zentralasien

Klasse Säuger

Größe 147–182 cm Schulterhöhe

Jetzt kommen wir zu einem Tier, das mit den größten Einfluss auf die Entwicklung unserer Zivilisation hatte: dem Pferd. Seine Bedeutung beschränkt sich aber nicht nur auf seine Rolle als Milch- und Fleischproduzent oder in Transportwesen, Nachrichtenübermittlung und Landwirtschaft; von der Antike bis zur Technisierung der Kriegsführung im frühen 20. Jahrhundert spielte es als Reittier im Krieg eine entscheidende Rolle.

- ✦ *Nahrung*
- ✦ Medizin
- ✦ *Wirtschaft/Handel*
- ✦ *Geschichte/Kultur*

Die ersten Reiter

Die frühen Menschen waren Herdentiere, die Pflanzenfresser jagten und sich, abgesehen von ihrem Talent zum Herstellen von Werkzeugen, in der Lebensweise nur wenig von Wölfen unterschieden. Als Jäger und Sammler lebten sie gefährlich und von der Hand in den Mund, denn sie mussten Tag für Tag Nahrung finden, um überleben zu können. Mit der Domestizierung von Ziege, Schaf, Dromedar und Rind wandelten sich die Menschen zu nomadischen Hirten und Ackerbauern, die nicht mehr so stark von den Launen der Natur abhängig waren. Ihre «Versicherungspolice» waren ihre Tiere, mit deren Hilfe sie schlechte Zeiten durchstehen konnten. Auch das Hauspferd war in der frühen Domestikationsphase ein Lieferant für Fleisch, Milch und Häute. Als die Menschen aber das Reiten entdeckten, gewann der Zivilisationsprozess an Fahrt. Die Reiter wurden dabei ausgerechnet zu einer neuen Art von Beutejägern: Sie waren auf der Jagd nach Beutetieren gegenüber unberittenen Jägern im Vorteil und als Krieger jedem unberittenen Feind überlegen.

Pferdestärken
Das Pferd hat dank Schnelligkeit, Kraft und Transportkapazität wesentlich zur Entwicklung unserer Zivilisation beigetragen.

Schon im vorhergehenden Eintrag über den Hausesel haben wir erfahren, dass die Equiden eine alte Säugerfamilie sind, die sich im Lauf der letzten 54 Millionen Jahre entwickelte. Einer der frühesten Vorfahren des Pferds, das *Hyracotherium*, war ein kleiner, höchstens hundegroßer, weidender Pflanzenfresser. Die Vorderfüße trugen vier, die Hinterfüße drei Zehen. Im Lauf der nächsten 50 Millionen Jahre wurden die Equiden größer und die Zahl der Zehen ging zurück, bis die Tiere zu Zehenspitzengängern mit nur einem Zeh je Fuß wurden. Vor etwa fünf Millionen Jahren hatten sich bereits erkennbar moderne Pferde ausgebildet. Mit den längeren Beinen und der vom Huf perfekt geschützten Einzelzehe waren diese besser ans schnelle Laufen angepasst, und die Ernährungsumstellung von weichen, tropischen Pflanzenteilen zu harten Steppengräsern zeigte sich an ihrem Gebiss. Wie Wiederkäuer fressen moderne Pferde ein cellulosereiches Futter, besitzen aber keinen mehrteiligen Magen und würgen die Nahrung nicht wieder hoch. Die ballaststoffreiche Nahrung der Pferde wird zuerst im Magen aufgeschlossen, die Nährstoffe werden dann im Blinddarm, der Teil des Dickdarms ist, freigesetzt.

Urahn
Das hundegroße *Hyracotherium* lebte vor 54 Millionen Jahren und ist der früheste Vorfahr des Pferdes.

Die frühen Echten Pferde waren in der Alten und Neuen Welt weitverbreitet, starben aber auf dem amerikanischen Doppelkontinent nach Ankunft der ersten Menschen aus. Zur Erklärung gibt es zwei Theorien: Nach der ersten kam es durch einen Klimawandel zum Verlust ihrer Nahrungsgrundlage, nach der zweiten war die Überjagung durch den Menschen verantwortlich. Wie dem auch sei, vor ca. 8000 Jahren war das Pferd auf dem amerikanischen Kontinent verschwunden und kehrte erst im 15. Jahrhundert mit den europäischen Entdeckungsreisenden zurück. Heute gibt es nur mehr eine einzige Wildpferd-Unterart: das Przewalski-Pferd aus Zentralasien, auch als Mongolisches Wildpferd bekannt. Es ist kleiner und untersetzter als das Hauspferd, mit dickem Hals, Stehmähne und struppigem (Winter-)Fell. Nur eine weitere Wildpferd-Unterart hat bis in die Moderne überlebt: der Tarpan (das eurasische Wildpferd), der im frühen 20. Jahrhundert ausstarb.

Statussymbol
In vielen Kulturen waren der Besitz und das Reiten von Pferden ein Vorrecht von Adel und Kriegereliten.

In vorgeschichtlicher Zeit wurden Pferde von den Menschen wegen ihres Fleisches gejagt; belegt wird dies zum Beispiel durch die prähistorischen Höhlenmalereien in Frankreich und Spanien, ferner durch die Knochen getöteter Pferde an jungsteinzeitlichen Fundstätten. Wie, wo und wann genau das Pferd

Sport der Könige

✦

Polo ist eine der extravagantesten Pferdesportarten. Zwei Teams mit je vier Reitern versuchen, einen kleinen Ball mit einem Poloschläger ins Tor zu schlagen. Das Spiel entstand im alten Persien, um Kavallerietruppen in militärischer Taktik zu trainieren. Beim ursprünglichen Polo nahmen auf jeder Seite bis zu 100 Reiter teil. Zur Zeit der Moguln gelangte das Spiel auf den indischen Subkontinent, und dort lernten die Briten es kennen. Polo, ein Lieblingssport der Aristokratie, wird auch von den Mitgliedern der britischen Königsfamilie gespielt.

den Übergang vom Beute- zum domestizierten Herdentier schaffte, ist umstritten. Nach einer Theorie soll das Pferd etwa 2500 v. Chr. im Nahen Osten domestiziert worden sein, doch nach neueren Forschungen geschah dies angeblich viel weiter östlich, in Zentralasien, und wesentlich früher, nämlich im 4. Jahrhundert v. Chr. An mehreren Standorten in der Republik Kasachstan gibt es archäologische Funde, die nahelegen, dass Wildpferde zum ersten Mal in der Botai-Kultur (3700–3100 v. Chr.) gezähmt wurden.

Die nordkasachischen Steppen östlich des Urals boten großen Wildpferdeherden ausgezeichnete Lebensbedingungen, und diese üppige Nahrungsquelle wurde von den Menschen der Region intensiv bejagt. Aufgrund von drei Beweislinien halten Archäologen diese Gegend für einen der ersten Schauplätze, an dem die Domestizierung des Pferdes stattfand. Erstens zeigten sich bei der Untersuchung von Pferdeüberresten aus der Siedlung Botai deutliche anatomische Unterschiede zu Wildpferdpopulationen: ein Beweis, dass man dort begonnen hatte, Pferde auf bestimmte Merkmale hin zu züchten. Zweitens konnte man an den Kieferknochen der Pferde Verschleißspuren entdecken, die von Zaumzeug herrührten, das zum Reiten angelegt wurde. Und drittens fanden sich Spuren von Stutenmilch auf Tonscherben, was darauf schließen lässt, dass man bereits Kumys herstellte – ein Getränk aus vergorener Stutenmilch, das auch heute noch in Kasachstan üblich ist.

Auch mithilfe molekularbiologischer Methoden ist die Domestizierung des Pferdes untersucht worden. Dazu verglich man genetisches Material von modernen Pferden mit der DNA, die aus Pferdezähnen und -knochen an archäologischen Fundstellen gewonnen wurde. Bei entsprechender Analyse zeigte sich eine Variabilität der DNA-Basen, die

Sport für ein Empire
Der Polosport gelangte von Persien nach Indien; dort wurde er von den Offizieren Britisch-Indiens begeistert übernommen.

über die paternale Linie (Y-Chromosom) bzw. die maternale Linie (mitochondriale DNA) weitergegeben wurde. Der geringe Grad an Y-Chromosom-Variabilität lässt darauf schließen, dass nur wenige Wildhengste zum Erbgut des Hauspferds beigetragen haben, hingegen viele Wildstuten Teil der ersten domestizierten Herden waren.

Schlachtross

Ohne Zeitmaschine werden wir wahrscheinlich niemals wissen, wann den nomadischen Reiterhirten in Zentralasien klar wurde, dass ihre Pferde furchterregende Waffen waren, mit deren Hilfe sie ihre sesshaften Nachbarn angreifen konnten. Auf dem Pferderücken konnten sie größere Strecken zurücklegen als Fußtruppen. Der Konflikt zwischen nomadischen Hirten und sesshaften Menschen sollte sich noch jahrtausendelang hinziehen und gipfelte im 13. Jahrhundert in der Gründung des riesigen Mongolenreichs, das von China bis Mitteleuropa reichte.

Der früheste belegte Einsatz von Pferden im Krieg erfolgte jedoch nicht in der Kavallerie, sondern als Zugtier vor dem Streitwagen. Im vorhergehenden Eintrag wurde darauf hingewiesen, dass auf der 4500 Jahre alten «Standarte von Ur», auf der vierrädrige sumerische Streitwagen dargestellt sind, Haus- oder Wildesel vorkommen. Moderne Rekonstruktionen dieser Fahrzeuge haben gezeigt, dass sie langsam waren und sich nur schwer lenken ließen. Bereits zu Beginn des 2. Jahrtausends v. Chr. waren von China bis Griechenland viel leichtere und schnellere Streitwagen in Gebrauch. Die berühmtesten Wagenführer der antiken Welt waren die Hethiter aus Anatolien (jetzt Zentraltürkei), die mithilfe ihrer Streitwagen im 14. Jahrhundert v. Chr. ein Großreich schufen. Hethitische Streitwagen waren mobile Waffenplattformen, die neben dem Fahrer bis zu zwei Bogenschützen trugen. In der Bronzezeit waren von Pferden gezogene Streitwagen im alten Ägypten, im kretischen Reich der Minoer und in der griechischen Stadt Mykene wichtige Waffen. Streitwagen wurden zwar noch bis in die ersten Jahrhunderte n. Chr. in der Schlacht eingesetzt, doch in den meisten Regionen waren sie um diese Zeit bereits von der Kavallerie abgelöst worden.

Die Einfälle zentralasiatischer Nomaden im Nahen und Fernen Osten förderten bei den sesshaften Völkern die Entwicklung einer Kavallerie, die schließlich permanenter Bestandteil aller Armeen im Altertum wurde. Im Perserfeldzug setzten Griechen und Makedonen unter Alexander dem Großen (356–323 v. Chr.) ihre Kavallerie mit verheerender Wirkung ein. Bis zum 1. Jahrhundert n. Chr. kämpften die römischen Legionäre vorwiegend zu Fuß, doch die Legionen besaßen auch leichte berittene Hilfstruppen für Spähdienste und Scharmützel. Während der Kaiserzeit und im Byzantini-

Attacke
Auf dem Schlachtfeld zeigten Pferde ihre größte Wirkung, denn sie steigerten die Geschwindigkeit und Manövrierfähigkeit der Truppen erheblich.

schen Reich wurde die Kavallerie jedoch immer wichtiger. Die schweren byzantinischen Kavalleristen, die Kataphrakten, nahmen bereits die schwer gepanzerten Ritter des europäischen Mittelalters vorweg.

Zwei technische Fortschritte beim Reiten, die uns heute selbstverständlich vorkommen, wurden erst relativ spät entwickelt: Sattel und Steigbügel. Frühe Reiter verwendeten zwar Decken und Filzpolster, die durch einen Gurt gesichert waren, um Rücken und Flanken des Pferdes zu schonen und selbst etwas mehr Komfort zu haben, doch ein richtiger Sattel, der das Gewicht des Reiters gleichmäßiger über den Pferderücken verteilt und ihm einen sichereren Sitz gibt, wurde erst im 2. Jahrhundert n. Chr. entwickelt. Der Steigbügel tauchte zunächst im 3. Jahrhundert in China auf, fand aber erst im 9. Jahrhundert in Westeuropa allgemeine Verbreitung.

Die Ausbreitung der Feuerwaffen im späten Mittelalter und die zunehmende «Demokratisierung» des Kriegswesens führten dazu, dass Ritter mit Rüstung und Schlachtrössern verschwanden. Vom 16. Jahrhundert an übernahm die Kavallerie als extrem mobile Angriffstruppe die Unterstützung für die Infanterie. Mit dem Entstehen der beweglichen Feldartillerie im 17. Jahrhundert fanden Pferde eine neue Aufgabe, indem sie die Geschütze während der Schlachten schnell von Stelle zu Stelle bewegten.

Nachdem Pferde kurz vor Ende des 15. Jahrhunderts wieder auf den amerikanischen Doppelkontinent gelangt waren, spielten sie bei der Eroberung des Azteken- bzw. Inkareichs eine wichtige Rolle. Die Inka in den Anden verfügten zwar über Lasttiere (die Lamas), doch die Azteken in Mexiko besaßen keine domestizierten größeren Säugetiere. Als sie die berittenen Konquistadoren zum ersten Mal erblickten, glaubten sie sich einem furchterregenden Tier-Mensch-Mischwesen gegenüber. Zusammen mit Feuerwaffen und metallenen Rüstungen verschafften die Pferde den spanischen Eroberern einen entscheidenden Vorteil im Kampf gegen ihre zahlenmäßig überlegenen Gegner. Bald fanden Pferde auch ihren Weg zu den nordamerikanischen Indianern. Die Indianer der Great Plains machten Pferde zum Teil ihrer Lebensweise und setzten sie im 19. Jahrhundert bei der Büffeljagd und beim Gegenangriff auf die Siedlungen der Europäer mit großem Erfolg ein.

Im Lauf der Jahrhunderte veränderten sich militärische Taktik und Waffentechnik zwar sehr stark, doch bis zum Beginn des 20. Jahrhunderts spielte die Kavallerie in Kriegen immer noch eine entscheidende Rolle.

ZUGPFERD
Pferde wie dieses Belgische Kaltblut wurden speziell als starke Arbeitspferde gezüchtet.

Schließlich wurde sie jedoch im 1. Weltkrieg durch den Stellungskrieg in Schützengräben sowie Kettenpanzer und gepanzerte Fahrzeuge überflüssig gemacht.

Helfer des Bauern
Bis zur Technisierung der Landwirtschaft leisteten Pferde einen Großteil der Schwerstarbeit, vom Pflügen bis zum Transport der Ernte.

Arbeitspferd

Neben dem militärischen Einsatz diente das Hauspferd seit Langem auch als Arbeitstier in Landwirtschaft, Transport und Nachrichtenübermittlung. In Zentralasien lieferte es Milch und Fleisch, in Europa wurde es in der Landwirtschaft vor allem als Zugtier beim Pflügen eingesetzt. Als der von Pferden gezogene Pflug im 7. Jahrhundert eingeführt wurde, stieg die Lebensmittelproduktion auf den schweren Böden in Nordeuropa sprunghaft an. In Nordamerika waren Pferde ein unverzichtbarer Teil des extensiven Ranching-Systems, das im 19. Jahrhundert die Expansion der Landwirtschaft in den Great Plains großenteils erst ermöglichte.

Bis ins 19. Jahrhundert machte das Pferd den Transport von Gütern und Nachrichten über große Entfernungen möglich. Ein Netzwerk von Postpferden garantierte, dass Botschaften binnen weniger Tage über Hunderte von Kilometern übermittelt werden konnten. Perser und Römer nutzten dieses System, um in ihren riesigen Imperien die zentrale Kontrolle aufrechtzuerhalten. Der letzte derartige Beförderungsdienst war der Pony-Express, der von April 1860 bis Oktober 1861 einen Postdienst zwischen Missouri und Kaliforniern (über 3000 km Distanz) ermöglichte, bis die transkontinentale Eisenbahn und der Telegrafendienst ihn überflüssig machten.

Bis zum Aufkommen der Eisenbahn wurden Menschen und Güter fast weltweit in von Pferden gezogene Karren, Planwagen und Postkutschen befördert. In den aufstrebenden Städten des 19. Jahrhunderts stellte die große Anzahl der Pferde ein unerwartetes Problem für die Stadtväter dar. In New York gab es in den 1880er-Jahren schätzungsweise 150 000 Pferde, die den privaten und öffentlichen Transport sicherstellten; ihre «festen Ausscheidungen» beliefen sich auf etwa 540 000 Tonnen Pferdeäpfel pro Jahr, die sich in den Straßen der Stadt türmten. Tatsächlich gab es Warnungen, dass in den 1930er-Jahren alle größeren Städte der Welt unter einer tiefen Schicht von Pferdeäpfeln begraben sein würden. Die große «Mist-Krise» löste sich jedoch in Luft auf, als das Automobil um die Wende zum 20. Jahrhundert die pferdegezogenen Fahrzeuge ersetzte.

Wanderfalke

Falco peregrinus

Ursprüngliche Verbreitung Weltweit

Klasse Vögel

Größe 80–120 cm Spannweite

- ✦ Nahrung
- ✦ Medizin
- ✦ Wirtschaft/Handel
- ✦ ***Geschichte/Kultur***

Beinahe wäre der Wanderfalke ausgestorben – verursacht durch den Menschen mit seiner rücksichtslosen Ausbeutung und Zerstörung der Umwelt. Das Überleben dieser Art ist beispielhaft für eine gewandelte Einstellung zur Natur, in der die Artenvielfalt bewahrt werden muss, wenn auch der Mensch überleben will.

Im Sturzflug

Der Wanderfalke spielte in Antike und Mittelalter eine wichtige Rolle in der Falknerei und gilt als schnellster Vogel der Erde, doch nicht deshalb erscheint er in diesem Buch. Entscheidend ist vielmehr, dass er in vielen Regionen fast ausgerottet worden wäre. Zum Glück konnte er in letzter Minute gerettet werden, seine Bestände nehmen nun wieder zu. Wanderfalken sind immer mehr zu Stadtvögeln geworden und können zum Beispiel an Hochhäusern sichere Nistplätze und in den Straßenschluchten ideale Jagdgründe finden. Dort können sie ihrer fliegenden Beute wunderbar auflauern und sie zur Strecke bringen.

Der Wanderfalke ist eine sehr weitverbreitete und anpassungsfähige Art; bis auf die Antarktis ist er auf allen Kontinenten heimisch und kommt in allen Klimazonen vor. Wanderfalken, die in wärmeren Gegenden leben, sind normalerweise Standvögel, die Bewohner des hohen Nordens wandern hingegen in den Wintermonaten ab. Typische Gefiedermerkmale sind die schiefergraue bis blauschwarze Oberseite und die weißliche bis cremefarbene Unterseite mit schwarzer Querbänderung oder Fleckung. Krallen und Schnabel sind schwarz, die Weibchen sind etwa 30 Prozent größer als die Männchen.

Wanderfalken erbeuten zwar auch kleine bodenlebende Säugetiere, konzentrieren sich aber auf andere Vogelarten, die im Flug gefangen werden. Wenn der Falke eine potenzielle Beute erspäht, faltet er Flügel und Schwanz möglichst stromlinienförmig zusammen und stößt im Sturzflug auf sein Zielobjekt herab. Dabei kann er eine Geschwindigkeit bis zu 320 km/h erreichen, selbst 389 km/h wurden einmal gemessen. Die Beute wird mit gekrümmten Fängen geschlagen und dabei getötet oder betäubt, dann dreht sich der Falke, um sie noch in der Luft aufzufangen. Diese außerordentliche Geschicklichkeit bei der Jagd ist der Grund, warum Wanderfalken in der Falknerei so gesucht sind. In freier Natur brüten Wanderfalken in Steilfelsen, in Städten wählen sie die Spitzen und Vorsprünge hoher Gebäude, aber auch spezielle Nistkästen. Anders als die meisten Vögel bauen Falken kein Nest aus Pflanzenmaterial oder Federn, sondern brüten in einer flachen Boden- oder Felsmulde. Das Wanderfalkenweibchen legt 2–5 Eier, die es 32 Tage lang bebrütet, während das Männchen das Futter herbeischafft. Die Nestlinge werden 35–40 Tage nach dem Schlüpfen flügge.

Wanderfalken werden zwar selbst zur Beute größerer Greifvögel, doch als ihre größte Gefährdung haben sich die Aktivitäten des Menschen herausgestellt. Verantwortlich war in diesem Fall nicht wie bei Dodo und Wal eine direkte Verfolgung, sondern der Einsatz von Pestiziden, insbesondere DDT. Diese chlorierte zyklische Kohlenwasserstoffverbindung verwendete man, um landwirtschaftliche Nutzpflanzen vor Fraßinsekten zu schützen und krankheitsübertragende Insekten (wie die Malariamücke) abzutöten. DDT reichert sich allerdings in der Nahrungskette an; dabei entstehen giftigere Abbauprodukte, und die Wirksamkeit verstärkt sich durch die Konzentration noch mehr. Da Falken an der Spitze der Nahrungskette stehen, nehmen sie große Mengen an Pestizidrückständen auf, die sich dann in ihrem Körpergewebe anreichern. Eines der Hauptabbauprodukte von DDT, das DDE, führt zur Ausbildung dünnerer Eischalen und damit zum Tod des Embryos während der Bebrütung. Anfang der 1970er-Jahre war die Situation so akut, dass es in großen Teilen Nordamerikas und Europas keine Wanderfalken mehr gab.

Die Gefährdung des Wanderfalken und anderer Greifvögel bescherten der noch jungen Umweltbewegung der 1960er- und 1970er-Jahre einen ersten Erfolg, als sie in den Industrieländern die Kontrolle und später das Verbot von DDT durchsetzen konnte. DDT wird zwar noch immer in Teilen der Dritten Welt eingesetzt (vor allem in manchen Regionen Südamerikas, wo nordamerikanische Wanderfalken überwintern), doch inzwischen wurden die Vögel in einem Großteil ihres natürlichen Verbreitungsgebiets wieder angesiedelt.

Nebenwirkungen
DDT wurde zur Bekämpfung von Malariamücken sowie anderen Stechmücken und Schadinsekten eingesetzt; man hatte jedoch nicht damit gerechnet, dass es zur langsamen Vergiftung von Greifvögeln führte.

Hauskatze

Felis silvestris catus

Ursprüngliche Verbreitung Eurasien

Klasse Säuger

Größe durchschnittlich 46 cm Körperlänge

✦ Nahrung
✦ Medizin
✦ Wirtschaft/Handel
✦ ***Geschichte/Kultur***

Katzen liefern uns weder wichtige Produkte noch arbeiten sie für uns, dennoch gehören sie weltweit zu den beliebtesten Haustieren. Sie bieten ihrem Herrn und Meister – oder sollten wir besser sagen, den Menschen, mit denen sie geruhen, ihr Leben zu teilen – Gesellschaft und Zuneigung.

Frei geboren

Die ersten Hinweise auf eine Domestizierung der Katze reichen 9500 Jahre zurück, doch es ist schwer zu verstehen, warum dieses kleine Raubtier zu einem der beliebtesten tierischen Begleiter des Menschen geworden ist. In den meisten Kulturen stehen Katzen nicht auf dem Speisezettel, und abgesehen davon, dass sie die Zahl der Mäuse und Ratten im Haus klein halten, verrichten sie kaum oder keine nützliche Arbeit. Sie leisten uns jedoch eine Form von Gesellschaft, die kein anderes Haustier bieten kann, wie jeder, der einmal eine Katze hatte, bezeugen wird. Daher ist die Katze vielleicht die erste Tierart, die Menschen vor allem deswegen hielten, weil sie Freude an ihrer Gesellschaft hatten. Die enge Verbindung von Hauskatzen zum Menschen hat es mit sich gebracht, dass diese Samtpfoten in den Mythen und der religiösen Symbolik fast aller Kulturen eine wichtige Rolle spielen.

Der Vorfahr aller Feliden, einschließlich der Groß-, Wild- und Hauskatzen, ist *Proailurus*, eine Gattung kleiner Raubtiere (Carnivora), die vor 25 Millionen Jahren in den Wäldern Eurasiens lebte. Die Vertreter dieser Gattung teilten viele Merkmale mit ihren Abkömmlingen, etwa einen langen Schwanz, scharfe Zähne und einziehbare Krallen. Eine berühmte Verwandte unserer Hauskatze, die Wildkatze *(Felis silvestris)*, erschien vor zwei Millionen Jahren. Mit ihrem gestreiften Fell war sie im Wald gut getarnt, als kleiner nachtaktiver Räuber konnte sie vorzüglich im Dunkeln sehen. In vielen Regionen der Welt haben Wildkatzen bis heute überlebt, doch sie leiden nicht nur unter der Zerstörung ihres Lebensraums und der Bejagung durch den Menschen, sondern auch unter der Hybridisierung mit Hauskatzen. Auf den ersten Blick sieht eine Wildkatze einer Hauskatze sehr ähnlich, doch Färbung, Form und Größe sind einheitlicher; zudem ist ihr Schwanz dicker und relativ kurz. Wildkatzen sind fahlgelb bis mittelbraun mit schwarzen Streifen oder Flecken. Der Bauch ist hellgrau und weist manchmal schwarze Flecke auf.

Prähistorisches Kätzchen
Proailurus, ein auffällig katzenartiger Vorfahr, war ein Waldbewohner und lebte vor 25 Millionen Jahren.

Was Wild- und Hauskatze unterscheidet, ist die Tatsache, dass Erstere außerordentlich menschenscheu sind und menschliche Ansiedlungen meiden. Paradoxerweise gibt uns das einen Hinweis, wie die Wildkatze domestiziert worden sein könnte. Im Eintrag über den Hund haben wir über das Konzept der Selbstdomestikation gesprochen. Demzufolge konnten sozialere Individuen, die sich weniger vor Menschen fürchteten, Nahrungsquellen wie die Abfallgruben am Rand von Siedlungen nutzen und so allmählich in menschliche Gemeinschaften aufgenommen werden. In ähnlicher Weise könnten Wildkatzen von den Siedlungen früher Ackerbauern angelockt worden sein, wo es neben der Nahrung in den Abfallhaufen auch große Nagerpopulationen gab, die sich an den Getreidevorräten gütlich taten. Sicherlich hätten die frühen Ackerbauern diese genügsamen kleinen Räuber, die sie von Schädlingen befreiten und ihnen zudem Gesellschaft leisteten, willkommen geheißen.

Wie alle Katzenliebhaber wissen, bleiben Hauskatzen außerordentlich unabhängig und sind durchaus in der Lage, für sich selbst zu sorgen. Im Gegensatz zu anderen domestizierten Arten können sich Hauskatzen leicht wieder an ein Leben in freier Wildbahn anpassen, wo sie problemlos überleben. Die Hauskatze nimmt daher unter den Haustieren eine ungewöhnliche Stellung ein. Hauskatzen sind Gefährten, die nur so lange mit dem Menschen zusammenleben, wie es ihnen passt.

Im Herzen ungezähmt
Im Bezug auf Größe, Form und Färbung zeigt die Wildkatze eine geringere Variationsbreite als ihre domestizierten Abkömmlinge. Sie ist inzwischen in ihrem Bestand durch Habitatverlust und Hybridisierung mit Hauskatzen bedroht.

KATZEN – GÖTTINNEN – HEXEN

Archäologen nehmen an, dass unsere Beziehung zu Katzen mit der Entwicklung der ersten Ackerbauern-Gesellschaften im Nahen Osten ihren Anfang nahm. Der erste Hinweis auf die Haltung von Katzen stammt von einer Begräbnisstätte auf der Insel Zypern aus dem Jahr 7500 v. Chr. Das Grab eines Mannes von offenbar hohem Stand enthielt eine ganze Reihe von Grabbeigaben, und ganz in der Nähe waren die Überreste eines acht Monate alten Kätzchens begraben. Katzen kommen auf Zypern natürlicherweise nicht vor, daher musste die Katze absichtlich vom Festland mitgebracht worden sein. Und wenn es keinen bisher bekannten rituellen Grund gab, warum eine junge Katze mit dem Mann begraben wurde, kann man daraus nur schließen, dass diese Katze ein geliebtes Heimtier war.

Die antike Kultur mit der engsten Verbindung zu Katzen war Ägypten. Die Ägypter verehrten viele Götter in Tiergestalt, darunter die Göttin Bastet oder Bast, die ursprünglich eine wilde, löwenköpfige Gottheit und Beschützerin des Pharao war. Als eine andere löwenköpfige Göttin (Sachmet) sie verdrängte, wurde Bastet mit der Hauskatze assoziiert. Das Zentrum ihres Kultes lag in Bubastis im Nildelta, wo sie einen Tempel hatte, der gern von Katzen besucht wurde. Als die Stätte ausgegraben wurde, entdeckte man rund um den Tempel mehr als 300 000 vergrabene Katzenmumien, was für die hohe Wertschätzung spricht, die man diesen Tieren entgegenbrachte. Eine genauere Untersuchung dieser Katzenmumien hat gezeigt, dass viele Schwindel waren – Knochen, die so eingewickelt waren, dass sie wie Katzenmumien aussahen; offenbar wurden sie von den Priestern des Tempels den vielen arglosen Pilgern angedreht, die zu den jährlichen Festlichkeiten in den Tempel strömten.

Der Kult der Bastet verschwand im 4. Jahrhundert n. Chr. zusammen mit all den anderen heidnischen Göttern. In späteren Zeiten wurden Hauskatzen oft weitaus weniger geschätzt. Im westlichen Volksglauben brachte man Katzen mit Hexerei und Satanskult in Verbindung. Vor allem schwarze Katzen galten als Vertraute von Zauberinnen und Hexen, und oft erlitten sie dasselbe schreckliche Schicksal wie ihre Herrinnen, die der Hexerei verdächtigt wurden. Als im 14. Jahrhundert die Beulenpest ausbrach, wurden Tausende Katzen getötet, weil man

IDOL
Die Ägypter verehrten Katzen als Göttin Bastet; der Tempel der Göttin war ein Zufluchtsort für streunende Katzen.

ERSTES HEIMTIER
Hauskatzen gehörten zu den ersten Heim- und Schoßtieren des Menschen; bis auf die Mäuse- und Rattenjagd bieten sie wenig Nutzen.

annahm, sie brächten Unglück und Krankheit. Tatsächlich führte dies zu einer Explosion der Rattenpopulationen, deren Flöhe die Hauptüberträger der Pest waren.

Einen weitaus besseren Ruf hat die Katze in der islamischen Welt, in der Hunde als unrein gelten und als Haustiere gemieden werden. Tigerkatzen tragen ein auffälliges «M» auf dem Kopf, das mit dem Begründer des Islam, dem Propheten Mohammed (570–632 n. Chr.), in Verbindung gebracht wird. Es wird erzählt, dass der Prophet eine Lieblingskatze namens Muezza hatte, die seine Dankbarkeit erworben hatte, weil sie ihn vor einer Schlange bewahrt hatte. Als sie eines Tages eingerollt auf seinem Gewand schlief und der Ruf zum Gebet ertönte, schnitt der Prophet seinen Ärmel ab, statt sie zu stören.

Zwar werden Katzen in Teilen von Südostasien noch immer verzehrt, und ihr Fell dient mancherorts zur Herstellung von Kleidung, Accessoires und Decken, doch die meisten Katzen werden als Haustiere gehalten. Im Jahr 2007 wurde der Hauskatzenbestand in den USA auf 82 Millionen geschätzt, zehn Millionen mehr als der Bestand an Haushunden. Wie Hunde sind Katzen inzwischen ein bedeutender Wirtschaftsfaktor, und eine große Serviceindustrie kümmert sich um ihre Belange. Doch trotz unseres 10 000-jährigen Zusammenlebens mit ihnen und aller Sorge, Liebe und Geld, mit denen wir sie überschütten, bleiben Katzen in ihrem Herzen wilde Jäger. Würde die Menschheit plötzlich vom Erdboden verschluckt, so würden Katzen vielleicht mit der Schulter zucken, ihren Schwanz erheben und in den Wald zurückkehren, um so zu leben, wie es ihre Vorfahren zwei Millionen Jahre lang getan haben.

EIN EINLADENDES KÄTZCHEN

✦

Japanbesuchern fällt am Eingang von Geschäften, Restaurants und Hotels häufig eine weiße Keramikkatze mit einer erhobenen Pfote auf. Das ist *maneki neko*, die «winkende» oder «willkommen heißende Katze», die Glück, Geld und Kunden bringen soll. Manchmal trägt die Katze eine wertvolle Goldmünze, *koban* genannt, wie sie in der Edo-Periode (1603–1867) in Umlauf war; dies verweist auf ihre Fähigkeit, Reichtum anzulocken. Im Gegensatz zum westlichen Aberglauben, der schwarze Katzen mit Unglück verbindet und in ihnen ein schlechtes Omen sieht, gelten Katzen in Japan als Glücksbringer.

Kabeljau

Gadus morhua

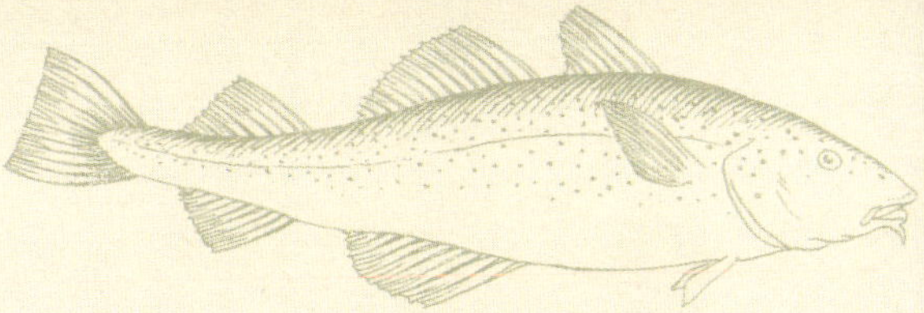

Ursprüngliche Verbreitung Nordatlantik und arktische Meere, Nord- und Ostsee

Klasse Fische

Größe bis 2 m lang

- ***Nahrung***
- Medizin
- ***Wirtschaft/Handel***
- Geschichte/Kultur

Über fünf Jahrhunderte war der Kabeljau die wichtigste Einnahmequelle von Fischereigemeinden auf beiden Seiten des Atlantiks, doch die menschliche Gier und fehlende Regulierungen der Fangquoten lösten eine ökologische und soziale Katastrophe aus, von der sich die Kabeljaupopulationen im Nordatlantik noch nicht wieder erholt haben.

«Britisches Gold»

Während Christoph Kolumbus (1451–1506) Mittel- und Südamerika für Spanien in Besitz nahm, segelte John Cabot (ca. 1450–1499) nordwärts und entdeckte die Regionen, die später einmal zu den kanadischen Provinzen Neufundland und Labrador werden sollten. Dort nahm er im Namen der englischen Krone eine Quelle des Reichtums in Beschlag, die noch sprudeln sollte, als die goldenen Schätze der Inka und Azteken längst erschöpft waren. Er stieß damals auf die scheinbar unerschöpflichen nordatlantischen Fischgründe, wo der Kabeljau so zahlreich war, dass seine Mannschaft ihn vom Schiff aus nur mit Körben aus dem Wasser zu schöpfen brauchte.

Schon bald nach ihrer Entdeckung lockten die kanadischen Fischgründe Seeleute aus Großbritannien, Frankreich, Spanien und Portugal an. Darauf folgten jahrhundertelange Konflikte, die erst um die Wende zum 20. Jahrhundert gelöst wurden, als die Fischgründe in den Besitz von Neufundland übergingen. Im 18. Jahrhundert galt der Kabeljau als so wertvoll, dass er von einem britischen Premierminister als «britisches Gold» bezeichnet wurde, das man um jeden Preis gegen ausländische Konkurrenz verteidigen musste.

Der Kabeljau, auch Dorsch genannt, ist ein großer, räuberisch lebender Fisch, der bis zu 2 m lang werden kann. Er ernährt sich von Sandaalen, Krebstieren, Muscheln und kleineren Fischen, auch von den Jungtieren der eigenen Art. Als soziale Art finden sich Kabeljaus zu großen Schwärmen zusammen, vor allem während der jährlichen Laichsaison zwischen Januar und April in ihren Laichgründen. Nach Befruchtung und Entwicklung schlüpfen aus den Eiern winzige,

etwa 4 mm lange Fischlarven. Mit 3–4 Jahren werden Kabeljaus geschlechtsreif; dann haben sie eine Länge von ca. 50 cm erreicht. Erwachsene Kabeljaus haben einen sandfarbenen bis dunkelbraunen Rücken mit gefleckten helleren Seiten und

Überfischung
Einst war der Kabeljau die Grundlage der neufundländischen Wirtschaft, doch dann wurden die Bestände dermaßen überfischt, dass der Fang 1993 verboten wurde.

einen weißen Bauch. Von den Kiemen zur Schwanzbasis verläuft eine auffällige weiße Seitenlinie. Neben der Schwanzflosse besitzt der Kabeljau drei Rückenflossen, zwei After- und zwei kleine Bauchflossen sowie zwei Brustflossen, die ihm beim Steuern helfen. Am Kinn trägt er eine Bartel, mit deren Hilfe er Beute am Meeresboden lokalisieren kann.

Die Wikinger waren die ersten, die im Mittelalter Kabeljau im Atlantik und in der Ostsee fingen. Das delikate, zarte, weiße Fleisch war hoch geschätzt und wurde durch Salzen und Trocknen haltbar gemacht, sodass Kabeljau über große Entfernungen von Nord- nach Südeuropa transportiert werden konnte. Kabeljau ist auch heute noch ein wichtiger Bestandteil der atlantischen – vor allem portugiesischen und baskischen – Küche, und auch für *Fish and Chips* ist er unverzichtbar. Der unscheinbare Kabeljau spielte zudem eine Rolle beim Unabhängigkeitskampf der Amerikaner gegen die Briten. Zu Beginn des 18. Jahrhunderts besaß Massachusetts gute Handelsbeziehungen zu Französisch-, Spanisch- und Niederländisch-Westindien; man tauschte Kabeljau, Holz und andere Handelsgüter gegen Zuckerrohrmelasse, die zur Rumherstellung diente. 1733 verabschiedete die britische Regierung den *Molasses Act* («Melassegesetz»). Damit versuchte sie, den Handel mit Ausländern zu unterbinden und die Handelsinteressen britischer Zuckerrohrpflanzer in Westindien zu schützen. Dieses Gesetz wurde durch Schmuggel und die Korruption königlich-britischer Beamter weitgehend unterlaufen, was in den Kolonien einen Geist der Unabhängigkeit hervorrief, der vier Jahrzehnte später zur Amerikanischen Revolution führen sollte.

Im Jahr 1951 wurde in neufundländischen Gewässern das Fischen mit Fabrikschiffen eingeführt. Seinen Höhepunkt erreichte der Kabeljaufang 1968; damals erreichte er ein für den Bestand nicht zu verkraftendes Niveau von 810 000 Tonnen. Innerhalb von zwei Jahrzehnten waren die Kabeljaubestände im Nordatlantik derart erschöpft, dass die kanadische Regierung ein Moratorium erließ, womit die 500-jährige Fischertradition von Neufundland beendet wurde. Trotz des Banns von 1993 hat sich der Kabeljaubestand in der Region noch nicht wieder erholt.

Haushuhn

Gallus gallus domesticus

Ursprüngliche Verbreitung Südostasien

Klasse Vögel

Größe 45–60 cm Spannweite

Das Haushuhn wurde vor 10 000 Jahren in Südostasien domestiziert; heute ist es die häufigste Vogelart der Welt. Früher durften Hühner auf Bauernhöfen und in Hinterhöfen frei umherlaufen, doch jetzt ist eine intensive Hühnerhaltung in riesigen Farmen üblich.

✦ **Nahrung**
✦ Medizin
✦ **Wirtschaft/Handel**
✦ Geschichte/Kultur

Urwaldhühner

Wir alle kennen die philosophische Frage: «Was war zuerst da, die Henne oder das Ei?» Paläontologen haben herausgefunden, dass es weder das eine noch das andere war. Zuerst kamen die Dinosaurier, sie sind die Vorfahren aller zeitgenössischen Vogelarten. Auf den ersten Blick gibt es zwar nicht viele Ähnlichkeiten, doch Dinosaurier und Vögel sind beide Eier legend. Inzwischen nehmen Evolutionsbiologen zudem an, dass mehrere Dinosaurierarten Federn trugen, nicht Schuppen wie die heutigen Reptilien.

Die lange Evolution der Klasse der Vögel (Aves) begann im späten Jura (vor 150–145,5 Mio. Jahren) mit dem Auftreten des bezahnten, vogelähnlichen *Archaeopteryx*. In der Kreidezeit (vor 145,5–65 Mio. Jahren) kam es zur Aufspaltung in viele verschiedene Arten, die Seite an Seite mit den großen Dinosauriern und Flugsauriern (Pterosauriern) lebten. Die Vögel überlebten das Aussterbeereignis, bei dem Dinosaurier und Pterosaurier verschwanden. Die überwiegend bodenlebende Familie der Fasanenartigen, zu deren modernen Vertretern Wachteln, Fasane, Pfauen, Reb- und Kammhühner gehören, trat vor 25–20 Millionen Jahren erstmals in Erscheinung. Verglichen damit ist unsere eigene *Homo*-Stammeslinie mit 2,5 Millionen Jahren noch recht kurz.

Früher glaubte man, das Haushuhn sei zuerst auf dem indischen Subkontinent domestiziert worden. Mittlerweile nimmt man an, dass die Domestizierung vor 10 000 Jahren von Südostasien, möglicherweise Thailand, ausging. Nach molekulargenetischen Untersuchungen wa-

Zahm und wild
Das Haushuhn (unten) und sein wilder Vorfahr, das Bankivahuhn (gegenüberliegende Seite).

ren die Vorfahren des Haushuhns vor allem Bankivahühner aus Südostasien, mit späterer Einkreuzung des indischen Sonnerathuhns. Das Bankivahuhn ist ein Waldbewohner mit deutlichen morphologischen Unterschieden zwischen Männchen und Weibchen. Der Hahn ist nicht nur viel größer, sondern besitzt zudem einen leuchtend roten Kamm und Kehllappen sowie ein auffällig gefärbtes Gefieder: Hals- und Rückenfedern sind goldbraun, die langen, gebogenen Schwanzfedern blauschwarz bis grünlich und violett. Dagegen ist die Henne unscheinbar braun, mit sehr kleinem Kamm und Kehllappen und ohne lange Schwanzfedern, sodass sie beim Brüten auf dem Nest viel besser getarnt ist. Das laute Kikeriki des Hahns dient dazu, Hennen als Partnerinnen anzulocken und rivalisierende Hähne zu vertreiben. Als aggressiver Vogel setzt der Bankivahahn im Kampf mit Rivalen auch die Sporen seiner Füße ein. Ähnlich wie bei der Wildkatze ist das Überleben des Bankivahuhns vor allem durch das Einkreuzen von Haushühnern bedroht.

Wir wissen nicht, wie die Domestikation ablief, doch man kann sich leicht vorstellen, dass Jäger-Sammler-Gruppen, die den Bankivahühnern wegen Fleisch und Eiern nachstellten, erkannten, wie viel zuverlässiger eine in Gefangenschaft lebende Hühnerschar beides liefern würde. Von Südostasien gelangte das Haushuhn nordwärts nach China (dort reichen die frühesten archäologischen Belege der Domestikation bis ins 6. Jahrtausend v. Chr. zurück) und westwärts ins Industal, wo man in der antiken Stadt Mohenjo-Daro (im heutigen Pakistan) Hühnerüberreste fand, die rund 4500 Jahre alt sind. Vom indischen Subkontinent aus verbreitete sich das Haushuhn nach Afrika und Europa und erreichte Griechenland wohl im 7. Jahrhundert v. Chr. Das Haushuhn begleitete vor etwa 3300 Jahren Seeleute nach Polynesien und wurde vermutlich von dort aus nach Amerika gebracht. In der Neuen Welt fand man an der archäologischen Stätte von El Arenal (Chile) Hühnerreste, die auf 1350 n. Chr. zurückdatieren – 140 Jahre vor der Ankunft von Kolumbus.

Zum Fingerablecken

✦

Die Geschichte des «Southern fried chicken» ist in sozioökonomischer Hinsicht interessant: Ursprünglich war es ein Gericht der afroamerikanischen Sklavenküche. Die weite Verbreitung von Southern fried chicken in den USA war erst möglich, als ein billiges Frittierfett (in diesem Fall von neuen, fetteren Hausschweinrassen geliefert) sowie eine geeignete gusseiserne Pfanne zur Verfügung standen – beide wurden im 19. Jahrhundert eingeführt. Heute wird Southern fried chicken nicht mehr mit der Sklaverei in Verbindung gebracht, sondern gehört zu den am häufigsten verkauften Fast-Food-Gerichten überhaupt. Insofern hat es seinen gewichtigen Beitrag zur Fettleibigkeit-Epidemie der Industrieländer geleistet.

Ein Huhn in jedem Topf

Das Haushuhn zeigt denselben Sexualdimorphismus wie seine wilden Vorfahren. Der Hahn ist größer als die Henne und hat ein lebhafter gefärbtes Gefieder sowie einen roten Kamm und Kehllappen. Bei den Hennen ist die Farbenvielfalt jedoch wesentlich größer als bei ihren wilden Schwestern; die Hennen vieler Rassen besitzen ebenfalls einen deutlichen Kamm und Kehllappen. Das Haushuhn ist gesellig und lebt am liebsten in Gruppen, in denen es dominante Individuen mit Vorrang bei der Futtersuche und Nistortwahl gibt. Haushühner sind – mit Ausnahme der speziell für Hahnenkämpfe (siehe unten) gezüchteten Rassen – nicht so aggressiv wie Bankivahühner. Die Henne legt bis zu zwölf Eier pro Gelege, diese werden bei konstanter Temperatur und Feuchtigkeit 21 Tage lang bebrütet. Der Hahn spielt beim Bebrüten keine Rolle.

Geflügel diente traditionell in den ärmeren Bevölkerungsschichten als Eiweißlieferant in Form von Fleisch und Eiern. Hühner benötigen im Vergleich zu den größeren fleischliefernden Säugetieren wie Schaf oder Rind wenig Platz und können sich als Allesfresser an die in ihrer Umgebung verfügbare Nahrung anpassen. Auch heute noch hält man auf vielen Bauernhöfen Hühner; bis weit ins 20. Jahrhundert war es auch in Industrieländern üblich, in den Städten Hühner in Hinterhöfen zu halten. In Frankreich wurde der gallische Hahn im 16. Jahrhundert bei Bauern und Handwerkern zum Symbol von steigendem Wohlstand.

«Kampfsport»
Beim Hahnenkampf macht man sich die natürliche Aggressivität der Hähne zunutze. Meistens dauert der Kampf so lange, bis einer der Kontrahenten getötet ist.

Heinrich IV. (1553–1610), König von Frankreich, versprach seinen Untertanen, jeder werde sonntags «ein Huhn im Topf» haben.

Eierfabrik
Bei der Batteriehaltung leben Hühner in winzigen Käfigen und auf engstem Raum miteinander.

Ein Großteil der etwa 50 Milliarden Hühner, die heutzutage Jahr für Jahr für die Fleisch- und Eierproduktion aufgezogen werden, lebt jedoch in Massentierhaltung, was aus Tierschutzgründen und wegen einer erhöhten Infektionsgefahr bedenklich ist. Die Legehennen leben in beengten Legebatterien, die den Vögeln kaum Bewegungsspielraum lassen. Beleuchtung und Temperatur werden konstant auf optimalem Niveau gehalten, damit die Hennen ganzjährig legen können. Sie können nicht wie auf einem Hühnerhof frei umherlaufen, sodass es in der Hühnerschar zu Kannibalismus kommt, weil die Tiere einander nicht ausweichen können. Damit die Hennen sich nicht gegenseitig mit dem Schnabel hacken, wird dieser mit einem erhitzten Messer gekürzt. Masthähnchen (Broiler) für die Fleischproduktion leben in großen, überfüllten Hallen mit konstantem Klima und werden routinemäßig mit Antibiotika behandelt, um Krankheiten unter diesen unhygienischen Bedingungen zu verhindern. In den USA ist zudem eine Behandlung mit Wachstumshormonen üblich, die nach Ansicht vieler Tierschützer für Menschen potenziell schädlich sind. Ein Masthähnchen aus Intensivhaltung wird im Alter von sechs Wochen getötet, frei laufende Masthähnchen im Alter von acht und Bio-Hähnchen im Alter von zwölf Wochen.

Gleichgültig ob Bio, frei laufend oder aus Intensivmast, Hühnerfleisch und -eier gehören weltweit nach wie vor zu den wichtigsten Grundnahrungsmitteln. Im Westen werden Hühner traditionell meist als Ganzes oder in Teilen gebraten, frittiert (siehe Kasten S. 91) oder geschmort, wobei nur das Fleisch verzehrt wird. In der chinesischen Küche verwendet man fast das ganze Huhn, einschließlich der Füße, die als Delikatesse gelten. Eine Küche ohne Hühnereier ist kaum vorstellbar; Eier können ein eigenständiges Gericht bilden, werden aber auch in vielen süßen und salzigen Gerichten als Bindemittel eingesetzt.

SUPER FOOD
Eier gehören zu den vielseitigsten Nahrungsmitteln überhaupt.

Das Haushuhn wird nicht nur als Nahrungslieferant geschätzt, sondern auch als Akteur im Hahnenkampf, der als «Sport» gilt. Entstanden ist diese Sitte vermutlich im 3. Jahrtausend v. Chr. auf dem indischen Subkontinent. Hahnenkämpfe waren im Altertum überall beliebt, von China bis zur griechisch-römischen Welt. Heute sind sie in den meisten westlichen Industrieländern verboten, werden aber immer noch in vielen asiatischen und lateinamerikanischen Ländern praktiziert. Der Kampf endet gewöhnlich für einen der Kontrahenten tödlich.

Im alten Rom nutzte man Hühner auch, um die Zukunft vorherzusagen, und zwar anhand von Flug- und Fressverhalten (sogenannte Auspizien, Vogelschauen). Ein Huhn, das von rechts heranflog, galt als Glück verheißend. Bei der Futter-Methode öffnete der für die Hühner zuständige Augur ihre Käfige und streute Hülsenfrüchte und eine Art Kuchen vor ihnen aus. Blieben die Hühner im Käfig, kreischten oder flogen weg, so galt das als schlechtes Omen, kamen sie jedoch heraus und fraßen das Futter, so war es ein gutes Vorzeichen. Im Jahr 249 v. Chr. regte sich der römische Feldherr und Konsul Publius Claudius Pulcher auf, als seine Hühner vor einer wichtigen Seeschlacht nicht fressen wollten, und ordnete an, sie über Bord zu werfen (mit dem Kommentar «Wenn sie nicht fressen wollen, sollen sie trinken»). Er verlor die Schlacht und wurde nach Rom zurückgerufen.

HÜHNERHOF
Die Bio-Bewegung will die Massentierhaltung verbieten und die Hühner wieder auf dem Bauernhof scharren lassen.

Die Rache der Hühner

Laut der WHO (Weltgesundheitsorganisation) gehören Haushühner und anderes Hausgeflügel zu den größten Gefahren für die menschliche Gesundheit und sind weit gefährlicher als AIDS oder Malaria. In den letzten Jahren gab es mehrere Pandemie-Warnungen, die sich nicht bewahrheitet haben; insbesondere die große Schweinegrippe-Pandemie von 2009 trat nicht ein. Doch wir müssen weniger als ein Jahrhundert zurückgehen, um zu erkennen, wie verheerend eine massive Grippeepidemie sein kann. Der Spanischen Grippe fielen zwischen 1917 und 1920 weltweit 50–100 Millionen Menschen zum Opfer. Das Tragische dieser Pandemie war vor allem, dass sie hauptsächlich gesunde junge Menschen dahinraffte, anders als die saisonale Grippe, die eher sehr junge, alte und Menschen mit Vorerkrankungen umbringt. Der Erreger der Spanischen Grippe war ein sehr infektiöses, durch die Luft verbreitetes Vogelgrippevirus, das nach Mutation auch für Menschen infektiös wurde.

Pandemie
Der Spanischen Grippe, einem bestimmten Typ der Vogelgrippe, fielen zwischen 1917 und 1920 weltweit 50–100 Millionen Menschen zum Opfer.

Was die WHO am meisten befürchtet, ist ein ähnliches Szenario wie bei der Spanischen Grippe, nämlich eine Rekombination von genetischem Material aus Vogel-, Schweine- und menschlichen Influenzaviren, aus der ein neuer pathogener Influenza-Stamm mit tödlichem Potenzial entstehen könnte. Die Wahrscheinlichkeit eines derartigen Ereignisses ist durch die weltweit riesigen Geflügelbestände gestiegen. Am meisten Sorgen bereitet H5N1, ein Virus, das für den Tod von Millionen Vögeln verantwortlich ist und bis dato über 380 Menschen umgebracht hat. Alle Opfer lebten und arbeiteten in engem Kontakt mit Geflügel, eine Übertragung von Mensch zu Mensch konnte bisher nicht definitiv bewiesen werden. Zurzeit existieren keine großen Impfstoff-Vorräte gegen H5N1; antivirale Medikamente wie Tamiflu besitzen nachweislich nur eine begrenzte Wirkung gegen das Virus.

Das Haushuhn ist ein weiteres Beispiel für ein Tier, dessen Domestizierung den Menschen von der ständigen lebensnotwenigen Nahrungssuche befreit hat. Dadurch spielte es eine wichtige Rolle bei der Herausbildung unserer Zivilisation. Und anders als viele Arten gedieh das Haushuhn in Gesellschaft des Menschen so gut, dass es zur inzwischen häufigsten Vogelart der Erde wurde. Doch die Intensivhaltung von Geflügel hat dazu geführt, dass sich das Haushuhn vom Segen immer stärker zum Fluch für die menschliche Gesundheit gewandelt hat.

Darwinfinken

Geospiza spp.

Ursprüngliche Verbreitung Galapagosinseln

Klasse Vögel

Größe 10–20 cm

+ Nahrung
+ Medizin
+ Wirtschaft/Handel
+ ***Geschichte/Kultur***

Eine Gruppe recht unscheinbarer Finkenvögel, die auf den Galapagosinseln heimisch ist, half Charles Darwin, die Grundlagen der Evolution zu verstehen. Seit jenen Tagen sind die Darwinfinken ein Streitobjekt geblieben – sie werden von Evolutionsbiologen, aber auch von Kreationisten als Beleg ihrer jeweiligen Theorien aufgeführt.

Der göttliche Plan

Die Vorstellung, dass alle Tierarten einzeln, voll entwickelt und ohne die Fähigkeit zur Veränderung geschaffen wurden, geht auf die mittelalterliche christliche Denkart zurück. Laut der Schöpfungsgeschichte erschuf Gott die Tiere am fünften Tag, «ein jedes nach seiner eigenen Art», damit sie Himmel, Wasser und Erde bevölkerten. Da Gott die Welt nur mit dem Ziel geschaffen hatte, die Menschheit zur Erlösung zu führen – so die Argumentation der Theologen –, besaß jede Kreatur auf Erden die ihr nach dem göttlichen Plan zugewiesene Form und Funktion, und es bestand kein Grund zur Veränderung. Da man zudem überzeugt war, dass die Welt nur 4000 Jahre alt war, gab es kaum Spielraum für einen lang andauernden Evolutionsprozess.

Der Kreationismus geht auf die vorchristliche Gedankenwelt zurück, insbesondere auf die Werke von zwei griechischen Philosophen der Antike, Platon (428–348 v. Chr.) und Aristoteles (384–322 v. Chr.). Platon lehrte, dass unsere Welt und alles in ihr nur ein unvollkommenes Abbild einer göttlich erschaffenen Welt perfekter Formen ist. Aristoteles entwickelte die «Stufenleiter der Natur» *(scala naturae)*, in der die gesamte Schöpfung hierarchisch angeordnet ist: die unbelebte Materie zuunterst und Gott an der Spitze. Zwar gab es in den Werken anderer antiker Philosophen und in anderen Kulturen abweichende Meinungen, doch bis zur Renaissance konnten sich derartige Gedankengebäude in Europa nicht weiterentwickeln, da der geistige Raum fehlte. Erst in der Renaissance wurde die überlieferte Lehre der Kirche durch

wissenschaftliche Untersuchung und eine Wiederentdeckung des antiken Wissens infrage gestellt.

Bereits zu Beginn des 19. Jahrhunderts hatte man das Alter der Erde genauer berechnet und fossile Überreste von ausgestorbenen Tierarten entdeckt, was an der Vorstellung von fixen, unveränderlichen Arten zweifeln ließ. Dennoch blieben die orthodoxen religiösen Vorstellungen vorherrschend, bis 1859 «Über die Entstehung der Arten» veröffentlicht wurde. Darwins Ideen waren nicht gänzlich neu: Er selbst baute auf schon bestehenden Theorien und Ansichten auf. Sein Großvater, der Naturphilosoph und Erfinder Erasmus Darwin (1731–1802), hatte ein Gedicht zum Thema Evolution geschrieben, das die Vorstellung von der Wandelbarkeit der Arten bekräftigte. Der französische Naturforscher Jean-Baptiste Lamarck (1744–1829) glaubte, dass Arten sich mithilfe von zwei Mechanismen veränderten: eines angeborenen Drangs zur Komplexität und der Vererbung erworbener Eigenschaften von einer Generation zur nächsten. Bis zur Entdeckung der genetischen Vererbungsregeln blieb der Lamarckismus die populärste Erklärung für die Evolutionsvorgänge.

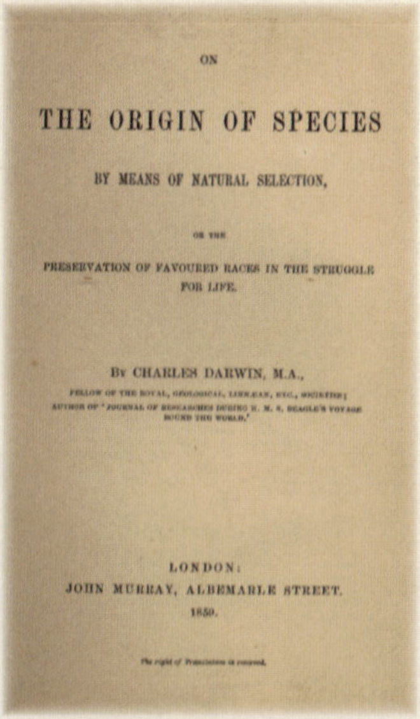
ON

THE ORIGIN OF SPECIES

BY MEANS OF NATURAL SELECTION,

OR THE

PRESERVATION OF FAVOURED RACES IN THE STRUGGLE FOR LIFE.

BY CHARLES DARWIN, M.A.,

FELLOW OF THE ROYAL, GEOLOGICAL, LINNÆAN, ETC., SOCIETIES; AUTHOR OF 'JOURNAL OF RESEARCHES DURING H. M. S. BEAGLE'S VOYAGE ROUND THE WORLD.'

LONDON:
JOHN MURRAY, ALBEMARLE STREET.
1859.

The right of Translation is reserved.

Natürliche Auslese
Darwin stützte sich auf die Ideen anderer, als er seine Theorie der natürlichen Auslese entwickelte.

Niemand hätte im jungen Darwin den zukünftigen Vater der Evolutionsforschung gesehen. Er war als Student zwar stark an Geologie und Naturgeschichte interessiert, wollte aber ein Landpfarrer werden. Er glaubte an das, was wir heute als *intelligent design* bezeichnen, demzufolge der Schöpfer die Gesetze festgelegt hat, welche die Anpassung der Arten an ihre Umwelt steuern. Einer seiner Professoren in Cambridge schlug 1831 vor, Darwin solle nach seinem Examen Captain Robert FitzRoy (1805–1865) bei der unmittelbar bevorstehenden Südamerika-Expedition auf der HMS *Beagle* begleiten. Darwin sollte der Geologe und Naturkundler der Expedition und gleichzeitig Gesprächspartner für FitzRoy sein.

Darwin war Feuer und Flamme für die Expedition; er glaubte, er werde auf der Reise Beweise für die Mechanismen des Schöpfungsplans finden. Seine Träume bekamen jedoch fast sofort einen Dämpfer, da sein Vater strikt gegen diese Unternehmung war und meinte, sie sei nur Zeitverschwendung. Hätte Darwin diese Reise nicht angetreten, so hätte er «Über die Entstehung der Arten» höchstwahrscheinlich niemals geschrieben und der Ruhm der Entdeckungen wäre vermutlich einem anderen zuteilgeworden. Tatsächlich überzeugte Darwins Onkel den Vater davon, den Sohn ziehen zu lassen, und am 27. Dezember 1831 stach die *Beagle*, mit Charles Darwin an Bord, von Plymouth aus in See – zu einer letztlich fünfjährigen Weltumsegelung.

Ein Schuss ins Blaue

Aufgabe der Reise war es, die südamerikanische Küste für die britische Admiralität zu vermessen. Zuerst überquerte die *Beagle* den Atlantik, segelte dann von Salvador de Bahia (Brasilien) südwärts und erreichte nach einem Zwischenstopp auf den Falklandinseln Feuerland an der Südspitze des Kontinents. Dann umrundete die *Beagle* das Kap Hoorn und segelte wieder nordwärts längs der chilenischen und peruanischen Küste, bis sie ihren letzten Halt in Amerika erreichte: die Galapagosinseln, 972 km westlich von Ecuador. Während die Schiffsmannschaft ihren Vermessungsaufgaben nachging, hielt sich Darwin an Land auf und sammelte geologische Daten, Pflanzen, Tiere und Fossilien. In Punta Alta (Argentinien) machte er eine wichtige Entdeckung, als er Fossilien der seit Langem ausgestorbenen südamerikanischen Megafauna fand, unter anderem das Riesenfaultier *(Megatherium)*, und ihre Ähnlichkeit mit modernen Arten feststellte.

Vermessungsschiff
Während die HMS *Beagle* die Erde umrundete, sammelte Darwin die Belege, die ihn später zu seiner Evolutionstheorie anregten.

Darwin besaß zwar einige Erfahrung als Naturkundler, doch sein eigentliches Fachgebiet war die Geologie. Er sammelte Belegexemplare von Vögeln, anderen Tieren und Pflanzen, um sie mit nach England zurückzubringen, doch er sammelte meist nicht systematisch und hielt nicht immer den genauen Fundort fest. Zum Glück war er nicht der einzige Naturkundler an Bord der *Beagle*, auch FitzRoy und zwei weitere Teilnehmer sammelten Bälge der fremden Vogelwelt. Die *Beagle* erreichte Galapagos am 15. September 1835. Während die Schiffsmannschaft den Küstenverlauf des isolierten Vulkanarchipels kartierte, ging Darwin auf den jeweiligen Inseln an Land, machte geologische Beobachtungen und sammelte Tiere und Pflanzen. Am meisten interessierten ihn die dortigen Spottdrosseln: Ihm fiel ihre Ähnlichkeit mit Vögeln auf, die er in Südamerika gesehen hatte. Er sammelte ferner Belegexemplare von Vögeln, die er als Stärlinge, Kernbeißer, Finken und Zaunkönige bezeichnete.

Variation
Einer der Schlüssel zum Verständnis der Evolution war die Variation der Schnabelformen bei Finkenarten, die Darwin auf den verschiedenen Galapagosinseln fand.

Auf der Rückfahrt lief die *Beagle* Häfen in Neuseeland und Australien an, ferner die Kokosinseln im Indischen Ozean, Südafrika und schließlich wieder Salvador de Bahia. Dann wandte sie sich erneut nach Norden und erreichte am 12. Oktober 1836 Plymouth. Während der fünfjährigen Reise hatten Darwin und seine Schiffsgefährten auf drei Kontinenten Tausende von Belegexemplaren gesammelt und konserviert, darunter mehrere recht unscheinbare kleine Vögel, die Darwin auf den Galapagos- und Kokosinseln gefunden hatte. Da er nicht genug Fachwissen besaß, um die Vogelbälge zu bestimmen, vertraute er sie John Gould (1804–1881) an, dem führenden Ornithologen der damaligen Zeit.

Grosser alter Mann
Charles Darwin, nachdem er das grundlegende Werk «Über die Entstehung der Arten» («On the Origin of Species») veröffentlicht hatte.

Gould untersuchte die Vögel sofort und gab im Januar 1837 seine Ergebnisse bekannt. Diese wurden zur wissenschaftlichen Sensation und machten Darwin zu einem bekannten Mann: Gould teilte mit, dass Darwin 25 neue Spottdrossel-Arten gesammelt hatte und dass die Vögel, die er als Stärlinge, Kernbeißer, Finken und Zaunkönige angesehen hatte, in Wirklichkeit allesamt Grundfinken waren, und zwar alles unbekannte Arten. Leider hatte Darwin die Vogelbälge nicht ordentlich beschriftet und konnte daher nicht sofort feststellen, von welchen Inseln die Vögel stammten. Durch einen Vergleich mit den (sorgfältig beschrifteten) Bälgen und Aufzeichnungen seiner Mitreisenden konnte er jedoch die Fundorte seiner eigenen Exemplare nachträglich bestimmen.

Das Endergebnis lag bei 15 neuen Finkenarten: 14 von den Galapagos- und eine von den Kokosinseln. Inzwischen stellt man diese Arten systematisch zwar zur Familie der Tangaren, doch sie werden immer noch als «Darwinfinken» bezeichnet. Ihre Besonderheit liegt in der Form und Größe ihrer Schnäbel; diese sind an die unterschiedlichen Nahrungsquellen auf den jeweiligen Inseln angepasst. Die Ähnlichkeit dieser «Finken» mit den südamerikanischen «Finken» brachte Darwin zu der Erkenntnis, dass sie nicht unabhängig auf den Galapagosinseln erschaffen worden waren, sondern von einem gemeinsamen Vorfahren abstammten, der irgendwann in der Vergangenheit vom südamerikanischen Kontinent gekommen war. Aufgrund der unterschiedlichen Lebensbedingungen auf den einzelnen Inseln war es dann durch den Prozess der natürlichen Auslese zur Artbildung gekommen.

Weißkopf-Seeadler

Haliaeetus leucocephalus

Ursprüngliche Verbreitung: Nordamerika

Klasse Vögel

Größe bis zu 250 cm Spannweite

- ✦ Nahrung
- ✦ Medizin
- ✦ Wirtschaft/Handel
- ✦ ***Geschichte/Kultur***

Abgesehen von ihrer Rolle in der Falknerei bieten Adler dem Menschen wenig praktischen Nutzen. Früher hat man Adler sogar als Räuber von Haus- und Nutztieren verfolgt. Doch als Symbol von Stärke, Macht und Adel spielt der Adler im Selbstverständnis vieler Nationen als Hoheitszeichen eine wichtige Rolle, so auch im alten Rom und in den Vereinigten Staaten von Amerika.

An der Spitze

Der Adler wird als eines der wenigen Tiere dieses Buchs nicht wegen der wirtschaftlichen Bedeutung für den Menschen aufgeführt, sondern weil er seit dem Altertum hohen Symbolwert besitzt. Doch der Gegensatz zwischen unserer Wertschätzung für den Adler als Verkörperung von Stärke und Mut und unserer Einstellung zu den Vögeln selbst könnte nicht ausgeprägter sein. Die Jagd auf Adlertrophäen war ein Sport, die Horste wurden von Eiersammlern geplündert. Und selbst als die Weißkopf-Seeadler schon unter Schutz standen, wurden sie wie andere Greifvögel auch zum Opfer von Pestizidvergiftungen, die im Fall des Weißkopf-Seeadlers im Großteil der USA fast zur Ausrottung führten.

Dieser Eintrag handelt vor allem vom Weißkopf-Seeadler, der in den USA, Kanada und Nordmexiko heimisch ist. Der englische Name *bald eagle* ist vom englischen Wort *piebald* abgeleitet, mit dem hell-dunkel gefärbte, «gescheckte» Tiere beschrieben werden. Beim Weißkopf-Seeadler sind der Kopf und der keilförmige Schwanz weiß, der restliche Körper ist dunkelbraun. Die bis fünfjährigen Vögel sind braun gefärbt und unregelmäßig weiß gefleckt. Die Füße, der kräftige Hakenschnabel und die Iris der Altvögel sind leuchtend gelb. Wie bei vielen Tierarten sind Männchen und Weibchen unterschiedlich groß. Beim Weißkopf-Seeadler und anderen Adlern ist das Weibchen bis zu 25 Prozent größer.

Als Seeadler lebt der Weißkopf-Seeadler, wie der Name sagt, in Gewässernähe; dort kann er an großen Seen und Flüssen Fische erbeuten, die

Echt amerikanisch
Weißkopf-Seeadler ernähren sich hauptsächlich von Fischen.

Legende
Die Azteken wurden von einem Adler zum Gründungsort ihrer Hauptstadt geführt.

er mit seinen scharfen Fängen aus dem Wasser ergreift. Er erlegt aber auch Kleinsäuger und andere Vögel. Die Brutpaare kehren jedes Jahr zu ihrem Nistplatz in einem großen Baum zurück und vergrößern den Horst. Dieser ist mit etwa 4 m Höhe, 2,5 m Durchmesser und einem Gewicht von rund einer Tonne das größte Nest aller nordamerikanischen Vogelarten. Ein besonders großer Horst in Florida war 6 m hoch, 3 m breit und etwa 2,5 Tonnen schwer. Pro Gelege werden 1–3 Eier gelegt, Männchen und Weibchen wechseln sich bei der Brut ab.

Der Weißkopf-Seeadler wurde zwar schon 1918 unter Schutz gestellt und 1940 wurde der kommerzielle Abschuss in den USA gänzlich verboten, doch nachdem in den 1940ern DDT eingeführt wurde, brachen die Bestände zusammen. Da der Weißkopf-Seeadler wie andere Greifvögel an der Spitze der Nahrungskette steht, ist er durch Umweltchemikalien besonders gefährdet. Durch Bioakkumulation konnten sich DDT und sein Abbauprodukt DDE so stark in den Vögeln anreichern, dass diese unfruchtbar wurden oder die Eischalen so dünn waren, dass sie schon vor dem Schlüpfen zerbrachen. Zu Beginn der 1950er gab es in den USA auf dem Festland (ohne Alaska) nur mehr 412 Brutpaare. Als man in den frühen 1970ern den DDT-Einsatz in den USA verbot, erholten sich die Populationen nach und nach. Bereits in den frühen 1990ern gab es wieder 100 000 Individuen.

Doch sieht er wie ein König; seht, sein Auge,
So leuchtend wie des Adlers, schießt hervor
Gewalt'ge Majestät.
Richard II. (3. Aufzug, 4. Szene)
William Shakespeare (1564–1616)

Adler von Tenochtitlan

✦

Laut einer Legende wurden die Azteken von einem Adler in ihre neue Heimat geführt, als sie im 14. Jahrhundert durch das Hochtal von Mexiko wanderten und auf allen Seiten von Feinden bedrängt wurden. Der Vogel flog zu einer Insel in dem großen, flachen See, der damals den Platz des heutigen Mexico-City einnahm. Dort ließ er sich auf einem Kaktus nieder und bedeutete den Azteken, auf der Insel zu siedeln, die ihnen durch den See Schutz vor ihren Feinden bot. So entwickelte sich die Metropole Tenochtitlan, die Hauptstadt des Aztekenreichs. Noch heute zeigt das Wappen der Vereinigten Mexikanischen Staaten einen Adler.

Zur Ehre des Herrschers

Falls der Weißkopf-Seeadler in den USA ausgestorben wäre, so wäre dies ein Beweis von Kurzsichtigkeit und Habgier mit besonderem Beigeschmack gewesen, denn diese Vogelart spielt eine besondere Rolle in der Bildsprache der US-Bundesregierung. Der Weißkopf-Seeadler ist sowohl auf dem Großen Siegel der Vereinigten Staaten als auch auf dem Siegel des Präsidenten dargestellt. Das Große Siegel schmückt offizielle Regierungsdokumente, Münzen, Briefköpfe, militärische Abzeichen, Botschaftswappen und den Ein-Dollar-Geldschein; es zeigt einen Weißkopf-Seeadler mit ausgebreiteten Flügeln im Zentrum, der vor der Brust einen rot-blau-weißen Schild trägt. In den Fängen hält er rechts einen Olivenzweig mit 13 Blättern, links 13 Pfeile; dies symbolisiert die 13 Gründerstaaten und ihre Friedensliebe wie auch die Bereitschaft, den Frieden notfalls kriegerisch zu verteidigen. Im Schnabel trägt der Vogel ein Schriftband mit dem Motto *E pluribus unum* («Aus mehreren eines») und über dem Kopf befindet sich ein Hexagramm mit 13 Sternen.

Das Große Siegel der USA (1782 vom Kongress eingeführt) bezog sich ganz bewusst auf das Römische Reich, an dessen Tugenden die Gründungsväter der jungen USA anknüpfen wollten. Der römische Adler oder die Aquila war jedoch nicht das Symbol des römischen Staatswesens, sondern wurde von den Legionen als Feldzeichen mitgeführt. Ursprünglich war der Adler nur eines von mehreren Tierzeichen der römischen Armee. Zu Beginn des 2. Jahrhunderts n. Chr. wurden die anderen Tierzeichen jedoch aufgegeben. Die Aquila bestand aus Gold oder Bronze und wurde an der Spitze einer langen Stange befestigt; diese trug außerdem ein vierecki-

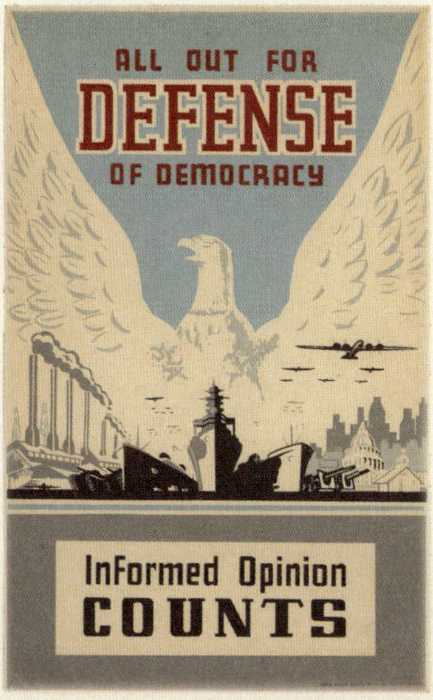

Kriegsvogel
Der Adler eignet sich naturgemäß für Kriegspropaganda, hier zwei typische amerikanische Propaganda-Plakate aus der Zeit des 2. Weltkriegs.

ges Stoffstück («Vexillum») mit einem Bild des Kaiserkopfs oder den Buchstaben SPQR (Senat und Volk von Rom). Diese Standarte wurde in der Schlacht mitgeführt, ähnlich wie die Nationalflaggen in späteren Zeiten. Wenn sie in die Hände des Feindes gelangte, so galt dies als größte Schmach, die um jeden Preis gerächt werden musste.

Nationalemblem
Der Weißkopf-Seeadler wurde 1782 vom Kongress zum Nationalvogel der USA gewählt und ziert seither alle offiziellen Dokumente der Bundesregierung.

Der römische Adler hatte viele symbolische Nachkommen. Nach dem Fall des Weströmischen Reichs im 5. Jahrhundert n. Chr. wurde der Doppeladler zum Emblem des Oströmischen (Byzantinischen) Reichs: Ein Kopf stand für das alte Rom, der andere für Konstantinopel (Byzanz), das neue Rom. Als sich der Frankenkönig Karl der Große (etwa 747–814) im Jahr 800 zum Römischen Kaiser (des Westreichs) krönen ließ, wählte er den römischen Legionsadler, die Aquila, als Emblem. Von Konstantinopel gelangte der Doppeladler in die Königreiche des Balkans und ins kaiserliche Russland; dort blieb er bis zur Russischen Revolution von 1917 das Wappentier der Romanow-Dynastie. In West- und Mitteleuropa übernahmen mehrere Staaten, beispielsweise das Kaiserreich Österreich-Ungarn und die Königreiche Preußen und Polen, den Adler als Nationalemblem.

Römischer Adler
Die römischen Legionen führten bei der Schlacht einen Adler (Aquila) als Feldzeichen mit.

Der Mensch ist ein zwiespältiges Wesen; einerseits erhebt er Tiere wie den Adler zum Symbol von Majestät und Macht seiner Herrscher und Staatswesen, andererseits darf das Wappentier selbst bejagt werden (fast bis zur Ausrottung!). Glücklicherweise hat der Weißkopf-Seeadler überlebt und sich inzwischen erholt. Der Nationalvogel der USA konnte 2007 endlich wieder von der Liste der bedrohten Arten gestrichen werden.

Medizinischer Blutegel

Hirudo medicinalis

Ursprüngliche Verbreitung Europa und Westasien

Klasse Gürtelwürmer

Größe bis zu 20 cm lang

✦ Nahrung
✦ ***Medizin***
✦ Wirtschaft/Handel
✦ Geschichte/Kultur

Jahrtausendelang gehörten Medizinische Blutegel zum Repertoire der Ärzte. Das «Schröpfen» ist zwar als allgemeines Heilverfahren seit Langem überholt, doch im 21. Jahrhundert haben Blutegel in der Mikrochirurgie eine neue Rolle gefunden. Und obwohl Blutegel aus unserem Alltag verschwunden sind, bezeichnen wir Menschen, die das Letzte aus ihrem Gegenüber herausholen, ohne etwas zurückzugeben, nach wie vor als «Blutsauger».

Der zwittrige Blutsauger

In diesem Buch werden mehrere Tierarten vorgestellt, die Menschenblut saugen – Malariamücke, Floh und Laus; sie sind allesamt unerwünschte Gäste, die sich in unser Heim und unser Leben stehlen. Medizinische Blutegel sind jedoch etwas Besonderes, denn sie wurden absichtlich am Menschen angesetzt, um Blut abzunehmen. Bis ins 17. Jahrhundert glaubten die Ärzte, Krankheiten würden durch Ungleichgewichte der vier Körpersäfte *(humores)* verursacht und das Gleichgewicht der Körpersäfte könne zum Beispiel durch das Ableiten von «überschüssigem» Blut, Aderlass oder Schröpfen genannt, wiederhergestellt werden. Unglücklicherweise erwies sich eine solche Behandlung bei den bereits geschwächten Patienten oft als fatal.

Der Blutegel gehört zum entwicklungsgeschichtlich alten Stamm der Ringelwürmer (Anneliden), der vermutlich über 500 Millionen Jahre alt und damit älter als die Insekten ist. Wie ihre «entfernten Vettern», die Regenwürmer, gehören Egel zur Klasse der Gürtelwürmer (Clitellata), deren Name auf das lateinische *clitellum* (Gürtel) hinweist, einen gürtelförmigen Bereich aus wenigen Körpersegmenten, der bei der Begattung eine

Erste Hilfe
Unter den blutsaugenden Tierarten ist der Blutegel das einzige Tier, das man absichtlich zur Blutentnahme am Menschen ansetzte; das Schröpfen war damals eine medizinische Therapieform.

Rolle spielt. Egel sind Zwitter, begatten sich aber nicht selbst, sondern zwei Blutegel begatten sich gegenseitig. Bei der Paarung legen sich die Blutegel bauchseits, aber gleichgerichtet, aneinander; der «männliche» Egel injiziert sein Sperma in die Scheide des «weiblichen» Egels. Die bis zu 30 Eier werden in einem «Kokon» an einem feuchten, schattigen Ort in Gewässernähe abgelegt.

Stellen wir uns einen Blutegel hundertfach vergrößert vor, haben wir ein perfektes Monster in einem Alien-B-Movie. Der grünbraune, zylindrische Körper des Blutegels trägt an beiden Enden einen Saugnapf. Der hintere dient der Fortbewegung, der vordere vor allem der Ernährung. Er umgibt die Mundöffnung mit ihren drei Kieferplatten, die etwa 100 scharfe Zähnchen tragen. So kann der Blutegel sich an sein Opfer anheften und dessen Haut anritzen. Nach dem Einritzen gibt er das gerinnungshemmende Hirudin ab, um den Blutfluss aufrechtzuhalten, ferner eine betäubende Substanz, damit die Beute den Angriff nicht bemerkt. Ein Blutegel kann das Zehnfache seines Körpergewichts an Blut aufnehmen; wenn er satt ist, löst er seine Kiefer und lässt sich fallen, um die Mahlzeit zu verdauen.

Messerscharf
Der Blutegel besitzt drei Kieferplatten, deren Kanten mit zahlreichen Zähnchen besetzt sind, welche die Haut des Opfers «ansägen». Im Bild sind die Kiefer mit den Zähnchen in starker Vergrößerung zu sehen.

Der Medizinische Blutegel lebt in Teichen und Gräben und kommt in Europa und Westasien in gemäßigten Breiten vor. Seine Hauptnahrung ist jedoch nicht Menschenblut, sondern das Blut von Pferden und Rindern. Da man aber kaum mehr Pferde in der Landwirtschaft einsetzt und zudem künstliche Tränken für Vieh und Pferde aufgestellt hat, ist der Blutegel in Europa im ursprünglichen Verbreitungsgebiet fast überall verschwunden. In den stark industrialisierten Ländern Europas gilt der Medizinische Blutegel inzwischen als bedrohte Art, die nur mehr wenige isolierte Populationen umfasst.

Die Körpersäfte des Patienten

Warum verwendete man bis weit ins 19. Jahrhundert Blutegel, um Patienten zur Ader zu lassen? Die Antwort finden wir in den Wurzeln der westlichen Medizin, nämlich in der Heilkunst der alten Griechen und Römer. Wie das alte China und Indien, besaß auch die griechisch-römische Welt ihre eigene Heilkunde.

Weniger gefährlich, ja unter Umständen sehr heilsam, ist der *Blutegel*, auch *Schröpfkopf* genannt, wenn er in größerer Zahl angewendet werden soll. Er säuft, wie manche Menschen, so lange, bis er nicht mehr kann.

Franz Bonn (1830–1894)

Während die traditionelle chinesische Medizin (TCM) und die traditionelle indische Heilkunst (Ayurveda) bis heute fortleben, wurde die traditionelle westliche Medizin Mitte des 19. Jahrhunderts durch die wissenschaftliche Medizin ersetzt.

Wie in China und Indien war auch in der traditionellen westlichen Medizin bis ins 19. Jahrhundert unbekannt, welche Rolle Viren und Bakterien bei der Krankheitsentstehung spielen. Aufgrund religiöser und gesetzlicher Gebote durfte der menschliche Körper nicht geöffnet werden, sodass die anatomischen Kenntnisse bis zum 17. Jahrhundert sehr beschränkt waren. So war beispielsweise die Rolle des Blutkreislaufs beim Transport von Sauerstoff und Nährstoffen im Körper unbekannt, ebenso die Rolle des Gehirns und des restlichen Nervensystems bei Bewusstsein, Denken und Fühlen sowie bei Sinneswahrnehmungen. Stattdessen glaubten die Ärzte früher, der Körper stehe unter der Kontrolle von vier «Säften»: Blut, Gelbe Galle, Schwarze Galle und Schleim. Diese Säfte wurden nach der Theorie jeweils in einem eigenen Organ gebildet und besaßen eine unterschiedliche Natur und Funktion.

Die Grundlagen der sogenannten Vier-Säfte-Lehre (Humoralpathologie) schreibt man zwei griechischen Ärzten zu: Hippokrates von Kos (etwa 460–370 v. Chr.) – der Eid des Hippokrates, den Ärzte heute noch schwören, geht auf ihn zurück – und Galen von Pergamon (etwa 130–216 n. Chr.). Sie ordneten das System, indem sie den vier Säften die vier klassischen Elemente und Jahrzeiten zuwiesen und vier grundlegende physiologische und geistige Temperamente definierten, die selbst heutzutage noch eine gewisse (nicht medizinische) Verbreitung haben: «san-

Sanguiniker
Die Ärzte glaubten früher, dass die Körpersäfte eines Patienten wieder ins Gleichgewicht kämen und er geheilt würde, wenn man überschüssiges Blut entzöge.

guinisch», vom in der Leber gebildeten Blut dominiert, mit Luft und Frühling assoziiert; «cholerisch», von der gelben Galle der Gallenblase dominiert, mit Feuer und Sommer assoziiert; «melancholisch», von der schwarzen Galle der Milz dominiert, mit Erde und Herbst assoziiert; «phlegmatisch», vom in Lunge und Hirn gebildetem Schleim dominiert, mit Wasser und Winter assoziiert. Im Idealfall befanden sich die vier Säfte im Gleichgewicht, doch äußerliche Faktoren wie Jahreszeit und schlechte Ernährung konnten Ungleichgewichte begünstigen und zu verschiedenen Krankheiten führen.

FESTGESAUGT
Hat sich der Blutegel erst einmal festgesaugt, dann lässt er sich nur schwer entfernen. Sobald er aber genügend Blut aufgenommen hat, fällt er ab.

Hippokrates selbst empfahl nur sehr milde Therapien wie Ruhe, Bewegung und Ernährungsumstellungen und mied invasive Maßnahmen oder starke Arzneimittel, um das Gleichgewicht der Körpersäfte wiederherzustellen. Andere Ärzte zogen jedoch wesentlich rabiatere Behandlungsmethoden vor, wie Brechmittel (Emetika), Entwässerungsmittel (Diuretika), Abführmittel (Purgiermittel) und Schröpfen (Aderlass). Galen, der bis ins 19. Jahrhundert als vertrauenswürdige medizinische Autorität galt, glaubte an zwei unabhängige Blutströme: den ersten mit arteriellem Blut, das im Herzen entstehe, den zweiten mit dem dunkleren venösen Blut, das in der Leber gebildet werde. Daraus folgerte er, dass Blut in verschiedenen Körperteilen stagnieren und sich ansammeln könne, was zur Krankheit führe, die man durch Aderlass behandeln könne. Nachweislich setzte man Blutegel erstmals im 2. Jahrhundert v. Chr. in Griechenland ein, um überschüssiges Blut von «sanguinischen» Patienten abzuleiten. Von dort verbreitete sich die Methode in die römische Welt, wo sie von Galen und seinen Anhängern übernommen und gefördert wurde.

«Leechcraft»

✦

Im angelsächsischen Sprachraum wurden Ärzte über Jahrhunderte als *leeches* («Blutegel») und die Medizin als *leechcraft* bezeichnet. Bekannt ist das «Leechbook of Bald» aus dem 9. Jahrhundert n. Chr., eines der ältesten englischen Arzneibücher. Es besteht aus zwei Teilen; der erste befasst sich mit äußerlichen, der zweite mit inneren Krankheiten. Als einziger zeitgenössischer Hinweis auf plastische Chirurgie wird auch die Korrektur einer Hasenscharte beschrieben.

Nach dem Aufstieg des Islam im 7. Jahrhundert n. Chr. wurden muslimische Gelehrte und Ärzte zu den Erben der griechisch-römischen Medizintradition und entwickelten die Humoralpathologie in zwei wichtigen Texten weiter, die um die Wende des 1. Jahrtausends geschrieben wurden: der «Qanun at-Tibb» (Kanon der Medizin) von Avicenna (981–1037) und «At-Tasrif» (Die Verordnung) von Abulcasis (936–1013). Beide Werke enthalten Hinweise auf den Aderlass und empfehlen den Einsatz von Blutegeln. Als diese Texte im Mittelalter (12. Jahrhundert) ins Lateinische übersetzt wurden, gelangte die griechisch-römisch-islamische Vier-Säfte-Lehre zurück nach Westeuropa, wo sie lange Zeit die Basis der Heilkunde bildete.

Teuflische Barbiere

Im Mittelalter nahm der Einsatz von Blutegeln zu und erreichte im 17. Jahrhundert seinen Höhepunkt. Das Schröpfen mittels Blutegeln wurde bei den verschiedensten Krankheitsbildern empfohlen, so bei Rötungen, Entzündungen oder Fieber, die alle als Zeichen von zu viel Blut im Körper galten. Geisteszustände, bei denen die Patienten laut oder aufgeregt – «sanguinisch» – waren, wurden ebenso durch Aderlass therapiert. Erstaunlicherweise behandelte man auch Wunden mit Blutegeln. Patienten, die bereits durch Blutverlust geschwächt waren, wurden regelmäßig geschröpft und dadurch noch schwächer, manchmal mit tödlichem Ausgang. In einem Fall wird von einem französischen Soldaten berichtet, der in einem Duell verwundet worden war: Man entnahm ihm im Lauf des nächsten Monats sechs Liter Blut. Glücklicherweise überlebte der Patient sowohl seine Verwundung als auch die «Behandlung». Auch vorbeugendes Schröpfen zur Vermeidung von Krankheiten war gang und gäbe, und es gehörte zur Routine bei Geburten und Operationen.

Blutegelgefäss
«Gebrauchsfertige» Blutegel wurden in oft kunstvoll verzierten Gefäßen aufbewahrt, damit der Patient beim Arztbesuch sogleich geschröpft werden konnte.

William Harvey (1578–1657), ein britischer Anatom und Arzt, konnte in den 1620er-Jahren beweisen, dass das Herz der Motor des Blutkreislaufs ist. Damit wurde Galens irriges Modell der zwei Blutströme zwar widerlegt und die gesamte Basis der Humoralpathologie infrage gestellt, doch bis ins späte 19. Jahrhundert setzte man weiterhin Blutegel zum Aderlass ein. In Europa war der Bedarf an Blutegeln so groß, dass sie vielerorts selten wurden und man sie importierte und in Gefangenschaft züchtete.

Doch nicht nur Ärzte verwendeten Blutegel. In England durften auch Bader (Friseure) Operationen durchführen; sie behandelten Soldaten auf dem Schlachtfeld und die ärmeren Bevölkerungsschichten, die sich keinen studierten Arzt leisten konnten. Im angelsächsischen Sprachraum hängt auch heute noch vor manchen Friseurgeschäften als Ladenzeichen ein rot-weiß gestreifter *barber's pole*; dabei

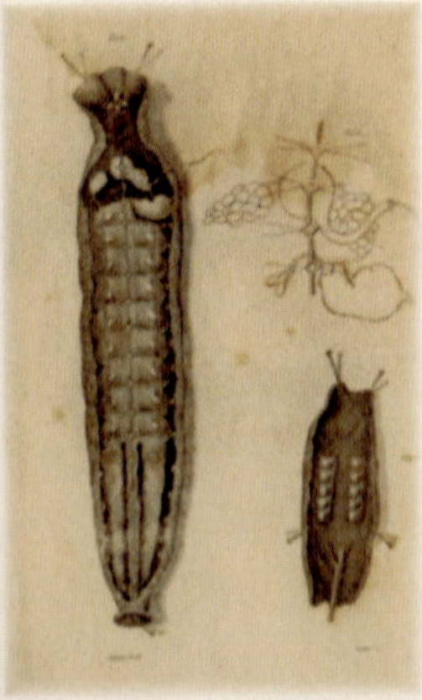

steht das Rot für das Blut, das Weiß für die Aderpresse um den Arm und der Stab selbst für den hölzernen Stock, den der Kunde umfasste, damit die Venen heraustraten.

Veraltet
Sogar nachdem Harvey den Blutkreislauf entdeckt hatte, setzte man noch Blutegel ein, um «stagnierendes» Blut abzuleiten.

Als sich die wissenschaftliche Medizin durchsetzte, hörte das routinemäßige Schröpfen bei der Behandlung von Wunden und Infektionskrankheiten auf. In den 1980er-Jahren fand der Medizinische Blutegel jedoch eine neue Verwendung in der Mikrochirurgie, zum Beispiel in der plastischen und rekonstruktiven Chirurgie. Bei Letzterer transplantiert man beim Patienten beispielsweise Muskel- und Hautgewebe von einem Teil des Körpers zu einem anderen, um Gewebe zu ersetzen, die durch Unfall oder Krankheit zerstört wurden. Dabei ist es essenziell, eine neue Blutversorgung zum und aus dem Transplantat heraus zu etablieren. In manchen Fällen gibt es aber Probleme beim Anschluss der Venen, die sauerstoffarmes Blut aus dem Transplantatbereich abtransportieren. Das venöse Blut sammelt sich möglicherweise an und gerinnt, was zum Absterben und Abstoßen des transplantierten Gewebes führt. Zum Auflösen dieser Blockaden und zum Vermeiden von Gerinnseln setzte man Blutegel an das Transplantat. Wie bereits erwähnt, enthält der Speichel von Blutegeln das stark gerinnungshemmende Hirudin; daher hält der Blutfluss auch nach Ablösen des Blutegels an. Zudem nimmt der Egel mit seiner Mahlzeit überschüssiges venöses Blut auf. Da aber inzwischen synthetisches Hirudin auf dem Markt ist, wurde der Blutegel wieder dem medizinischen Kuriositätenkabinett anvertraut.

Bedroht
Die Nachfrage nach Medizinischen Blutegeln war so hoch, dass die Art in vielen Gebieten Europas ausstarb.

Iguanodon

Iguanodon bernissartensis

Ursprüngliche Verbreitung Europa

Klasse Reptilien

Größe bis 10 m lang

✦ Nahrung
✦ Medizin
✦ Wirtschaft/Handel
✦ ***Geschichte/Kultur***

Die Gattung *Iguanodon* (wörtlich «Leguanzahn») war die zweite Dinosauriergattung, die wissenschaftlich beschrieben wurde. Unsere Interpretation der Fossilfunde hat sich im Lauf der Zeit beträchtlich gewandelt. Bei der ersten Rekonstruktion eines Teilskeletts wurden die Tiere als rhinozerosähnliche Vierfüßer mit einem Horn auf der Nase dargestellt; als weitere Skelette entdeckt wurden, mutierte *Iguanodon* zu einem känguruartigen Zweibeiner, der seinen beweglichen Schwanz als Stütze für den aufrechten Gang einsetzte. Wie neuere Untersuchungen gezeigt haben, konnte *Iguanodon* sowohl auf zwei als auch auf vier Beinen laufen, wobei er seinen Schwanz waagerecht ausgestreckt hielt.

Wiederentdeckung einer verlorenen Welt

Seit dem Altertum haben Menschen von der Entdeckung versteinerter Überreste lang ausgestorbener Tierarten berichtet, doch sie haben diese Funde entsprechend ihrer religiösen und wissenschaftlichen Überzeugungen unterschiedlich interpretiert. Die alten Griechen sahen Fossilien als einen Versuch von Felsen an, aus Stein so etwas wie Leben zu schaffen; die Chinesen hielten Fossilien für Drachenknochen, im christlichen Mittelalter glaubte man, es handle sich um die Überreste einer biblischen Rasse von Riesen. Im 17. Jahrhundert geriet das kirchliche Dogma, die Erde sei lediglich 4000 Jahre alt und der Schöpfer habe alle Arten perfekt und unveränderlich geschaffen, immer mehr ins Wanken. Doch erst Mitte des 19. Jahrhunderts sollten die Naturwissenschaftler das wahre Ausmaß geologischer Zeiträume und die Evolution von Tieren und Pflanzen akzeptieren.

Zu Beginn des 19. Jahrhunderts war der französische Naturforscher Georges Cuvier (1769–1832) der erste,

Falsche Rekonstruktion
Es sollte eine Weile dauern, bis *Iguanodon* korrekt dargestellt wurde.

der vermutete, es habe in der Erdgeschichte eine Zeit gegeben, in der Reptilien und nicht Säuger die dominante Klasse waren. Er dachte auch über die Möglichkeit nach, dass Tierarten aussterben. Seiner Meinung nach führte eine Reihe von katastrophalen Ereignissen zu plötzlichen Veränderungen der Fauna. Damit nahm er die These vorweg, dass das Verschwinden der Dinosaurier vom Einschlag eines gewaltigen Asteroiden in Mittelamerika vor ca. 65,5 Millionen Jahren ausgelöst wurde. In den darauf folgenden zwei Jahrzehnten sollten zahlreiche Funde in den fossilienreichen Ablagerungen im Süden Englands seine Vorstellungen von einem prähistorischen «Zeitalter der Reptilien» bestätigen.

Aussterben
Der französische Naturforscher Georges Cuvier stellte als Erster die Hypothese auf, Tierarten könnten aussterben.

Das erste Fossilfragment eines Dinosauriers, das wissenschaftlich eingehend untersucht wurde, war der Oberschenkelkopf eines *Megalosaurus*, eines großen, fleischfressenden Dinosauriers aus dem mittleren Jura (vor rund 166 Mio. Jahren). Dieses Fragment wurde 1676 in einem Steinbruch in der Nähe von Oxford gefunden und an die dortige Universität geschickt, wo es korrekt als Teil eines Beinknochens identifiziert wurde. Da der Knochen, zu dem das Bruchstück gehört haben musste, jedoch so viel größer war als alle Knochen lebender Arten, nahm man an, es stamme von einer biblischen Rasse von Riesen. Anfang des 19. Jahrhunderts wurden an derselben Stelle weitere Knochenfragmente und Zähne entdeckt und an den englischen Geologen William Buckland (1784–1856) geschickt, der sie mit der Hilfe von Cuvier als Teile eines riesigen, seit Langem ausgestorbenen, echsenartigen Fleischfressers identifizierte, dem er den Namen *Megalosaurus* (Riesenechse) gab.

Pionierin
Während Wissenschaftler über Evolution und Aussterben diskutierten, grub die Fossiljägerin Mary Anning, die keinerlei akademische Ausbildung besaß, in den Klippen von Lyme Regis ausgestorbene Arten aus.

Während Geologen und Zoologen die ersten Versuche zur Bestimmung prähistorischer Reptilien unternahmen, entdeckte die Amateur-Fossiljägerin Mary Anning (1799–1847) in den Blue-Lias-Klippen in der Nähe ihrer Heimatstadt Lyme Regis (Dorset, an der englischen Südküste) die Überreste mariner Ichthyo- und Plesiosaurier. Sie suchte in den Klippen gezielt nach

Fossilien und verkaufte ihre Funde in ihrem Laden an private Sammler und Museen. Anning litt jedoch unter zwei Handicaps, die verhinderten, dass sie von der wissenschaftlichen Gemeinschaft jener Tage voll anerkannt wurde: Sie war eine Frau und als Tochter eines Möbelschreiners von geringem Stand, und das zu einer Zeit, als das wissenschaftliche Establishment von wohlhabenden Gentlemen dominiert wurde. Daher wurden Annings zahlreiche Beiträge zu der neuen Wissenschaft der Paläontologie erst lange nach ihrem Tod gebührend gewürdigt.

Falscher Nachbau

Mary Annings Funde regten den Arzt, Amateurgeologen und -paläontologen Gideon Mantell (1790–1852) an, selbst nach den Fossilien ausgestorbener Tiere zu suchen. In einem Steinbruch in der Nähe des Städtchens Cuckfield in West Sussex stieß er 1822 auf mehrere große versteinerte Zähne. Zwei Dinge unterschieden die Cuckfield-Funde von Annings Funden: anders als die Funde in Lyme Regis, die marine Arten betrafen, gehörten die Zähne zu einem landlebenden Tier, und im Gegensatz zu dem fleischfressenden *Megalosaurus* schienen die Zähne von einem Pflanzenfresser zu stammen. Zunächst wurde Mantells Bericht vom wissenschaftlichen Establishment mit Skepsis aufgenommen. Buckland tat Mantells Fund als Zähne eines Fisches oder Nashorns ab, und Cuvier stimmte ihm nach einer kurzen, oberflächlichen Untersuchung zu und meinte, sie gehörten wahrscheinlich zu einer ausgestorbenen Nashornart aus einer viel späteren Epoche.

Aufrechter Gang
Als man 1878 in Belgien 38 Exemplare entdeckte, belegte dieser Fund eindeutig, dass sich Iguanodons teilweise auf zwei Beinen fortbewegt hatten.

Nur zwei Jahre später, nachdem Buckland 1824 seine Beschreibung des *Megalosaurus* veröffentlicht und Mantells gesamte Fossiliensammlung aus Cuckfield gesehen hatte, gab er zu, dass sie von einem Reptil stammen mussten, wenn auch wahrscheinlich nicht von einem Pflanzenfresser. Ermutigt durch den Sinneswandel eines seiner Hauptkritiker sandte Mantell die Zähne an Cuvier in Paris, der diesmal erklärte, sie stammten von einem Reptil, möglicherweise von einem Pflanzenfresser. Das neue Tier hatte bis zu diesem Zeitpunkt noch keinen Namen, doch 1824 wies der Hilfskurator des Royal College of Surgeons Mantell auf die Ähnlichkeit der fossilen Zähne aus Cuckfield mit denjenigen von heutigen

Leguanen hin, auch wenn erstere um ein Vielfaches größer waren. Mantell entschloss sich, seinen Fund *Iguanodon* (übersetzt «Leguanzahn») zu nennen. Die Art erhielt den zweiteiligen wissenschaftlichen Namen *Iguanodon anglicus*, was später, als im belgischen Bernissart vollständigere Skelette gefunden wurden, in *Iguanodon bernissartensis* umgewandelt wurde.

Hüpfende Echsen
Dollo modellierte seinen *Iguanodon* nach dem Vorbild von Kängurus und versah ihn mit einem langen, flexiblen Schwanz.

Mantells Funde von 1822 waren zu unvollständig, um daraus das Aussehen oder auch nur die Größe von *Iguanodon* abzuleiten. Anfangs dachte er, das Reptil könne rund 18 m lang gewesen sein und in der Gestalt an ein modernes Krokodil erinnert haben. Als in einem Steinbruch bei Maidstone in Kent jedoch ein vollständigeres Exemplar ausgegraben wurde, gelang Mantell eine etwas präzisere Beschreibung des Skeletts. Dennoch enthielt seine Rekonstruktion mehrere Fehler: Zwar erkannte er, dass die Vorderbeine kürzer als die Hinterbeine waren, jedoch stellte er sich das Reptil als typischen Vierfüßer mit einem langen, flexiblen Schwanz wie dem einer Eidechse vor, der über den Boden gezogen wurde; zudem setzte er ein kurzes Horn auf die Nase des Tieres.

Auch wenn Mantells Vorstellung von *Iguanodon* in mancher Hinsicht zu wünschen übrig ließ, kam sie der Realität näher als die Dinosaurier-Rekonstruktionen aus Metall, Ziegeln und Beton, die für den Crystal Palace Park (siehe Kasten S. 114) in London angefertigt und der britischen Öffentlichkeit 1854 vorgestellt wurden. Diese Modelle waren der Fantasie von Richard Owen (1804–1892) entsprungen, einem Paläontologen und erbitterten Rivalen von Mantell, dem Mann, der den Begriff «Dinosaurier» (griechisch für «Schreckensechse») prägte. Owen war Kreationist, der sich der Idee einer Evolution vehement entgegenstellte. Er vertrat die Ansicht, Dinosaurier seien fortgeschrittene, säugerähnliche Geschöpfe, die ausgestorben waren. Er sah sie als Verwandte unserer Nashörner und Elefanten an, und seine Modelle zeigten plumpe Vierfüßer mit einem kurzen Horn auf der Nase.

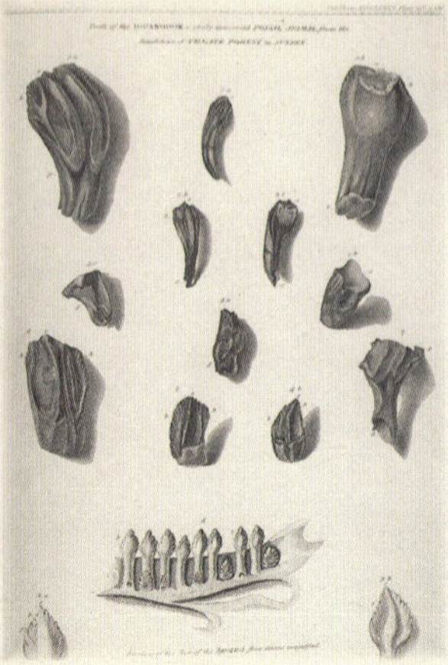

Im Jahr 1878 wurden in einer Kohlenmine im belgischen Bernissart die Skelette von 38 *Iguanodon*-Exemplaren gefunden – bis heute der größte *Iguanodon*-Fund überhaupt –, und

Unvollständig
Die ersten identifizierten Überreste des *Iguanodon* bestanden aus ein paar Zähnen und Knochenfragmenten.

WELTAUSSTELLUNG
Im Londoner Crystal Palace wurden die ersten jemals fabrizierten Dinosaurier-Modelle ausgestellt.

dieser Fund war es, der Owens Rekonstruktion den Todesstoß versetzte. Der Mann, der die Rekonstruktion leitete, war der belgische Paläontologe Louis Dollo (1857–1931). Die Rekonstruktionen wurden 1882 im Belgischen Naturkundemuseum in Brüssel ausgestellt; neun Tiere rekonstruierte Dollo als Zweibeiner, die auf ihren Hinterbeinen standen, statt auf allen Vieren zu kriechen; dabei nahm er an, sie hätten sich wie Kängurus mit ihrem Schwanz abgestützt. Mantells und Owens «Nasenhorn» erkannte er korrekt als Daumenfortsatz und platzierte ihn an der Hand. Doch auch er irrte sich in einigen Punkten. Er stellte den Schwanz geschwungen dar, während neuere Forschungen gezeigt haben, dass er von knochenähnlichen Sehnen gestreckt gehalten wurde. Eine Haltung mit abgewinkeltem Schwanz wie beim Känguru wäre einem *Iguanodon* nur mit gebrochenem Schwanz möglich gewesen.

Eine Neuuntersuchung von *Iguanodon*-Skeletten im 20. Jahrhundert hat erbracht, dass sich die Tiere wohl recht anders fortbewegt haben, als von Mantell, Owen und Dollo angenommen: Statt wie ein Känguru aufrecht auf den Hinterbeinen und dem Schwanz zu stehen, hielt *Iguanodon* Rumpf und Schwanz mehr oder minder parallel zum Boden ausgerichtet. Er konnte allein auf seinen kräftigen, dreizehigen Hinterbeinen laufen oder auf allen Vieren, wobei er seine kürzeren Vorderbeine einsetzte. Handgelenk und die drei Mittelfinger seiner Vordergliedmaßen sind kräftig und relativ unbeweglich und die Knochen so gebaut, dass sie einiges Gewicht tragen können. Wahrscheinlich bewegten sich junge Iguanodons vorwiegend zweibeinig fort, während ältere und schwerere Tiere mehr und mehr auf allen Vieren liefen. Paläontologen nehmen an, dass *Iguanodon* auf zwei Beinen eine Spitzengeschwindigkeit von 24 km/h erreichen konnte.

Das andere typische Merkmal von *Iguanodon*, das bis zu Dollos Rekonstruktion fehlinterpretiert wurde, war der spitze Daumenfortsatz, den Mantell und Owen als Horn deuteten und auf der Nase platzier-

Viktorianische Dinosaurier

✦

Die erste Weltausstellung, die die technischen Errungenschaften aller Nationen unter einem Dach versammelte, fand 1851 im *Crystal Palace* im Londoner Hyde Park statt. Nach Ende der Ausstellung wurde das Gebäude nach Sydenham Hill in Süd-London verlegt. Im Park, der den *Crystal Palace* umgab, zeigte man die ersten Dinosaurier-Modelle, die jemals gebaut worden waren, darunter zwei *Iguanodon*-Exemplare: Eines stand auf vier plumpen, säulenartigen Beinen, während das andere auf dem Bauch lag. Die Modelle waren nach Anweisungen von Richard Owen gestaltet worden und spiegelten seine falsche Vorstellung der Tiere als riesige Vierfüßer mit einem kleinen Horn auf der Nase wider. Nachdem sich gegen Ende des 19. Jahrhunderts herausstellte, dass sie nicht korrekt waren, wurden die Skulpturen lange belächelt und vernachlässigt. 2002 wurden sie restauriert und erstrahlen nun wieder in ihrer viktorianischen Pracht; heute gehören sie zu den Hauptattraktionen des Crystal Palace Parks.

ten. Über seine mögliche Funktion gehen die Meinungen auseinander: Zum einen wurde er als Waffe zur Verteidigung gegen Fressfeinde oder Artgenossen gedeutet; zum anderen wäre es möglich, dass die Tiere damit Samen und hartschalige Früchte geöffnet haben.

Zusätzlich zum scharfen Daumenfortsatz und den drei feststehenden Fingern besaß *Iguanodon* an jeder Hand einen beweglichen Kleinfinger, mit dem er vermutlich Nahrung ergreifen konnte. Über die Ernährungsweise von *Iguanodon* können wir nur Vermutungen anstellen. Er war, wie Mantell aus seinen ursprünglichen Funden korrekt abgeleitet hatte, ein Pflanzenfresser und besaß zusätzlich zu seinen Zähnen einen Hornschnabel, mit dem er Zweige und Schösslinge abbeißen konnte.

Iguanodon bernissartensis war erst der zweite Dinosaurier, der im Rahmen der noch jungen Paläontologie entdeckt und beschrieben wurde, doch diese Art hat den größten Wandel aller prähistorischen Saurierarten durchlaufen. *Iguanodon* begann sein Leben als säugerähnlicher, gehörnter Vierfüßer; anschließend verbrachte er einige Zeit als das Känguru unter den Dinosauriern, und schließlich endete er als ein noch viel seltsameres zweibeiniges Tier, das mithilfe seines langen, gestreckten Schwanzes beim Laufen das Gleichgewicht hielt. In allen Inkarnationen ist es *Iguanodon* jedoch gelungen, Wissenschaftler wie Laien zu faszinieren und unser Interesse an dieser Gruppe riesenhafter Reptilien, die einst die Erde beherrschten, immer neu anzufachen.

Vierfüsser
Diese völlig wirklichkeitsfremden Rekonstruktionen stehen im Crystal Palace Park im Süden von London.

Lama

Lama glama

Ursprüngliche Verbreitung
Andenregion (Südamerika)

Klasse Säuger

Größe 1–1,3 m

In Südamerika ist nur ein großer domestizierter Pflanzenfresser heimisch: das Lama mit seinen nahen Verwandten. Bevor die europäischen Einwanderer Pferde, Rinder, Esel, Ziegen und Schafe einführten, musste das Lama Lasttier sein sowie Fleisch, Milchprodukte, Wolle und Haare liefern. Lama & Co. sind die einzigen überlebenden Cameliden in Südamerika und so gut an das Leben in der Höhe angepasst wie Dromedar und Trampeltier ans Wüstenleben.

- ✦ ***Nahrung***
- ✦ Medizin
- ✦ ***Wirtschaft/Handel***
- ✦ ***Geschichte/Kultur***

Vettern des Dromedars

Die Bewohner der Alten Welt hatten die Wahl, als es um die Domestizierung von großen, produktiven Pflanzenfressern ging: In Zentralasien stand das Pferd zur Verfügung, im Nahen Osten und Europa Schaf, Ziege und Rind, auf der Arabischen Halbinsel das Dromedar. Auf dem amerikanischen Doppelkontinent existierten am Ende der letzten Eiszeit (vor 12 000 Jahren) zwar noch Equiden und Cameliden, aber bereits vor 8000 Jahren waren die meisten ausgestorben. Manche Fachleute sind überzeugt, dass die Tiere von den ersten Bewohnern Amerikas ausgerottet wurden, andere glauben, es gebe natürliche Ursachen, beispielsweise einen Klimawandel.

Vor 2–3 Millionen Jahren gelangten nordamerikanische Cameliden über die Landbrücke von Panama nach Südamerika. In den rauen Höhenlagen von Anden-Gebirgszügen und Altiplano gediehen sie hervorragend und überlebten auch die Ankunft des Menschen in Südamerika. Sie wurden zu den Vorfahren der vier modernen, nahe verwandten Arten: Lama und Alpaka (beide domestiziert) sowie Vikunja und Guanako (beide wild lebend).

Für die Indianervölker der Anden waren das Lama und seine Verwandten essenziell: zuerst als Lieferant von Fleisch und Häuten, später auch als Lasttier und Lieferant von Milch, Wolle und Haaren. Nach der spanischen Eroberung im 16. Jahrhundert wurden Lamas im Tiefland durch die Nutztiere der Alten Welt wie Schafe, Rinder, Esel und Pferde ersetzt, doch wegen ihrer Anpassung an extreme Höhenlagen spielen sie in den Anden bis heute eine wichtige Rolle im täglichen Leben.

Die Ähnlichkeit zwischen Lamas und ihren «Vettern», den Altweltkamelen, ist verblüffend, doch den Lamas fehlt der Höcker, der den Kamelen als Fettspeicher dient. Im kalten Andenklima ist eine gleichmäßige Verteilung des Körperfetts von Vorteil, damit die Tiere nicht auskühlen. Wie die Altweltkamele besitzen Lamas zwei Zehen; sie sind in die dicke, ledrige «Schwielensohle» eingebettet, welche die Füße auf steinigem Boden vor Verletzungen schützt und auf unebenem oder glattem Untergrund eine gute Trittsicherheit garantiert. Weitere Ähnlichkeiten mit den Kamelen zeigen sich in den besonderen Anpassungen des Bluts an die Umgebung. Kamele sind an aride Lebensräume angepasst und können ein begrenztes Wasserangebot optimal nutzen. Lamas, die in Höhenlagen von bis zu 4000 m leben, verfügen über Anpassungen, um mit dem «Sauerstoffmangel» der Höhenluft zurechtzukommen. Das Blut von Lamas besitzt von allen Säugetieren den höchsten Anteil an roten Blutkörperchen; das Lama-Hämoglobin weist eine besonders hohe Sauerstoffaffinität auf.

Weiche Wolle
In den Anden verzehrte man zwar manchmal das Fleisch der Lamas, doch sie wurden vor allem als Wolllieferanten und Lasttiere gehalten.

Wie bei Ziegen bedeckt auch bei Lamas das lange, gröbere Deckhaar (Grannenhaare) das zarte, flaumige Unterhaar («Wolle»). Die zwischen beiden Haartypen eingeschlossene Luft dient zur Wärmeisolation. Im natürlichen Verbreitungsgebiet der Lamas ist die Vegetation spärlich und nährstoffarm. Da die Tiere sowohl Gras- als auch Laubfresser sind, verzehren sie verschiedenste Pflanzen und Pflanzenteile, bevorzugen aber Gräser. Ähnlich wie Rinder käuen Lamas wieder; ihr Magen besteht aber wie bei den Kamelen nur aus drei Kammern. Eine Besonderheit der Lamas ist die induzierte Ovulation: Der Eisprung erfolgt 24–36 Stunden nach der Paarung. Nach einer Tragzeit von elf Monaten wird ein einzelnes Jungtier, ein «Cria» (der spanische Ausdruck für «Säugling»), geboren. Lamas sind sehr gesellig und leben in Herden mit einer Leitstute. Diese zeigt ihre Dominanz, indem sie die Herdenmitglieder mit einer Mischung aus Speichel und Mageninhalt anspuckt.

Höhenleben
Lamas sind hervorragend an das Leben in großen Höhenlagen angepasst; ihre roten Blutkörperchen können mehr Sauerstoff binden als bei allen anderen Säugetieren.

Die Lamas und die Sintflut

✦

Nach einer Inka-Legende gab es eine Zeit, als die Menschen böse wurden und sich gegen die Götter wandten. Eines Tages bemerkten zwei rechtschaffene Brüder, dass ihre Lamas zum Himmel aufblickten. Als sie die Lamas fragten, was sie da machten, erzählten diese ihnen, die Sterne hätten sie gewarnt, dass die Götter eine große Flut senden wollten, um die Menschheit zu bestrafen. Die Brüder begaben sich mit ihren Familien und Herden in eine Höhle auf einem der höchsten Andengipfel. Da begann es zu regnen und hörte vier Monate und vier Tage lang nicht mehr auf. Die bösen Menschen ertranken; nur die Brüder mit ihren Familien überlebten und konnten die Erde wiederbevölkern, als die Fluten zurückgingen.

Transport in den Anden

Es ist unter Wissenschaftlern nach wie vor umstritten, wann die ersten Menschen nach Amerika gelangten und wie viele Siedlungswellen es in prähistorischer Zeit gab. Üblicherweise wird ein Zeitraum vor 20 000–17 000 Jahren angegeben, doch mehrere Fachleute haben den Zeitpunkt der ersten Wanderung von Asien nach Nordamerika inzwischen zurückdatiert und vermuten, dass sie vor etwa 40 000 Jahren stattfand. Man weiß, dass schon vor ca. 15 000 Jahren Jäger- und Sammlergruppen in das Andengebiet gelangten. Dort fanden sie die Lamas vor, die mit Sicherheit wegen Fleisch und Häuten gejagt wurden. Im Gegensatz zu den in Nordamerika ausgestorbenen Equiden und Cameliden überlebten die Lamas in den Anden den ersten Kontakt mit dem Menschen. Vor etwa 4000 Jahren wurden die beiden Wildarten Guanako und Vikunja sogar gezähmt und es entstanden die beiden domestizierten Arten der Neuweltkamele: Lama und Alpaka.

Mit der Weiterentwicklung der Andenzivilisation veränderte sich nach und nach auch die Rolle der Lamas. Zuerst dienten die domestizierten Lamas als Lieferanten von Fleisch, Milch, Wolle und Haaren, doch als sich die Kleinstaaten zu Reichen wandelten, wurden Lamas als Lasttiere und auch als Opfertiere immer wichtiger. Das Zentrum des ersten großen Andenimperiums war die Stadt Tiwanaku (Tiahuanaco; ca. 1500 v. Chr. bis 1200 n. Chr.) in der Nähe des Titicacasees (im heutigen Peru und Bolivien). Dort hat man Lamaüberreste als Grabbeigaben gefunden; möglicherweise handelte es sich um Speiseopfer für die Toten. Lamas wurden außerdem als Packtiere eingesetzt, um Handelsgüter und Tribute zwischen der Hauptstadt im Hochland und ihren Küstenprovinzen zu befördern. In späteren präkolumbischen Andenstaaten – das Inkareich war der größte davon – existierte ein ähnliches System.

Die Inka begannen sich im frühen 15. Jahrhundert auszubreiten. Kurz vor der Ankunft der spanischen Konquistadoren (1532) hatte ihr Reich seine größte Ausdehnung. Es erstreckte sich über ein riesiges Gebiet, das im Norden das heutige Ecuador umfasste, Teile von Peru, Bolivien und Chile einschloss und im Süden bis Nordargentinien reichte. Die Hauptstadt lag im Hochland, in Cusco (im heutigen Peru), und war durch ein gut ausgebautes, gepflastertes Straßennetz mit den Gebirgs- und Küstenregionen des Landes verbunden. Die Inka förderten die Lama- und Alpakazucht und hielten im gesamten Reich staatseigene Herden.

In der Inkazeit verzehrte man zwar immer noch frisches oder getrocknetes Lamafleisch, doch die Tiere wurden vor allem als Wolllieferanten und Lasttiere gehalten. Die feinere Vikunja- und Alpakawolle blieb dem Adel vorbehalten, aus der gröberen Lamawolle fertigte man Kleidung für das gemeine Volk. Die langen Grannenhaare der Lamas wurden zu Wandbehängen, Seilen und «Knotenschnüren» *(quipu)* verarbeitet. Letztere waren auf bestimmte Art geknotete, gefärbte Schnüre, die in einer Kultur ohne Schriftsystem dazu dienten, numerische und andere Informationen festzuhalten. Außerdem spielten Lamas in der Inka-Gesellschaft eine wichtige Rolle als rituelle Opfergaben für Götter und Vorfahren.

Nach der spanischen Eroberung ging die Zahl der Lamaherden zurück; die Konquistadoren brachten aus der Alten Welt Nutztiere mit und ebenso Tierseuchen, die viele Lamas umbrachten. Zudem wurden viele Tiere wegen des Fleisches geschlachtet. Als die Eroberer jedoch begannen, die Bodenschätze der Anden zu erschließen, erkannten sie die Vorzüge der Lamas als robuste Packtiere, die auch in großen Höhenlagen schwere Lasten tragen können. Lamas sind nach wie vor ein wichtiger Wirtschaftsfaktor in den Anden; sie werden weltweit als Nutztiere exportiert, als Haustiere gehalten oder als Schutztiere für Schafherden eingesetzt.

Inka-Herde
Bei den präkolumbischen Inka gab es eine große staatseigene Herde, und die Lamahaltung verbreitete sich im gesamten Andengebiet.

Afrikanischer Elefant

Loxodonta africana

Ursprüngliche Verbreitung Afrika

Klasse Säuger

Größe 3–4 m Schulterhöhe

Die Familie der Elefanten war einstmals über ganz Afrika und Eurasien verbreitet. Elefanten haben dem Menschen seit Jahrtausenden als Lasttier, Reittier im Krieg und als Unterhalter im Zirkus gedient, doch heute stehen sie aufgrund von Habitatzerstörung und Wilderei auf der Roten Liste der bedrohten Arten.

✦ Nahrung
✦ Medizin
✦ ***Wirtschaft/Handel***
✦ ***Geschichte/Kultur***

Giganten auf dem Rückzug

Der populäre englische Ausdruck «to avoid the elefant in the room» bedeutet so viel wie «das Offensichtliche leugnen», und das ist ein passender Kommentar zum Schicksal dieser Tiere. Als größter Landsäuger kann sich der Afrikanische Elefant vor seinen menschlichen Jägern kaum verbergen und ist nur schwer zu schützen. Folglich könnte sein Schicksal in Niedergang und Aussterben bestehen. Obschon er seit mehr als 2000 Jahren dem Menschen dient, schrumpfen seine Populationen seit der Antike. Die beiden Gattungen *Loxodonta* (Afrikanischer Elefant und Waldelefant) und *Elephas* (Asiatischer Elefant) waren einst in ganz Afrika mit Ausnahme der Sahararegion bzw. im Nahen Osten bis Syrien, auf dem indischen Subkontinent, in China und ganz Südostasien verbreitet. Heutzutage beschränkt sich die Verbreitung des Asiatischen Elefanten auf West- und Südostasien, jene des Afrikanischen Elefanten auf Afrika südlich der Sahara, wo die Populationen durch Habitatzerstörung und Elfenbeinwilderei bedroht sind.

Der Elefant ist wohl eines der am leichtesten identifizierbaren Tiere der Erde, zum einen wegen seiner eindrucksvollen Größe, zum anderen wegen seines einzigartigen Rüssels (einer Verschmelzung von Nase und Oberlippe) und der Stoßzähne, seiner eigentlichen Schneide- oder Eckzähne. Asiatischer und Afrikanischer Elefant unterscheiden sich in einigen anatomischen Merkmalen: Der Asiat ist kleiner, stärker behaart und hat einen stärker gewölbten Rücken als der Afrikaner; zudem tragen nur die Bullen Stoßzähne, bei den Afrikanern hingegen beide Geschlechter. Der starke Selektionsdruck, den Elfenbeinwilderer auf Afrikanische Elefanten ausüben, führt zum vermehrten Auftreten von Elefanten ohne Stoßzähne. Während zu Beginn des

20. Jahrhunderts nur ein Prozent aller Afrikanischen Elefanten ohne Stoßzähne geboren wurde, sind es heute rund drei Prozent. Da die Stoßzähne zum Graben, zur Verteidigung und bei Rivalenkämpfen eingesetzt werden, könnte es sein, dass sich ihr Verschwinden langfristig negativ auf Lebensweise und Überleben der Tiere auswirkt.

Während Elefantenkühe und Jungtiere sehr soziale Herdentiere sind, sind erwachsene Elefantenbullen in der Regel Einzelgänger. Eine Elefantenherde besteht aus 5–15 verwandten erwachsenen Weibchen mit ihrem Nachwuchs; geführt wird sie vom ältesten Weibchen, der Matriarchin. Die Kühe unterhalten innerhalb ihrer Herde, aber auch zwischen verschiedenen Herden, komplexe soziale Beziehungen. Wenn ein Bulle mit rund 14 Jahren geschlechtsreif wird, verlässt er die mütterliche Herde für immer. Manchmal schließt er sich mit anderen Männchen zu lockeren «Junggesellenverbänden» zusammen oder lebt zeitweilig auch ganz allein. Während Elefantenkühe jedes Jahr ein paar Tage lang «heiß» sind, erleben Bullen in periodischen Abständen eine Phase intensiver sexueller Erregung, Musth genannt; dann werden sie extrem aggressiv, greifen jedes andere Männchen an, dem sie begegnen, und versuchen, sich mit jedem empfängnisbereiten Weibchen in Reichweite zu paaren. In der Musth werden selbst domestizierte Elefantenbullen außerordentlich gefährlich und unberechenbar.

Schwerstarbeit
Wegen seiner großen Kraft ist der Elefant (hier ein Asiatischer Elefant) ein ideales Zugtier.

Wie bei anderen weitverbreiteten Arten herrscht kein Konsens darüber, wann und wo genau Elefanten erstmals domestiziert wurden. Der gegenwärtigen archäologischen Forschung zufolge sind die drei besten Kandidaten die Shang-Dynastie in China (1600–1100 v. Chr.), das antike

Zeit für ein Bad
Geleitet von einer Matriarchin, zeigt eine Herde Afrikanischer Elefanten komplexe Sozialverhaltensweisen; die Mitglieder einer Herde bauen untereinander langfristige Beziehungen auf.

Todesstrafe
Manche Kulturen haben Elefanten bei Exekutionen eingesetzt. Abgebildet ist ein Mann in Sri Lanka, der von einem Elefanten zerquetscht wird.

An Execution by an Eliphant.

Mesopotamien, wo ein Rollsiegel aus der Zeit um 2500 v. Chr. offenbar einen domestizierten Elefanten zeigt, und die Industal-Zivilisation (3300–1300 v. Chr.) im heutigen Pakistan. Das Industal und die Stadtstaaten im südlichen Mesopotamien waren durch wichtige Handelsbeziehungen verbunden; daher ist es möglich, dass die Domestikation des Elefanten in Indien begann und sich von dort aus in den Nahen Osten und nach Nordafrika ausbreitete. Die südlich der Sahara lebenden, größeren und wilderen Elefanten wurden in der Antike nicht domestiziert, doch die antiken Völker in Ägypten, Numidien, Kush (am oberen Nil) und Karthago zähmten den kleineren, heute ausgestorbenen Nordafrikanischen Elefanten.

Die Panzer der Antike

Wie heute in Asien, sind Elefanten in der Antike wahrscheinlich bei Zeremonien und für Transporte, in der Landwirtschaft und im Gewerbe eingesetzt worden, doch ihre wichtigste Rolle war der Einsatz im Krieg, sei es für die Logistik oder auf dem Schlachtfeld. Der Kriegselefant war eine Waffenplattform, auf der mehrere Soldaten in einem geschützten, hölzernen Aufbau Platz fanden (in Indien als Howdah bezeichnet). Und auch wenn Elefanten nicht so schnell waren wie Pferde, konnte ein Massenangriff doch eine verheerende Wirkung haben, vor allem dann, wenn die gegnerischen Truppen noch nie zuvor Elefanten gesehen hatten. Während der römischen Invasion von Britannien 43 v. Chr. hat der Anblick eines einzigen Kriegselefanten angeblich eine ganze heimische Armee in die Flucht geschlagen.

Erfahreneren Armeen gegenüber waren Elefanten jedoch nicht immer eine derart eindrucksvolle Waffe. Sie gerieten leicht in Panik, wenn sie mit Feuer angegriffen wurden oder ihr Führer, der *Mahout*, getötet wurde. Ein verletzter oder in Panik geratener Elefant konnte Amok laufen und ebenso viele eigene Soldaten wie Feinde töten. Obwohl Elefanten sprichwörtliche Dickhäuter sind, ließen sie sich mit Speeren und Pfeilen in ihre ungeschützten Flanken und die Bauchregion töten. Auch mithilfe schwerer Wurfmaschinen wie Katapulten und Ballisten konnte man sie verletzen.

Die erste überlieferte Konfrontation zwischen westlichen Truppen und Kriegselefanten fand in der Schlacht von Gaugamela (331 v. Chr.) statt. Dort standen sich die Armee von Alexander dem Großen (356–323 v. Chr.), König von Makedonien, und die persische Armee unter Darius III. (ca. 380–330 v. Chr.) gegenüber; letztere verfügte über 15 asiatische Kriegselefanten. Trotz der anfänglichen Panik, die diese fremdartigen Tiere hervorriefen, gelang Alexander ein entscheidender Sieg, der ihm die Herrschaft über ganz Persien einbrachte. Nach Gaugamela übernahm er die erbeuteten Elefanten in seine eigene Armee. Als Alexander den indischen Subkontinent erreichte, stieß er auf Armeen, die mit viel mehr Kriegselefanten aufwarten konnten als die Perser. In der Schlacht am Hydaspes-Fluss (326 v. Chr.) sahen sich seine Infanterie und Kavallerie rund 100 Kriegselefanten gegenüber. Obwohl Alexander siegte, kehrte er um, statt sich mit mächtigeren indischen Herrschern anzulegen, die Tausende von Kriegselefanten befehligten. Auch wenn die Präsenz von Kriegselefanten nur *ein* Grund für Alexanders Entscheidung zum Rückzug war, ist es interessant zu spekulieren, wie sich die Weltgeschichte entwickelt hätte, wenn es diese Elefanten nicht gegeben hätte und ganz Nordindien unter hellenistische Herrschaft gefallen wäre.

Während der römischen Republik (509–27 v. Chr.) sah sich die aufkommende Großmacht zwei Feinden gegenüber, die Kriegselefanten mit verheerender Wirkung einsetzten: dem griechischen Königreich Epirus und dem nordafrikanischen Karthago. Im 3. Jahrhundert v. Chr. standen der südliche Teil von Italien und Sizilien nicht unter römischer Herrschaft. Die Region in Süditalien, als Magna Graecia bekannt, war ein lockerer Zusammenschluss unabhängiger griechischer Stadtstaaten, Sizilien war zwischen Griechen und Karthagern geteilt. Als im Jahr 280 v. Chr. ein Streit zwi-

Königliches Reittier
In Indien und Südostasien dienen Elefanten bei Zeremonien als Reittiere von Königen und Prinzen.

Publikumsmagneten
Im 19. Jahrhundert wurden Elefanten in großer Zahl importiert, um im Zirkus vorgeführt oder im Zoo gezeigt zu werden.

schen dem griechischen Tarent und Rom ausbrach, wandten sich die Tarentiner an Pyrrhus von Epirus (ca. 319–272 v. Chr.) und baten ihn um Hilfe. Pyrrhus fiel mit einer großen Armee in Süditalien ein, dabei führte er 20 Kriegselefanten mit sich, die ihm vom ägyptischen Herrscher Ptolemäus II. zur Verfügung gestellt worden waren. Fünf Jahre lang kämpfte Pyrrhus in Italien gegen die Römer und in Sizilien gegen die Karthager. Obwohl er im Allgemeinen erfolgreich war, waren seine Siege so teuer erkauft und seine Armee so erschöpft und dezimiert, dass er Italien 275 v. Chr. für immer verließ. An Pyrrhus' fehlgeschlagenen Italienfeldzug erinnert noch heute der sprichwörtliche «Pyrrhussieg», der einen kostspieligen Erfolg beschreibt, welcher letztlich zum Scheitern verurteilt ist.

Jumbo-Grösse

✦

Im 19. Jahrhundert wurden Hunderte von Elefanten nach Europa und Nordamerika importiert, um im Zirkus aufzutreten. Der berühmteste von ihnen war Jumbo (1861–1885), ein großer Afrikanischer Elefant. Er kam als Jungtier in den Zoo von Paris und gelangte 1865 in den Londoner Zoo, wo er den Namen Jumbo erhielt. 1882 wurde er an einen amerikanischen Schausteller verkauft. In den USA erwartete Jumbo jedoch kein glückliches Schicksal. Zwar löste er große Begeisterung aus, als er 1885 in New York im Madison Square Garden ausgestellt wurde, doch kurz darauf wurde er von einer Lokomotive getötet, als er im kanadischen Ontario die Gleise überquerte. Aber noch heute erinnern wir uns an den Riesen Jumbo und gebrauchen seinen Namen, wenn wir etwas «Übergroßes» bezeichnen wollen.

Nachdem die Griechen in Süditalien unterworfen worden waren, musste Rom einen weiteren Feind besiegen, bevor es sich zum Herrscher über das westliche Mittelmeer ausrufen konnte: das mächtige Handelsimperium von Karthago. Karthago herrschte damals über ein Reich, das sich von Spanien im Westen bis an die Grenzen des ptolemäischen Ägypten im Osten erstreckte und die Balearen sowie Teile von Sizilien und Sardinien einschloss. Der Konflikt zwischen Rom und Karthago führte zwischen 264 und 146 v. Chr. zu drei Kriegen. Im Zweiten Punischen Krieg (218–201 v. Chr.), als Karthagos bedeutendster General, Hannibal (248–ca. 183 v. Chr.), seine Armee samt mehrerer Dutzend Kriegselefanten von Iberien (Spanien) durch das südliche Gallien (Frankreich) und über die Alpen nach Norditalien führte, stand Roms Überleben auf dem Spiel. Obgleich Hannibal die Römer überraschte und mehrere bedeutende Siege errang, hatte er in Italien nicht mehr Erfolg als Pyrrhus sechs Jahrzehnte zuvor. Er musste sich zurückziehen und wurde in der Nähe von Karthago bei der Schlacht von Zama (202 v. Chr.) geschlagen, obwohl er 80 Kriegselefanten gegen die römische Armee einsetzte.

Während Kriegselefanten in der westlichen Welt im 1. Jahrhundert n. Chr. verschwanden, wurden sie in Teilen Asiens bis ins 19. Jahrhundert verwendet. In Indien wurden sie im 18. Jahrhundert von einheimischen Herrschern bei ihrem Kampf gegen die Briten eingesetzt. In Südostasien machten die Khmer des 12. Jahrhunderts, die Erbauer der Tempelanlagen von Angkor Wat (heute Kambodscha), und ihre Nachfolgestaaten, Burma (heute Myanmar) und Siam (heute Thailand), intensiven Gebrauch von Kriegselefanten. Der letzte belegte Einsatz von Kriegselefanten in der Region erfolgte gegen Ende des 19. Jahrhunderts in Indochina (heute Laos, Kambodscha und Vietnam), als die Vietnamesen sie bei ihrem Kampf gegen die Franzosen verwendeten. Wie Pferd und Kamel wurde der Kriegselefant im 20. Jahrhundert durch motorisierte Fahrzeuge ersetzt.

Ein Kunststoff der Natur

Neben seiner Funktion als Kriegswaffe und Unterhalter im Zirkus spielt der Elefant eine weitaus unseligere Rolle in der menschlichen Geschichte, denn er ist der Hauptlieferant von Elfenbein. Das weiche und helle Material war ein ideales Material für Künstler, die daraus wunderbare Statuen, Reliefs, Schmuck und kleine Kunstobjekte wie Dosen, Pfeifen oder Siegel schnitzten. Zudem wurde vor der Erfindung von Kunststoffen eine breite Palette von Dingen aus Elfenbein hergestellt, darunter Billardkugeln und Klaviertasten. Obgleich es inzwischen überall synthetischen Ersatz für Elfenbein gibt, geht der illegale Handel mit gewildertem Elfenbein weiter, um die Nachfrage in Ostasien zu decken; dadurch ist das Überleben von Afrikanischen wie Asiatischen Elefanten bedroht.

Aufgrund des Zusammenbruchs der Elefantenpopulationen in den 1980er-Jahren beschloss die internationale Artenschutzkonferenz CITES 1989 das erste Moratorium für den Elfenbeinhandel und verbot den Handel mit dem «weißen Gold». Dieses Verbot wurde jedoch von kriminellen Banden unterlaufen und 2002 teilweise aufgehoben, damit mehrere Länder im südlichen Afrika ihre Vorräte an konfisziertem Elfenbein verkaufen konnten. Artenschützer meinen, dies sei ein Rückschritt gewesen, da jede Lockerung des Verbots Kriminelle nur dazu ermutige, ihre illegalen Vorräte durch Einschleusen in legale Kanäle zu «waschen». Neben der Wilderei ist das Überleben von Elefanten auch durch die Habitatzerstörung bedroht, vor allem in Asien, wo das Bevölkerungswachstum zur Vernichtung großer Waldgebiete, sei es durch Holzeinschlag oder Ackerbau, geführt hat.

Bedroht
In der modernen Welt ist die größte Bedrohung für das Überleben von Elefanten die Elfenbein-Wilderei.

Regenwurm

Lumbricus terrestris

Ursprüngliche Verbreitung Europa

Klasse Gürtelwürmer

Größe 9–30 cm

✦ Nahrung
✦ Medizin
✦ Wirtschaft/Handel
✦ ***Geschichte/Kultur***

Der unscheinbare Regenwurm ist für unsere Biosphäre unverzichtbar, denn er erhöht die Produktivität unserer Äcker und Viehweiden und hat das Schicksal der Menschheit seit dem Beginn der Landwirtschaft positiv beeinflusst.

«Eingeweide der Erde»

Mancher Leser wird sich wundern, den Gemeinen Regenwurm oder Tauwurm in diesem Buch zu finden. Doch wie Charles Darwin erkannte, als er sich gegen Ende seines Lebens intensiv mit Regenwürmern befasste, spielen sie für das terrestrische Ökosystem eine essenzielle Rolle. Bereits Aristoteles (384–322 v. Chr.) bezeichnete sie als «Eingeweide der Erde», und Darwin schrieb: «Wenn wir eine weite mit Rasen bedeckte Fläche betrachten, so müssen wir dessen eingedenk sein, dass ihre Glätte, auf welcher ihre Schönheit in einem so hohen Grade beruht, hauptsächlich dem zuzuschreiben ist, dass alle die Ungleichheiten langsam von den Regenwürmern ausgeebnet worden sind. […] Der Pflug ist eine der allerältesten und wertvollsten Erfindungen des Menschen; aber schon lange, ehe er existierte, wurde das Land durch Regenwürmer regelmäßig gepflügt und wird fortdauernd noch immer gepflügt. Man kann wohl bezweifeln, ob es noch viele andere Tiere gibt, welche eine so bedeutende Rolle in der Geschichte der Erde gespielt haben, wie diese niedrig organisierten Geschöpfe.»

Regenwürmer sind wie die Blutegel Ringelwürmer. Der im Querschnitt runde Körper besteht aus 100 Segmenten und besitzt fünf paarige Herzstrukturen, die das Blut durch den Körper pumpen, sowie ein primitives Gehirn; dies alles befindet sich in der Nähe des «Kopfes», der dicker und dunkler als der «Schwanz» ist. Regenwürmer besitzen weder Augen noch Ohren, reagieren aber auf Licht und Erschütterungen. Wie bei anderen Gürtelwürmern befindet sich etwa dort, wo das vordere Körperdrittel endet, ein gürtelförmiges Clitellum, das bei der Begattung eine Rolle spielt. Regenwürmer sind Zwitter, die Paarung findet zwischen zwei beliebigen Individuen statt. Dabei legen sie sich gegenläufig eng nebeneinander, tauschen ihr Sperma aus und speichern dieses, was zwei bis drei Stunden dauern kann. Nach der Trennung bildet jeder Wurm am Clitellum einen Ei-Kokon, in den er beim Herausgleiten seine Eier und die gespeicherten Spermien des anderen Wurms abgibt. Die frisch geschlüpften Regenwürmer sehen

wie die erwachsenen Würmer aus, doch ohne die Sexualorgane, die sich innerhalb von 2–3 Monaten entwickeln. Regenwürmer werden in freier Natur etwa drei Jahre alt, in Gefangenschaft gab es sogar bis zu zehn Jahre alte Tiere.

Regenwürmer – auf einen Hektar kommen bis zu 2,5 Millionen Individuen – leben in unterirdischen, bis zu 1,8 m tiefen Gängen. Sie kommen nachts an die Oberfläche, um organisches Material zu fressen. Regenwürmer wirken sich in mehrfacher Hinsicht günstig auf die Bodenfruchtbarkeit aus: Während sie sich durch das Erdreich wühlen, schaffen sie Gänge, die für eine lockere Bodenstruktur sorgen und den Zutritt von Luft und Wasser ermöglichen. Im Zuge der Nahrungsaufnahme verfrachten sie organisches Material in tiefere Bodenschichten, sodass der Humusgehalt und die Bodenfruchtbarkeit zunehmen. Regenwürmer reichern den Boden aber nicht nur mit den organischen Humuspartikeln an, sondern nehmen auch anorganische (mineralische) Bodenbestandteile auf. Beides wird durchmischt und mit dem Regenwurmkot wieder ausgeschieden. Bei der Untersuchung von Regenwurmkot zeigte sich, dass dieser mehr Nährstoffe enthält als der umgebende Boden. Der Regenwurm steht weit unten in der Nahrungskette und ist selbst eine wichtige Nahrungsquelle für viele andere Tiere.

Erdbewegungen
Im Zuge seines unterirdischen Grabens verbessert der Regenwurm die Durchlüftung und Fruchtbarkeit des Bodens.

Zwischenmahlzeit
Regenwürmer sind ihrerseits selbst eine wichtige Nahrung für viele andere Tierarten in Feld und Garten – hier ein Rotkehlchen.

Der kleine, meist verborgen lebende Regenwurm wird von den meisten Menschen ignoriert, doch er spielt eine Schlüsselrolle, denn er erhält Gesundheit und Funktion der terrestrischen Biosphäre, ohne die ein Leben auf der Erde unmöglich wäre. Wenn die Regenwürmer den Kreislauf von organischem und anorganischem Material nicht ständig in Gang halten würden, wären unsere Äcker, Wiesen und Weiden und die auf sie angewiesenen Pflanzenfresser nicht annähernd so produktiv.

Spanische Fliege

Lytta vesicatoria

Ursprüngliche Verbreitung Südeuropa und Zentralasien

Klasse Insekten

Größe 15–22 mm lang

- Nahrung
- ***Medizin***
- Wirtschaft/Handel
- Geschichte/Kultur

Dieser Eintrag über die Spanische Fliege beleuchtet die leichteren und dunkleren Seiten des Lebens, denn der zermahlene Käfer wurde – und wird gelegentlich heute noch – als Aphrodisiakum und als Gift benutzt.

Ladykiller

Der Mensch sucht seit jeher nach Mitteln zur sexuellen Stimulierung und Erhöhung seiner Potenz; dabei galten und gelten etliche Pflanzen und Tiere (oder Teile davon) als wirksam: von Austern und Sellerie bis zu den Hörnern des Nashorns oder Tigerpenissen. Mehrere Mittel stammen von Tierarten, die als besonders männlich gelten, wie Nashorn und Tiger; bei anderen erinnert die Form an Geschlechtsorgane, wie bei Austern und Sellerie. Bei wissenschaftlichen Untersuchungen traditioneller Aphrodisiaka zeigte sich, dass die Wirkung (meist) eingebildet ist. Es handelt sich also um Placebos. In wenigen Fällen kann das angebliche Aphrodisiakum jedoch eine messbare Reaktion im Körper auslösen – allerdings nicht immer die vom Anwender erwünschte. Dem getrockneten und zermahlenen Körper der sogenannten Spanischen Fliege wurden einst aphrodisierende Eigenschaften zugeschrieben, doch unglücklicherweise ist das Insekt gleichzeitig extrem giftig und kann bei Einnahme einer hohen Dosis tödlich wirken.

Die Spanische Fliege ist allerdings keine Fliege, sondern ein hübscher, metallisch grünblau gefärbter Käfer, der in Süd- und Mitteleuropa wie auch in Zentralasien vorkommt und auf Sträuchern und Bäumen wie Esche, Holunder und Liguster lebt. Die Käferlarven parasitieren auf Wildbienenarten: die Larve klettert auf Blüten, wartet dort auf eine Wildbiene und reitet mit ihr «huckepack» ins Wildbienennest. Dort ernährt sie sich von Bienenlarven und den Futtervorräten des Wirts.

Die Spanische Fliege gehört zur großen Familie der Ölkäfer (auch als Blasen- oder Pflasterkäfer bekannt), die ein Wehrsekret absondern, das Cantharidin enthält. Cantharidin dient dem Käfer und seinen Eiern als Schutz vor Fressfeinden; beim Menschen führt es bei Hautkontakt zu Reizung und Blasenbildung und gilt auch heute noch aufgrund der Reizwirkung als erektionsförderndes Aphrodisiakum. Doch die erwünschte Potenzsteigerung

Schillernd
Wie so oft bei Insekten soll die lebhafte Färbung vor der Giftigkeit der Spanischen Fliege warnen.

Natürliches Viagra
Die Spanische Fliege enthält ein Gift, das die Harnwege stark reizt, daher ihre erektionsfördernde Wirkung.

entfacht zwar möglicherweise die Leidenschaft der Partnerin, kann sich aber für den Mann als fatal erweisen, da Cantharidin nicht nur reizend, sondern auch hochgiftig ist. Zudem kann es zu außerordentlich schmerzhaften Dauererektionen kommen (Priapismus).

Ein besonders berüchtigter Fall, bei dem es um die Spanische Fliege als Aphrodisiakum ging, betrifft den Marquis de Sade (1740–1814). Zu einer Zeit, als die Sexualität streng durch Staat und Kirche kontrolliert wurde, führten seine unkonventionellen sexuellen Vorlieben dazu, dass er wegen Unmoral, Blasphemie und Unzucht angeklagt wurde. Als de Sade sich 1772 in Marseille aufhielt, beschuldigten ihn mehrere Prostituierte, die er für eine Orgie engagiert hatte, er habe ihnen Anisbonbons gegeben, die pulverisierte Spanische Fliege enthielten. De Sade verließ Frankreich fluchtartig und wurde in Abwesenheit wegen versuchter Vergiftung und Unzucht zum Tode verurteilt. Später wurde er begnadigt und kehrte nach Frankreich zurück, doch er geriet immer wieder in Schwierigkeiten mit der Obrigkeit. Schließlich starb er in einer Irrenanstalt.

Die toxischen Eigenschaften der Spanischen Fliege wurden auch von denen bemerkt, die ein direktes Vorgehen wählten, um – wie es der Autor Terry Pratchett sagt – «unangenehme Rasierklingen aus der Zuckerwatte des Lebens zu entfernen». Im 17. Jahrhundert gab es in Italien keine Scheidung (höchstens bei Dispens durch den Papst), und so vergifteten unglückliche Ehefrauen ihre Ehemänner mit einer farb- und geruchslosen Flüssigkeit namens Aqua Tofana, die möglicherweise Arsen, Blei, Tollkirsche und Spanische Fliege enthielt. Das berüchtigte «Wässerchen» wurde von Guilia Tofana († 1659) hergestellt und sandte vermutlich um die 600 Männer in den frühen Tod.

Pute (Haustruthuhn)

Meleagris gallopavo f. domestica

Ursprüngliche Verbreitung Nord- und Mittelamerika

Klasse Vögel

Größe 1,5–1,8 m Spannweite

Das Truthuhn stand in Amerika schon lange vor der Ankunft der Pilgerväter auf dem Speisezettel. Es wurde zuerst von den Maya in Mittelamerika domestiziert und kam auch bei den Azteken auf den Tisch. Heute gehört Pute zu den wichtigsten Wirtschaftsgeflügelarten; in der angelsächsischen Welt isst man zu Thanksgiving und Weihnachten traditionell einen Truthahn.

✦ ***Nahrung***
✦ Medizin
✦ ***Wirtschaft/Handel***
✦ Geschichte/Kultur

Truthahn-Legenden

Als der Kongress 1782 den Weißkopf-Seeadler zum Nationalvogel der USA wählte (übrigens nach sechsjähriger Debatte), gab es eine Gegenstimme: Benjamin Franklin (1706–1790) schrieb seiner Tochter, der Weißkopf-Seeadler sei eine schlechte Wahl, da er, Franklin, ihn für «moralisch verdorben» halte, denn er stehle seine Nahrung von anderen Greifvögeln. Der Truthahn hingegen sei ein «couragierter Vogel und würde nicht zögern, einen britischen Grenadier zu attackieren, sollte dieser in seinem Rotrock den Stallhof betreten». Leider werden wir nie erfahren, ob Franklin das wirklich ernst meinte, doch die Vorstellung, Air Force One, das Flugzeug des amerikanischen Präsidenten, wäre mit einem kollernden Truthahn samt wehendem Stirnzapfen und Kehllappen geschmückt, ist sehr erheiternd.

Türkei oder Turkey?
Beim englischen Wort *turkey* kann man auf Anhieb nicht sagen, ob das Land Türkei oder der Vogel Truthahn gemeint ist – doch der Neuweltvogel hat mit dem Land in Vorderasien direkt nichts zu tun.

Die Pute ist nach dem Haushuhn das zahlenmäßig häufigste Hausgeflügel der Welt. Nach heutigen archäologischen Erkenntnissen wurden Puten bereits vor mehr als 2000 Jahren gehalten. Pute steht zwar ganzjährig auf der Speisekarte, in den USA und der restlichen angelsächsischen Welt aber vor allem zu Thanksgiving und Weihnachten.

Der Ursprung des Truthuhns liegt in Nord- und Mittelamerika, seine Ahnenliste geht etwa 23 Millionen Jahre zurück. Es ist weitläufig mit den asiatischen Kammhühnern und dem Haushuhn verwandt und weist einen ähnlichen Sexualdimorphismus auf, was Größe und Gefieder angeht. Der Truthahn (Puter) ist größer als die Truthenne; sein prächtiges Federkleid ist lebhafter gefärbt, mit metallischem Schimmer in Rot- und Grüntönen. Ähnlich wie das Bankivahuhn ist die Henne mit ihrem unauffälligen, braunen bis grauen Gefieder bei der Brut gut getarnt. Die Männchen tragen an Kopf und Hals fleischige Auswüchse; besonders auffällig ist der lang herunterhängende Stirnzapfen. Bei Aufregung werden die Auswüchse stärker durchblutet und färben sich rot. Am Laufbein des Männchens sitzt ein scharfer Sporn, der beim Kampf mit anderen Männchen eingesetzt wird. Die schweren Haustruthühner können nur schlecht fliegen, ihre wilden Vettern können jedoch aufbaumen und so Schutz vor Fressfeinden suchen.

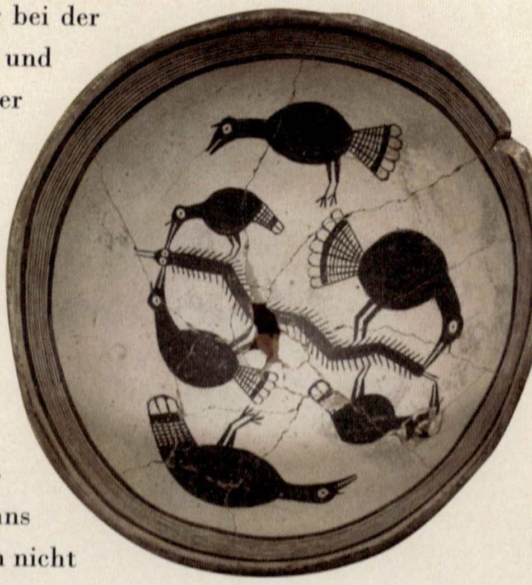

Amerikanischer Ureinwohner
Bereits lange vor der Ankunft der Pilgerväter in Neuengland stand Truthahn auf der Speisekarte der nordamerikanischen Indianer.

Die Namen «Truthahn» und «Pute» bzw. «Puter» gehen wohl auf die kollernden Rufe des Hahns zurück, der englische Name *turkey* leitet sich jedoch nicht direkt von dem gleichnamigen Land, der Türkei, ab. Als die Spanier die ersten Truthühner aus Mexiko nach Europa brachten, dachten die Engländer, es handele sich um eine mit den Perlhühnern verwandte Art. Diese waren als *turkey fowl* oder *turkey cock* bekannt, da sie über die Türkei (das Osmanische Reich) nach Europa importiert wurden, und so wurde der Name ebenfalls für die Truthühner verwendet. Englische Siedler brachten die domestizierten *turkeys* aus Europa wieder zurück nach Nordamerika, ohne zu ahnen, dass sie die Vögel in ihre Heimat reimportierten.

Die frühesten Hinweise auf eine Domestizierung von Truthühnern stammen von archäologischen Stätten der Maya. Für die Azteken in Mexiko war der Truthahn eine wichtige Eiweißquelle, da es dort keine großen Pflanzenfresser als Fleischlieferanten gab. In der indianischen Kultur Nordamerikas diente der Truthahn einerseits als Totem (ein Tier, das verschiedene Stammesgruppen oder Clans verkörpert), andererseits wurden Fleisch und Eier verzehrt und die Federn zu zeremoniellem Kopfschmuck und zu Umhängen verarbeitet.

Nicht nur zur Weihnachtszeit

Nicht jeder stimmt mit George Hesekiel überein, dass wir Amerika für den Truthahn dankbar sein müssen (siehe Zitat S. 132); dennoch ist Pute in der angelsächsischen Welt zum beliebten Festtagsgericht

Truthahn und Sport
Truthahn und Sport – beide aus dem amerikanischen «Turkey Day» nicht wegzudenken.

Die Schokolade, der Truthahn und die Ananas sind die drei Dinge, für die der essende Mensch dem Entdecker von Amerika wirkliche Dankbarkeit schuldet.

George Hesekiel (1819–1874)

geworden, insbesondere an Weihnachten und Thanksgiving. Beim traditionellen «Christmas Lunch» steht der gebratene Truthahn im Mittelpunkt, der mit einer Kastanien- oder Hackfleischfüllung und einer Sauce zubereitet wird. Dazu gibt es Backkartoffeln und traditionelles Wintergemüse wie Rosenkohl und Möhren.

Bei den Briten war der Truthahn recht bald beliebt, denn schon im frühen 16. Jahrhundert tauchte er auf Weihnachtsmenus auf, und zwar bei den Weihnachtsfestivitäten König Heinrichs VIII. Während der folgenden 400 Jahre konkurrierte er mit der Weihnachtsgans um den ersten Platz und wurde in der spätviktorianischen Zeit zum Lieblingsgericht. Die Tradition des «Christmas Turkey» gelangte aus England in die restliche angelsächsische Welt, und so wird er an Weihnachten heute an den verschneiten Ufern des Sankt-Lorenz-Stroms, aber auch bei Barbecues an den Sonnenstränden von Sydney und Auckland serviert.

Weihnachtsvogel
Im 19. Jahrhundert wurde die Weihnachtsgans in Großbritannien durch den Truthahn ersetzt, und dieses Festtagsgericht setzte sich in der gesamten angelsächsischen Welt durch.

Der zweite Festtag, bei dem Truthahn im Mittelpunkt steht, ist Thanksgiving, das in den USA am vierten Donnerstag im November gefeiert wird. Das erste Thanksgiving fand entweder 1619 in Virginia oder – und dies ist wahrscheinlicher – 1621 in Plymouth (Massachusetts) statt. Nach vielen Abenteuern und mehreren Fehllandungen gingen die Pilgerväter der *Mayflower* am 21. Dezember 1620 in Plymouth Rock an Land, hatten jedoch nicht genügend Vorräte, um den ersten Winter in Neuengland zu überleben. Die Siedler wären sicherlich verhungert, wenn ihnen nicht zwei Indianer geholfen hätten: Squanto (etwa 1580–1622) und Massasoit (oder Wasamegin, etwa 1581–1661), Anführer der Wampanoag-Konföderation. Squanto gehörte zum Stamm der Patuxet, einem Unterstamm der Wampanoag, und war 1614 von britischen Seeleuten gekidnappt und nach Europa verschleppt worden. Die Seeleute wollten ihn als Sklaven nach Spanien verkaufen, doch er wurde gerettet, gelangte nach London und lernte Englisch. 1619 kehrte Squanto in seine Heimat zurück, musste aber feststellen, dass ein Großteil seines Stamms und viele Wampanoag tot waren – sie waren Krankheiten erlegen, welche die Europäer eingeschleppt hatten und gegen die sie keine Abwehrkräfte besaßen. Er brachte den Siedlern bei, wie man Aale fängt, Schalentiere findet und Mais, das Grundnahrungsmittel der Indianer, anbaut. Fast noch wichtiger war, dass er als Übersetzer bei den Verhandlungen mit den Wampanoag half. Massasoit unterzeichnete ein Friedensabkommen mit den Pilgervätern und versorgte sie im ersten Winter mit Lebensmitteln. Seine Hilfe war von Erfolg gekrönt, die Pilgerväter überlebten.

Lieblingsvogel Schmackhaftes, dabei fettarmes Fleisch – Pute ist in der modernen Geflügelproduktion fast so beliebt wie Hähnchen.

Nach ihrer ersten erfolgreichen Ernte feierten die Pilgerväter im Spätsommer oder Herbst 1621 drei Tage lang und luden dazu 90 Indianer als Gäste ein. Dies gilt heute als das erste Thanksgiving, doch das damalige Fest glich eher einem traditionellen englischen Erntedankfest. Das Menu des modernen Thanksgiving erinnert an die Speisen, die 1621 in Plymouth serviert wurden. Das Fest ist auch als «Turkey Day» bekannt, da Truthahn als Hauptgang serviert wird. Dazu wird eine Füllung aufgetischt und Kartoffelpüree mit Sauce, Süßkartoffeln, Cranberry-Sauce, Maiskolben und Kürbispüree gereicht, zum Nachtisch gibt es Pumpkin-Pie. Typisch für das Menu ist die Kombination regionaler Zutaten mit europäischer Zubereitungsweise – echte Fusionsküche. Thanksgiving und der Truthahn stehen auch heute für traditionelles amerikanisches Familienleben und überlieferte Werte. In mancher Weise hatte Benjamin Franklin recht, als er den Truthahn zum amerikanischen Wappenvogel vorschlug – nicht wegen dessen vorbildlicher Moral und Courage, sondern weil der Truthahn die Schaffung einer neuen nationalen Identität symbolisierte, die ihre Wurzeln in Europa, aber ihre Zukunft definitiv in der Neuen Welt gefunden hatte.

Jamie Olivers Kampagne

✦

Jamie Oliver startete 2005 eine Kampagne für ein gesünderes Schulessen, die als Fernsehshow «Jamie's School Dinners» ein Quotenhit war. Angeprangert wurden insbesondere Massenprodukte mit hohem Gehalt an Zucker, Salz und Transfetten, künstlichen Farbstoffen und Aromen. Die «Schulessen-Debatte» konzentrierte sich schließlich vor allem auf den «Turkey Twizzler», ein «Formfleisch»-Putenprodukt. Nach der Fernsehshow strichen Schulkantinen und Catering-Betriebe das Gericht vom Speiseplan, sodass der Hersteller den Turkey Twizzler aufgrund von umsatzeinbrüchen und negativer Presse schließlich vom Markt nahm.

Brillenschlange

Naja naja

Ursprüngliche Verbreitung Indischer Subkontinent

Klasse Reptilien

Größe 1,8–2,4 m

- ✦ Nahrung
- ✦ Medizin
- ✦ Wirtschaft/Handel
- ✦ ***Geschichte/Kultur***

Während die Schlange in der jüdisch-christlichen und islamischen Mythologie ein Symbol des Bösen ist, wird die Kobra im Hinduismus als eigenständige Göttin verehrt, und kobraähnliche Geschöpfe, Nagas genannt, spielen in vielen hinduistischen Mythen und Legenden eine wichtige Rolle.

Eine kurzsichtige Schlange

Wie Löwe und Adler in unserem Kulturkreis ist die Brillenschlange ein Tier von enormer Symbolkraft für die beiden wichtigsten Religionen des indischen Subkontinents, Hinduismus und Buddhismus.

Die Brillenschlange, die auch als Südasiatische Kobra bekannt ist, verdankt ihren Namen einer auffälligen Zeichnung auf der Rückseite ihrer gespreizten Haube, die an eine Brille erinnert. Wenn die Brillenschlange ihre auffällige Haube spreizt, erscheint sie Fressfeinden gegenüber größer. Ungewöhnlich ist auch, dass die Kobra sich aufrichten und ihren Körper senkrecht in die Höhe strecken kann, was potenzielle Feinde ebenfalls einschüchtern soll.

Brillenschlangen ernähren sich von Kleinsäugern, Amphibien, Vögeln und auch von anderen Reptilien. Ihre Vorliebe für Ratten und Mäuse bringt sie in Kontakt mit menschlichen Siedlungen, was die hohe Zahl von Todesfällen aufgrund von Kobrabissen in Indien erklärt. Kobragift ist ein starkes Neurotoxin, das unbehandelt in weniger als einer Stunde zu Muskellähmung und Tod durch Ersticken oder Herzversagen führt. Im Frühjahr und im Sommer legen Brillenschlangenweibchen 10–30 Eier in Rattenlöcher, Termitenhügel oder hohle Bäume. Aus den Eiern schlüpfen nach 50–70 Tagen die Jungschlangen, die zu diesem Zeitpunkt etwa 20–30 cm lang sind und genau wie ihre Eltern aussehen; auch ihre Giftdrüsen sind schon voll funktionsfähig.

Selbstverteidigung
Die auffällige Haube der Brillenschlange oder Südafrikanischen Kobra ist ein visuelles Warnsignal für Fressfeinde.

Gut und Böse

Während die Schlange in der jüdisch-christlichen und islamischen Mythologie ein Symbol des Bösen ist und mit dem Teufel in Verbindung gebracht wird, haben die Menschen in Indien und Südostasien eine deutlich komplexere Beziehung zu Brillenschlangen, die mit einer mythischen Rasse von Geschöpfen, den Nagas, gleichgesetzt werden. In der indischen Hindu-Tradition sind Nagas Naturgeister, die in Quellen, Brunnen und Flüssen leben. Sie bringen Regen und damit Fruchtbarkeit, können aber auch Überflutungen oder Dürren auslösen. Obschon Brillenschlangen in Südindien auf dem Land zu den alltäglichen Risiken gehören, werden sie dennoch in häuslichen Ritualen und jährlichen Festveranstaltungen verehrt. In manchen Gebieten, wo die Menschen glauben, von Nagas abzustammen, würde niemand eine Brillenschlange töten, und eine tote Schlange wird wie ein Mensch bestattet.

Legendär
Indische Sagen und Legenden nehmen häufig Bezug auf Kobras, sei es als Kräfte des Guten oder des Bösen.

Nagas tauchen in mehreren Episoden des großen hinduistischen Epos «Mahabharata» auf, wo sie an manchen Stellen als bösartige «Verfolger aller Geschöpfe» dargestellt werden, an anderen hingegen als Kräfte des Guten. Eines der Kapitel erklärt die bittere Feindschaft zwischen den Nagas und Garuda, einer Hindu-Gottheit, halb Mensch, halb Adler. Die Nagas und Garuda waren Halbgeschwister, sie hatten denselben Vater, den weisen Kasyapa. Er hatte zwei Frauen: Kadru, die sich viele Nachkommen wünschte, und Vinata, die sich nur ein paar sehr mächtige Kinder wünschte. Kadru legte 1000 Eier, aus denen die Nagas schlüpften. Vinata gebar zwei Söhne, den Lenker des Sonnenwagens, Surya, und den geflügelten Garuda. In einem erzählerischen Kunstgriff, wie er für Hindu-Epen typisch ist, geht Vinata eine Wette mit Kadru ein, die sie verliert, wodurch sie zu Kadrus Sklavin wird. Daher muss auch Garuda Kadrus Naga-Kindern gehorchen. Um sich aus dieser Bindung zu befreien, verspricht er, den Göttern das Elixier der Unsterblichkeit, *amrita* genannt, zu stehlen. Er schlägt die Götter im Kampf und nimmt ihnen das Elixier ab, doch auf seinem Weg zurück zu den Nagas wird er von den Gottheiten Vishnu und Indra abgefangen, die ihn überreden, sich mit ihnen gegen die Nagas zu verbünden, indem sie ihm Unsterblichkeit versprechen. Garuda liefert das Elixier bei den Schlangen ab und kommt aus der Sklaverei frei, doch er überzeugt sie durch einen Trick zu warten, bevor sie das Elixier trinken. Daraufhin stößt Indra herab und entwendet das Elixier, sodass den Schlangen die Unsterblichkeit versagt bleibt. Von da an herrscht bittere Feindschaft zwischen Garuda und den Schlangen, und wie ein echter Adler verspeist Garuda die Nagas.

In buddhistischen Mythen und Legenden treten Nagas ebenfalls als zauberkräftige Wesen auf. Angeblich bewachen sie den heiligen Berg Meru im Zentrum des Universums und leben auch im Menschenreich. Einigen

Beschützerin
In dieser Darstellung des Gottes Vishnu und seiner Begleiterin Lakshmi agiert die riesige Kobra als gütige Beschützerin.

Legenden zufolge können Nagas menschliche Gestalt annehmen. Eine Geschichte erzählt von einem Naga in Menschengestalt, der Buddha aufsuchte, um von ihm Zugang zum achtfachen Pfad der Erleuchtung zu erbitten. Buddha erklärte dem Naga jedoch, der Pfad stünde nur Menschen offen, daher könne er kein Mönch werden. Er versprach dem Naga aber, dass er im nächsten Leben als Mensch wiedergeboren werde.

Scharlatane

Im Zusammenhang mit Brillenschlangen kommt einem wohl am häufigsten das Klischee der tanzenden Kobra in den Sinn. Angeblich gibt es in Indien immer noch rund eine Million Menschen, die diesen Beruf ausüben. Typischerweise hält der Schlangenbeschwörer seine Schlange in einem Korb, den er an einem öffentlichen Platz auf den Boden stellt, bevor er mit seiner Darbietung beginnt. Er entfernt den Deckel und beginnt ein flötenartiges Instrument zu spielen, *Pungi* genannt. Die Brillenschlange taucht aus dem Korb auf und spreizt ihre Haube – für das Publikum sieht es so aus, als würde sie den Schlangenbeschwörer gleich angreifen. Stattdessen wiegt die Schlange ihren Körper scheinbar im Einklang mit der Musik von der einen Seite zur anderen. Offenbar hypnotisiert, attackiert die Schlange ihren Meister nie, sondern erlaubt ihm sogar, sie auf den Kopf zu küssen und in die Hand zu nehmen.

Schlangentanz
Schlangenbeschwörer «verzaubern» Brillenschlangen nicht mit ihrer Musik, sondern setzen eine Reihe von Tricks ein, um ihre Schlangen unter Kontrolle zu halten.

Die Wirklichkeit der Schlangenbeschwörung ist jedoch ganz anders und für die Schlange ziemlich übel. Brillenschlangen sind von Natur aus scheu und greifen nur an, wenn sie überrascht oder bedroht werden. Wenn der Schlangenbeschwörer den Korb öffnet, wird die dösende Schlange vom plötzlich einfallenden Licht erschreckt, richtet sich auf und spreizt ihre Haube. Möglicherweise stupst der Schlangenbeschwörer die Schlange auch wiederholt mit seiner Pungi an, damit sie aus dem Korb auftaucht. Da Schlangen taub sind, können sie die Musik gar nicht hören. Ihre Körperbewegungen sind lediglich eine Reaktion auf die Bewegungen der Pungi und den Bodenschall, der durch den taktgebenden Fuß des Schlangenbeschwörers hervorgerufen wird. Wenn der Schlangenbeschwörer aufhört zu spielen und mit dem Fuß auf den Boden zu klopfen, faltet die Brillenschlange ihre Haube wieder zusammen und verschwindet langsam wieder im Korb.

Schlangenbeschwörung ist ein Metier, das in Indien vom Vater auf den Sohn vererbt wird, daher sind Schlangenbeschwörer von Kindheit an bestens an den Umgang mit Schlangen gewöhnt. Oft arbeiten sie auch als Schlangenfänger und befreien Häuser von unerwünschten Gästen. Früher traten sie zudem als Heiler auf, verkauften Amulette gegen Schlangenbisse und behandelten sie auch. Schlangenbeschwörer werden nur selten gebissen, doch sie haben mehrere Tricks, mit denen sie sich schützen. Die einfachste Methode ist, sich stets ein wenig außerhalb der Angriffsdistanz der Schlange zu halten. Schlangenbeschwörer greifen aber auch zu weniger ehrenhaften, grausamen Methoden, etwa indem sie der Schlange die Giftzähne entfernen oder ihr teilweise das Maul zunähen, sodass nur die gespaltene Zunge sichtbar ist. Diese Behandlung führt bald zum Tod der Schlange durch Infektionen oder Verhungern.

Die Brillenschlange spielt in der menschlichen Kultur eine zwiespältige Rolle. Als Symbol von Kraft, Schnelligkeit und Macht wird sie verehrt und sogar als Gottheit angebetet, doch im Alltag ist sie wegen ihres tödlichen Giftes gefürchtet und wird oft grausam verfolgt und umgebracht.

Schutzgöttin

✦

Im Archäologischen Museum in Kairo kann man die fantastische, mit Gold und Lapislazuli verzierte Totenmaske von Tutanchamun (1341–1323 v. Chr.) aus nächster Nähe bewundern. Der Kopfschmuck des jungen Königs wird von einem Uräus geziert, einem Doppelwesen aus zwei Tieren: dem Kopf eines Geiers und einer sich aufbäumenden Kobra. Die Schlange repräsentiert die Göttin Wadjet, die Schutzgöttin von Unterägypten und Herrin des Nils. Der Uräus wurde nur von den Göttern und dem Pharao getragen und wurde zum Symbol des ägyptischen Königtums.

Wildkaninchen

Oryctolagus cuniculus

Ursprüngliche Verbreitung Iberische Halbinsel

Klasse Säuger

Größe 20–50 cm

Die Domestikation des Wildkaninchens hatte teils positive, teils negative Folgen für die ganze Welt. Obwohl Hauskaninchen eine wertvolle Eiweißquelle sind, vor allem in Notzeiten wie Kriegen und Wirtschaftskrisen, hatte ihre Einführung in andere Länder, vor allem in Australien, für die Umwelt und die einheimische Tierwelt katastrophale Auswirkungen.

+ ***Nahrung***
+ Medizin
+ ***Wirtschaft/Handel***
+ Geschichte/Kultur

Kaninchenland

Einer umstrittenen linguistischen Theorie zufolge verdankt Spanien seinen Namen einer antiken Fehlbestimmung des europäischen Wildkaninchens. Die Phönizier, die von der Küste der Levante kamen, waren die großen Händler und Entdecker der ersten beiden Jahrtausende vor Christus. Sie ließen sich im westlichen Mittelmeerraum nieder und errichteten ihre bekannteste Kolonie in Karthago (heute Tunesien). Als sie erstmals nach Südspanien vordrangen, stießen sie auf Wildkaninchen, die sie fälschlicherweise für Klippschliefer hielten, kaninchengroße Tiere, die sie aus ihrer Heimat im Nahen Osten kannten. Die Ähnlichkeit ist zwar nur oberflächlich, doch nannten sie das Land *i-shaphanim* («Land der Klippschliefer»), was die Griechen in *Spania* und die Römer in *Hispania* umwandelten.

Das Kaninchen wird kommerziell wegen seines Fleisches und Fells gezüchtet und auch als Nahrung und zu Sportzwecken gejagt. Wie Katzen und Hunden werden Kaninchen zudem als Heimtiere gehalten. Die Fruchtbarkeit von Kaninchen ist sprichwörtlich: Sie pflanzen sich derart rasch fort, dass ihr Bestand durch Fressfeinde oder Jagd kontrolliert werden muss. Leider wurden sie im 19. Jahrhundert in Länder eingeführt, in denen sie keine natürlichen Feinde hatten, und haben sich dort zu einer Landplage entwickelt; sie schädigen die Umwelt und bedrohen die Existenz der heimischen Fauna. Als Gegenmaßnahme infizierte man die Kaninchen mit einer schrecklichen Krankheit, der Myxomatose, die Wild- und Hauskaninchenpopulationen zeitweise dezimierte.

Das europäische Wildkaninchen ist die Stammart aller modernen Hauskaninchenrassen. Es ist kleiner als das Hauskaninchen und im Durchschnitt 34–45 cm lang. In freier Wildbahn leben Kaninchen in Kolonien. Die Weibchen heben Baue als Nistkammern für ihre Jungen aus, die sie durch Tunnel verbinden. In der Morgen- und Abenddämmerung verlassen Kaninchen ihren Bau, um nach Nahrung zu suchen. Kaninchen haben ein komplexes hierarchisches Sozialsystem mit dominanten Männchen und Weibchen. Anders als die kuscheligen Fellbündel in Kinderbüchern können Wildkaninchen außerordentlich aggressiv sein, und Kämpfe zwischen Männchen um die Vorherrschaft führen oft zu ernsthaften Verletzungen, wenn nicht gar zum Tod. Obwohl Kaninchen von Menschen und zahlreichen anderen Feinden gejagt werden, halten sie ihren Bestand oder erhöhen ihn sogar, indem sie ihre Fortpflanzungsrate steigern. Weibchen werden bereits mit 3–4 Monaten geschlechtsreif und können anschließend pro Jahr bis zu sieben Würfe mit jeweils 2–12 Jungen produzieren.

Kaninchenzucht
Die ersten zuverlässigen Belege für Kaninchenzucht datieren bis in die Römerzeit zurück.

Stallhasen

Es gibt keine eindeutigen archäologischen Belege, die zeigen, wann und wo Kaninchen zum ersten Mal domestiziert wurden. Wie andere Pflanzenfresser, die später zu Haustieren wurden, gehörten sie zur Beute unserer Jäger-und-Sammler-Vorfahren, die ihr Fleisch verzehrten und ihren Pelz zu Kleidung verarbeiteten. An den Feuerstellen und in den Siedlungen früher Menschen hat man Kaninchenknochen gefunden, doch es ist ungewiss, ob es sich um erjagte oder gezüchtete Kaninchen handelte. Der erste zuverlässige Beleg für Kaninchenzucht datiert in die Zeit der Römer zurück; damals wurden Kaninchen in großen, ummauerten Gehegen gehalten. Eine selektive Züchtung setzte vermutlich im Mittelalter in Europa ein, und sie führte zu der breiten Palette moderner Kaninchenrassen, die als Fleisch- und Felllieferanten gezüchtet, aber auch als Heimtiere und zu Ausstellungszwecken gehalten werden.

Auch wenn das Kaninchen für die Fleischversorgung niemals dieselbe wirtschaftliche Bedeutung wie Rinder, Schafe und Schweine hatte, ist es in schwierigen Zeiten häufig eine wertvolle Proteinquelle gewesen, denn seine Zucht erfordert nur wenig Platz und Ressourcen. Während der Weltwirtschaftskrise in den USA (1929–1939) und der beiden Weltkriege in Europa wurden Kaninchen als Fleischlieferanten gezüchtet. Auf dem Land jagt man Kaninchen auch heute für ihr Fleisch wie auch zur Schädlingskontrolle.

Kaninchen werden auch wegen ihrer Häute und ihrer Wolle gezüchtet, doch auch in diesem Fall ist die produzierte Menge unbedeutend im Vergleich zum Leder von Rindern oder der Wolle von Schafen. Früher wurden aus Kaninchenhäuten Kleidung und Accessoires hergestellt; heutzutage züchtet man Angorakaninchen wegen ihrer Wolle, die angeblich fünf Mal wärmer hält als Schafswolle. Und schließlich werden Kaninchen in der medizinischen Forschung, zum Beispiel bei der Erprobung neuer Medikamente, eingesetzt.

Schosstiere und Landplage

Seit dem 19. Jahrhundert werden Kaninchen wegen ihrer geringen Größe, ihrer Geselligkeit und ihres Temperaments als Schoßtiere gehalten. Wie Hunde und Katzen werden Kaninchen in der ganzen Welt auf Ausstellungen gezeigt, auf denen die besten Exemplare mit Preisen ausgezeichnet

Bevölkerungsexplosion
In Australien fanden die Kaninchen keine natürlichen Feinde, günstige Klimabedingungen und reichlich Nahrung; so konnte die australische Wildkaninchenpopulation um die Wende zum 20. Jahrhundert 600 Millionen Tiere erreichen.

werden. Ein wettkampfmäßiger Zeitvertreib neueren Datums, der in den 1970ern entstand, sind Kaninchen-Springturniere, die den Springturnieren von Pferden nachempfunden sind. Die Tiere werden von ihrem Besitzer an der Leine geführt und dazu gebracht, auf einem festgelegten Parcours über verschiedene Hindernisse zu springen. Diejenigen Kaninchen, die alle Hindernisse überwinden, erhalten Bestnoten.

Kaninchen in der Literatur
Beatrix Potters «Peter Rabbit»-Geschichten haben Kinder seit ihrer Veröffentlichung 1902 in ihren Bann gezogen.

Das scheinbar so harmlose Kaninchen ist jedoch nicht überall ein willkommener Besucher. Das gilt besonders für Regionen, wo das lokale Ökosystem keine Mechanismen zur natürlichen Bestandskontrolle von Kaninchen besitzt. Im 19. Jahrhundert wurde aus Großbritannien etwa ein Dutzend Wild- und Hauskaninchen nach Victoria im Osten von Australien eingeführt und ausgesetzt. Ohne natürliche Feinde unter den heimischen Beuteltieren, Gras in Hülle und Fülle, dazu Felder mit Nutzpflanzen sowie ein warmes Klima, das eine ganzjährige Fortpflanzung ermöglichte, taten die Kaninchen das, wofür sie berühmt sind. Dank ihrer Vermehrungsfreude gab es zu Beginn des 20. Jahrhunderts in Australien 600 Millionen Kaninchen! Verschiedene Versuche zur Bestandskontrolle, sei es durch Bejagung, Vergiften oder Zäune, um ihre Ausbreitung über den ganzen Kontinent aufzuhalten, schlugen weitgehend fehl.

Die Lösung fand sich ein halbes Jahrhundert später. Damals wurden die wilden Kaninchenpopulationen in Australien mit einem Virus *(Myxomatosis cuniiculi)* infiziert. Die Wirkung setzte augenblicklich ein und war verheerend: Innerhalb weniger Jahre sank die Zahl der Kaninchen von 600 auf 100 Millionen Anfang der 1950er-Jahre wurde das Virus in Europa unabsichtlich freigesetzt und tötete 90–95 Prozent der Kaninchenpopulationen in Frankreich und Großbritannien. Diese Beinahe-Ausrottung des Wildkaninchens in einem Großteil des europäischen Verbreitungsgebiets wirkte sich auch auf seine natürlichen Fressfeinde aus, deren Bestand ebenfalls zurückging. In letzter Zeit steigen die Kaninchenpopulationen in Australien und Europa wieder an, denn die überlebenden Kaninchen besitzen eine genetische Immunität gegen Myxomatose.

«Is' was, Doc?»

✦

Der unbekümmerte, Möhren mümmelnde Trickfilmheld Bugs Bunny, der hinter dem Jäger Elmer Fudd auftaucht und ihn fragt «Eh ... is' was, Doc?», ist wahrscheinlich für viele Stadtkinder das erste Kaninchen, das sie sehen. Tex Averys (1908–1980) Bugs Bunny gehört zu der langen Linie von Kaninchen-Persönlichkeiten, die Generationen von Kindern unterhalten haben. Eine der langlebigsten ist Beatrix Potters (1866–1943) Peter Hase (Peter Rabbit), der seinen ersten Auftritt bereits 1902 hatte. Eine der erfolgreichsten Kaninchengeschichten und wahrscheinlich diejenige, die das Leben dieser Tiere am besten schildert, ist Richard Adams' (geb. 1920) «Unten am Fluss» (1972).

Hausschaf

Ovis orientalis aries

Ursprüngliche Verbreitung Westasien

Klasse Säuger

Größe 60–90 cm Schulterhöhe

✦ **Nahrung**
✦ Medizin
✦ **Wirtschaft/Handel**
✦ **Geschichte/Kultur**

Nach dem Hund war das Schaf die zweite Tierart, die der Mensch domestizierte. Es wurde auf Milch- und Fleischertrag hin gezüchtet, ist aber auch der wichtigste Wolllieferant. In vielen Kulturen bildeten Schafe die wirtschaftliche Grundlage – vom alten Griechenland bis zum modernen Australien –, dazu spielt das Schaf in den Mythen, Ritualen und der Bildsprache vieler Religionen eine Rolle.

Vom Mufflon zum Hausschaf

Historisch gesehen hat das Schaf eine wichtige Rolle gespielt: Es war der erste große Pflanzenfresser, der domestiziert wurde, und unsere Vorfahren lernten dabei, wie man Herdentiere zähmt und gezielt züchtet, statt sie nur als Beutetiere zu jagen. So zog die erfolgreiche Domestikation des Schafs die Domestizierung weiterer Pflanzenfresser nach sich. Schafe liefern dem Menschen aber nicht nur Eiweiß und Fett in Form von Fleisch, sondern auch Milch, die sich aufgrund ihrer Eigenschaften bestens zur Käseherstellung eignet. Allerdings erklären Schaffleisch und Schafsmilch die Bedeutung des Schafs für die Entwicklung der Zivilisation nur teilweise.

Bis ins späte Mittelalter, als Seiden- und Baumwollstoffe in Westeuropa besser erhältlich wurden, trug ein Großteil der Bevölkerung Bekleidung aus Leder, Leinen und Wolle. Zwar können Tierfasern von verschiedenen Tieren wie Ziegen, Kaninchen und Kamelen gewonnen werden. Doch dank der künstlichen Zuchtwahl wurde das Schaf zu der Art, welche die größte Menge an weißer Wolle liefert. Wegen seiner Bedeutung als essbares und kommerziell wichtiges Nutztier erlangte das Schaf in vielen Kulturen auch einen symbolischen Status. Seit dem Altertum wurden Schafe mit göttlichen Wesen assoziiert: In Ägypten wurde der Gott Amun-Re oft als Widder dargestellt. Im Judentum war das Schaf das wichtigste Opfertier, das man Jehova im Tempel von Jerusalem darbrachte; daraus ging die christliche Vorstellung von Jesus Christus als dem für die Sünden der Menschen geopferten «Lamm Gottes» (lat. *Agnus Dei*) hervor.

Alle modernen Hausschafrassen stammen vom Wildschaf oder Mufflon ab, das ursprünglich vom Balkan bis in den Kaukasus verbreitet war. Mufflons unterscheiden sich deutlich von modernen Hausschafrassen: Das kurze, rotbraune Fell besitzt einen typischen schwarzen Streifen, Bauch und untere Beinpartien sind hell. Die Widder und manche Weibchen tragen ein imposantes, schneckenartiges Gehörn. Die Domestizierung des Mufflons begann vermutlich etwa 8500 v. Chr. im Irak oder Iran. Archäologische Funde aus der Region zeigen, dass eine künstliche Zuchtwahl etwa 7000 v. Chr. begann. Bereits 6000 v. Chr. gab es auf der Balkanhalbinsel Hausschafe, sie gelangten binnen weniger Jahrhunderte auch ins westliche Mittelmeergebiet. Schließlich war das Schaf in der Bronzezeit (3300–1200 v. Chr.) in ganz Europa verbreitet und in vielen Kulturen zur Grundlage der Landwirtschaft geworden.

Schwarz und weiss
Mufflons sind braun, doch Hausschafe wurden vor allem auf ein weißes oder auch schwarzes Fell hin gezüchtet.

Auf dem amerikanischen Doppelkontinent wurde das Hausschaf erst durch die Europäer eingeführt: Die Spanier brachten das Merinoschaf im 16. Jahrhundert nach Mittel- und Südamerika, während Briten, Franzosen und Holländer ihre eigenen Schafrassen importierten, als sie sich in Nordamerika niederließen. Schafe spielten auch eine Rolle, als der amerikanische Westen im Lauf des 19. Jahrhunderts besiedelt wurde und man auf den Great Plains auch Schafe einführte; wegen der Land- und Weiderechte kam es zu Auseinandersetzungen zwischen den Schaf- und Rinderzüchtern.

Wie ihre «Cousinen», die Ziegen, gehören Schafe zu den Wiederkäuern, die alle herbivor (pflanzenfressend) sind, doch anders als die Ziegen, die eher als Laubfresser gelten, sind Schafe primär Grasfresser. Durch das Zusammenspiel von Wiederkäuen und Mikroorganismen – sie erschließen die Nahrung im vierkammerigen Magen – können die Nährstoffe der Gräser bestmöglich ausgenutzt werden. Da Schafe soziale Tiere mit starkem Herdentrieb und zudem relativ klein sind, eigneten sie sich bestens zur Domestizierung. Als die Menschen nicht länger als Jäger und Sammler umherstreiften, sondern als sesshafte Bauern bzw. nomadische Hirten lebten, lieferten Schafe in Form von Fleisch und Milch lebenswichtiges Eiweiß. In vielen Teilen der Welt (zum Beispiel in der arabischen Welt, in Indien, Australien, Neuseeland und der Karibik) ist Lamm- und Hammelfleisch nach wie vor sehr beliebt, doch in Europa und den USA ist der Verzehr im Vergleich zu Schweine-, Geflügel- und Rindfleisch zurückgegangen. Schafsmilch enthält mehr Fett und Trockenmasse als Kuhmilch und wird meistens nicht frisch getrunken, sondern vor allem zu Käse und Joghurt verarbeitet. Bekannte Schafskäse sind Feta (Griechenland), Roquefort (Frankreich), Manchego (Spanien) sowie Pecorino (Italien).

Schafwolle
Bei den Tierfasern liegt Schafwolle in der Weltproduktion mit Abstand an erster Stelle.

Allerlei aus Wolle

Die Vorfahren des Hausschafs, die Mufflons, besitzen ein kurzhaariges rotbraunes Fell; bei Hausschafen ist das Vlies dagegen lang, gekräuselt

HANDSPINDEL
Kleidung lässt sich sowohl aus Schaffellen als auch gesponnener Wolle herstellen.

und meistens weiß – allerdings gibt es auch braune, graue, schwarze oder gescheckte Schafrassen. Daraus kann man schließen, dass die Menschen bereits mehrere Jahrtausende v. Chr. begannen, gezielt Schafe mit längerem, hellerem Fell zu züchten («Zuchtwahl»). Der genaue Beginn der Schafzucht ist jedoch unbekannt, da sich Textilstoffe nur unter bestimmten Bedingungen erhalten, zum Beispiel in den sehr trockenen ägyptischen Gräbern oder in sauren Mooren, und es folglich nur wenige alte archäologische Textilfunde gibt. Das älteste Zeugnis für europäische Wollstoffe datiert aus der späten Bronzezeit (ca. 1500 v. Chr.) und wurde in einem dänischen Moor gefunden. Vermutlich wurde Wolle aber bereits viel früher versponnen und der Faden zu Stoffen verwebt.

In der Antike trug man in Griechenland im Sommer wie auch im Winter Wollkleidung. Bei warmem Wetter trugen Männer und Frauen ein kurzes Unterkleid, den Chiton, der bei kalter Witterung durch ein Manteltuch, das Himation, ergänzt wurde. Weben war den Frauen vorbehalten und fand zuhause statt – dies blieb in ganz Europa so, bis die Textilherstellung im 18. Jahrhundert mechanisiert wurde.

Das traditionelle römische Gewand der Antike, die Toga, bestand aus einem 6 m langen Wolltuch und wurde von den männlichen Bürgern über einem leinenen Chiton im griechischen Stil getragen. Ursprünglich handelte es sich bei der Toga um ein umhangähnliches Kleidungsstück der Soldaten, Handwerker und Bauern, das jedoch im Lauf der Zeit länger, weiter und unbequemer wurde und schließlich nur mehr bei Hof oder zu besonderen Gelegenheiten angelegt wurde. Während der Republikanischen Zeit und der Kaiserzeit wurde die Toga auf verschiedene Weise getragen, und die Farbe variierte von schlichtem Weiß bis zu Purpur mit Goldstickerei – so wurden Unterschiede im Alter und Status des Trägers angezeigt. Zur Zeit des Byzantinischen Reichs (4.–15. Jh.) bevorzugte die Elite teure Seiden- und Leinengewänder anstelle von Wolle. Im restlichen Europa trug dagegen der Großteil der Bevölkerung im frühen Mittelalter (ca. 5.–9. Jh.) nach wie vor wollene Kleidung. Allerdings unterschied sich der Kleidungsstil zwischen den stärker romanisierten Gebieten – dort trug man weiterhin eine lange römische Tunika – und den überwiegend von Germanen besiedelten Regionen, wo vor allem kurze Tuniken und Beinlinge üblich waren.

DICKKÖPFIG
Die Wildschafe oder Mufflons besitzen ein eindrucksvolles Gehörn.

Rohwolle und Wolltuche waren vom 12. Jahrhundert an die wichtigsten Handelsgüter und bildeten die Grundlage der Wirtschaft in Europa. Die Hauptzentren der Wollproduktion waren Spanien und England; die wichtigsten Verarbeitungszentren lagen in den Niederlanden (Belgien und heutige Niederlande)

und den norditalienischen Stadtstaaten. Die im Spätmittelalter durch den Wollhandel etablierten Handels- und Finanznetzwerke können als erste Zeichen einer frühkapitalistischen Marktwirtschaft gesehen werden.

Im 18. Jahrhundert wurde Wolle bei der Herstellung vieler Kleidungsstücke durch Baumwolle ersetzt; doch für Oberkleidung, beispielsweise Herrenanzüge und Mäntel, oder für Haushaltstextilien, wie Bettdecken, Teppiche und Möbelstoffe, war Wolle nach wie vor gefragt. Erst als nach dem 2. Weltkrieg synthetische Fasern eingeführt wurden, geriet die Wollindustrie in echte Schwierigkeiten. Durch die sinkende Nachfrage kam es zum Verfall von Preisen und Produktion, sodass viele Farmer in den wichtigen Schafzuchtländern von der Woll- auf die Fleischerzeugung umstellten. Technische Innovationen wie die Entwicklung von maschinenwaschbaren Wollfasern und eine Mode, die erneut Naturfasern bevorzugt, haben in den letzten Jahrzehnten wieder zu einer steigenden Nachfrage nach Wollkleidung geführt.

Hello Dolly

✦

Irgendwie passt es, dass die erste vom Menschen domestizierte und gezielt gezüchtete Pflanzenfresserart auch zur ersten erfolgreich klonierten Säugetierart wurde. Das Schaf Dolly (1996–2003) wurde mit dem Erbmaterial einer adulten Schafs-Euterzelle gezeugt. Es erblickte in Schottland das Licht der Welt und musste schließlich nach fast sieben Jahren wegen schwerer Gesundheitsprobleme eingeschläfert werden. Durch das Klonen von Dolly konnte gezeigt werden, dass sich Säugetiere auch aus adulten Körperzellen und nicht nur aus embryonalen Stammzellen klonieren lassen. Zur Namenswahl bemerkte einer der Wissenschaftler: «Dolly leitet sich aus einer Brustdrüsenzelle her, und uns fiel kein imposanteres Busenpaar ein als das von Dolly Parton.»

Goldenes Lamm

Das Schaf wurde aufgrund seiner großen wirtschaftlichen Bedeutung auch zu einem wichtigen Symbol und fand Eingang in die Mythen, Rituale und Bildsprache vieler Religionen. Im alten Ägypten wurde der Schöpfergott Amun-Re oft als Widder dargestellt. An mehreren Tempelstätten gab es Alleen, die von widderköpfigen Sphinxen gesäumt waren. Die Babylonier (im heutigen Irak), die einst eine der ersten städtischen Zivilisationen errichteten und ausgezeichnete Astronomen waren, fassten Sterne zu Sternbildern und Tierkreiszeichen zusammen und legten den Widder (Aries) als erstes Tierkreiszeichen des Frühlings fest. Im chinesischen Tierkreis, der einen zwölfjährigen Zyklus durchläuft und jedes Jahr mit einem anderen Tier assoziiert, nimmt der Widder die achte Stelle ein.

Das berühmteste Schaf der griechischen Mythologie tritt in der Sage von Jason und dem Goldenen Vlies auf. Jason, der Anführer der Argonauten – einer Gruppe von Helden, zu denen auch Herakles (Herkules) gehörte –, zog mit seinen Begleitern aus, um das sagenhafte Goldene Vlies aus dem Königreich Kolchis (im heutigen Georgien an der Schwarzmeerküste) in seinen Besitz zu bringen. Nach vielen Abenteuern gelangte Jason schließlich nach Kolchis und traf dort auf einen äußerst misstrauischen Herrscher. Doch mit der Hilfe der Königstochter Medea konnte Jason den

Drachen besiegen, der das Goldene Vlies bewachte, den Kriegern des Königs entfliehen und das Vlies wie auch Medea zurück nach Griechenland bringen. Hintergrund der Sage könnte sein, dass man in Kolchis Lammfelle benutzte, um Gold aus den Bächen und Flüssen zu sieben. Damit ginge es in der Sage nicht um die edle Suche nach einem göttlichen Gegenstand, sondern um die mythologisch verbrämte Erzählung eines antiken griechischen Raubzugs.

Goldsucher
Die Sage vom Goldenen Vlies bezieht sich auf die Goldwäscherei im antiken Kolchis (heute Georgien), dort siebte man das Gold mithilfe von Lammfellen aus.

Schafe gehörten im antiken Griechenland und Rom zu den Tieropfern für die heidnischen Götter. Sie waren zudem die wichtigsten Opfertiere, die man Jehova im Tempel von Jerusalem darbrachte. Im Alten Testament prüfte Gott prüfte Abraham, indem er ihm befahl, seinen Sohn Isaak zu opfern. Als Gott seine Bereitschaft sah, gebot er ihm Einhalt und Abraham brachte stattdessen einen Widder dar, der sich im Dickicht verfangen hatte. Im Islam wird dieses Ereignis durch das Opferfest (Eid ul-Adha) gefeiert. Dabei wird eine Ziege oder ein Schaf geopfert und das Fleisch an die Armen verteilt. Als die Israeliten in Ägypten gefangen waren, bestrich jede Familie ihren Türstock mit dem Blut eines Lammes, damit der Engel des Todes nur die männlichen Erstgeborenen der Ägypter tötete. Praxis und Symbolik des Opferlamms wandelten sich in der christlichen Theologie zur Figur von Jesus Christus als *Agnus Dei*, dem Lamm Gottes. Jesus, der gleichzeitig Gott und Mensch ist, wird auf die Erde gesandt und stirbt dort den Sühnetod für die Sünden der Menschheit.

Unschuldig
In der christlichen Bildsprache ist das Lamm ein Symbol für Jesus Christus, den Erlöser.

Wohin hätte sich unsere moderne Welt wohl ohne das Hausschaf entwickelt? Mit Sicherheit wären unsere Kultur und das tägliche Leben in vieler Hinsicht heute völlig anders. Denn das sprichwörtlich dumme, leicht zu leitende und verletzliche Schaf hat dem Menschen durch seine Domestizierung ein sorgenfreieres und ruhigeres Leben ermöglicht.

Schimpanse

Pan troglodytes

Ursprüngliche Verbreitung West- und Zentralafrika

Klasse Säuger

Größe bis zu 1,7 m

Der Schimpanse ist unser nächster lebender Verwandter. Zwar stammen wir nicht direkt vom Schimpansen ab, doch Schimpansen teilen viele Merkmale mit uns, darunter eine ganze Reihe von sozialen und emotionalen Verhaltensweisen wie auch die Fähigkeit zu Werkzeugherstellung und -gebrauch.

- ✦ Nahrung
- ✦ ***Medizin***
- ✦ Wirtschaft/Handel
- ✦ ***Geschichte/Kultur***

Scheinmenschen

Bis zum Erscheinen von Darwins Büchern «Über die Entstehung der Arten» (1859) und «Die Abstammung des Menschen» (1871) waren die meisten biologischen Laien fest davon überzeugt, der Mensch unterscheide sich deutlich vom Tier. Menschen wichen in so vieler Hinsicht von den «niederen» Tieren ab, dass eine «gemeinsame Abstammung», wie Darwin sie vorschlug, völlig absurd erschien. Da waren beispielsweise die technischen Errungenschaften der menschlichen Zivilisation, von der steinzeitlichen Axt bis zur Dampfmaschine. Dazu kamen Sprache, abstraktes Denken, künstlerische Kreativität und komplexe Emotionen wie Liebe und Altruismus. Der Glaube an die menschliche Einzigartigkeit wurde über zwei Jahrtausende von der christlichen Lehre gestützt, der zufolge Gott Adam und Eva nach seinem eigenen Bild und die Tiere als ihre Untertanen geschaffen habe.

Wenn sich die Menschen mit dem langsamen, geistig trägen Schaf, dem wilden, blutrünstigen Wolf oder der exotischen Giraffe verglichen, lässt sich leicht verstehen, wieso sie sich vom «Tierreich» distanzieren konnten. Als die Europäer jedoch begannen, die Welt zu erforschen, machten sie Entdeckungen, die nicht so recht in ihre einfache Weltsicht passen wollten. Zum einen trafen sie auf Menschen, die nicht so aussahen und sich auch nicht so verhielten wie sie. Zum anderen stießen sie auch auf Tiere – die Großen Menschenaffen in Afrika und Asien –, die ein bemerkenswert menschenähnliches Aussehen und Verhalten zeigten. Die damaligen Europäer lösten diese Probleme, indem sie sowohl Menschen, die ihnen zu stark vom Typus des «zivilisierten» Menschen abzuweichen schienen, als auch die Großen Menschenaffen als «mindere» Menschenarten klassifizierten, was letztlich

Ein enger Verwandter
Der Schimpanse ist ein Primat wie wir. Als unser nächster heute lebender Verwandter teilt er mit uns einen Großteil seines Genoms.

zur Entstehung der rassistischen und pseudowissenschaftlichen Eugenik führte.

Obgleich sich die Stammlinien von Schimpanse und Mensch vor rund 6 Millionen Jahren trennten, ist der Schimpanse unser nächster lebender Verwandter. Ein Beleg für unsere enge Verwandtschaft ist die 95-prozentige Überlappung des Genoms von Schimpanse und Mensch. Doch schon lange vor Aufkommen der Genetik war die Ähnlichkeit zwischen Menschen und Schimpansen dem Volk der Luba (in der heutigen Demokratischen Republik Kongo) aufgefallen, deren Bezeichnung für diese Affen man mit «Scheinmensch» übersetzen könnte. Die erste Erwähnung von Schimpansen in der westlichen Welt datiert auf Berichte eines portugiesischen Steuermanns im 16. Jahrhundert zurück, und als im 17. Jahrhundert die ersten Schimpansen nach Europa gelangten, hielt man sie für eine exotische Rasse pygmäengroßer Menschen. Im Lauf der nächsten Jahrhunderte gelangten wiederholt Schimpansen nach Europa und wurden als Kuriositäten in Zoos und Zirkussen ausgestellt, aber nicht wissenschaftlich erforscht. Als Darwin 1871 sein Werk «Die Abstammung des Menschen» veröffentlichte, in dem er eine gemeinsame Abstammung von Mensch und Schimpanse postulierte, wurde er in einer Zeitung als Wesen mit Menschenkopf und Schimpansenkörper karikiert (siehe oben) – ein Scherz, der auf dem weitverbreiteten Missverständnis basierte, Darwin habe behauptet, der Mensch stamme von den Großen Menschenaffen ab, statt dass diese taxonomisch unsere Vettern sind.

Unser Bild des Schimpansen ist verzerrt; das beruht vor allem auf den vielen Schimpansen in Film und Fernsehen, wo die Tiere als liebenswerter Handlanger afrikanischer Entdecker und Kumpel spärlich bekleideter Urwaldhelden porträtiert werden. In einer beliebten britischen Werbekampagne für Tee traten Schimpansen in Menschenkleidern auf, bis die Kampagne aus Tierschutzgründen und aufgrund von Fragen des guten Geschmacks eingestellt wurde. Der Londoner Zoo veranstaltete früher zur Unterhaltung seiner menschlichen Besucher regelmäßig eine «Schimpansen-Teerunde».

Ein voll ausgewachsener männlicher Schimpanse ist ein starkes und wildes Geschöpf. Mit einer Körpergröße bis zu 1,7 m ist er so groß wie vie-

Die Abstammung des Menschen
Einige Leser von Darwins Werk «Über die Entstehung der Arten» nahmen irrigerweise an, er habe behauptet, wir stammten von den Großen Menschenaffen ab.

Pygmäen
Als Europäer erstmals auf Schimpansen trafen, hielten sie diese für Menschen vom Stamm der Pygmäen.

le erwachsene Menschen; da er jedoch die meiste Zeit auf allen Vieren verbringt, sich auf seinen Knöcheln vorwärts bewegt und sich nur dann zu seiner vollen Größe aufrichtet, wenn er auf einen Rivalen oder einen Raubfeind trifft, erscheint er deutlich kleiner. Ein Schimpanse ist fünf Mal so kräftig wie ein durchschnittlicher Mann und damit ein Furcht einflößender Gegner; in mehreren Fällen haben als Haustiere gehaltene Schimpansen erwachsene Menschen ernsthaft verletzt. Wie Menschen sind Schimpansen Allesfresser; neben Früchten und anderem pflanzlichen Material ernähren sie sich auch von Insekten und ihren Larven, Kleinsäugern und kleineren Affen.

Primatenforschung

Zwar wurden Schimpansen seit Beginn des 20. Jahrhunderts in Gefangenschaft erforscht, doch erst als sie ab Mitte des Jahrhunderts in freier Wildbahn beobachtet wurden, begann man, das ganze Spektrum ihrer Fähigkeiten und Verhaltensweisen richtig zu verstehen. 1960 begann die britische Anthropologin und Primatologin Jane Goodall (geboren 1934), mit einer Gemeinschaft von Waldschimpansen in Tansania zusammenzuleben. Was sie dort sah, erschütterte das zoologische Establishment bis in seine Grundfesten und versetzte auch die übrige Welt in Erstaunen. Zu ihren bemerkenswertesten Beobachtungen gehörte, dass Schimpansen rudimentäre Werkzeuge herstellen und benutzen und dass sie gemeinsam kleine Affen jagen und fressen. Vielleicht noch erstaunlicher war jedoch Goodalls Behauptung, dass Schimpansen über außerordentlich komplexe, menschenähnliche Emotionen verfügten, wie Neugier, Trauer, Altruismus und Liebe. Goodalls Schimpansen hatten aber auch eine dunkle Seite. Wie Menschen waren sie zu extremer Gewalt gegenüber Artgenossen fähig, und Goodall wurde Zeugin von Taten, die wir in der Menschenwelt als Mord und Infantizid bezeichnen würden.

Verhaltensforschung
Jane Goodall schockierte das wissenschaftliche Establishment mit ihren Entdeckungen über Schimpansenverhalten.

Sprache wird oft als eine der Fähigkeiten genannt, die uns von anderen Tieren unterscheidet. Zwar kommunizieren alle Tiere bis zu einem gewissen Grad, doch das geschieht in der Regel auf einen direkten Umweltreiz hin. Beispielsweise führt das Auftauchen eines Raubfeindes dazu, dass Alarmrufe ausgestoßen werden. Menschen können die Existenz von Raubfeinden hingegen in abstrakter Weise diskutieren und sich für eine Strategie entscheiden, um jeder Gefahr zu entgehen, die ihnen drohen könnte. In freier Wildbahn verwenden Schimpansen eine breite Palette von nicht verbalen Kommunikationsmitteln wie Körpersprache, Handgesten, Lautgebung und Mimik, doch ob sich dahinter eine Fähigkeit zum abstrakten Denken verbirgt, die unserer eigenen nahekommt, blieb unklar. Diesem Problem wandten sich die Forscher Allen und Beatrice Gardner in den 1960er-Jahren zu.

Schimpansen fehlt ein Kehlkopf, der so gebaut ist, dass er den Tieren eine modulierte Sprache ermöglicht, wie wir sie haben. Aber wie wir haben sie bewegliche Greifhände, und man kann ihnen beibringen, wie Menschen mit Hör- oder Sprachproblemen per Gestik zu kommunizieren. Die Gardners brachten einem jungen Schimpansenweibchen namens Washoe (1965–2007) die Zeichensprache American Sign Language (ASL) bei und behaupteten, Washoe habe 350 ASL-Zeichen beherrscht, die sie auch ihren Nachwuchs lehrte. Sie kamen zu dem Schluss, Schimpansen seien zu abstraktem Denken fähig und verfügten auch über eine weitere Eigenschaft, die einstmals als menschliches Alleinstellungsmerkmal galt – das Ich-Bewusstsein. Spätere Versuche, das Experiment mit anderen Schimpansen zu wiederholen, haben sich als weniger schlüssig erwiesen. Viele Forscher zweifeln inzwischen daran, dass ASL-sprechende Schimpansen spontan Zeichensprache gebrauchen, um ihre Gedanken und Gefühle auszudrücken, sondern nehmen an, dass die Affen vielleicht nur ihre menschlichen Betreuer imitieren. Auch wenn Schimpansen dem Menschen vielleicht nicht so nahe stehen, wie einige Forscher anfangs dachten oder hofften, besitzen sie doch ein weites Spektrum von Fähigkeiten und Verhaltensweisen, womit ein für alle Male gezeigt wurde, dass wir Menschen nicht so einzigartig sind, wie wir früher gerne dachten.

Gesellig
Schimpansen zeigen ein komplexes Sozialverhalten; vermutlich empfinden sie Gefühle wie Liebe und Trauer.

Löwe

Panthera leo

Ursprüngliche Verbreitung Europa, Afrika und Westasien

Klasse Säuger

Größe 1,4–2,5 m Länge

- Nahrung
- Medizin
- Wirtschaft/Handel
- ***Geschichte/Kultur***

Die Bedeutung des Löwen für die menschliche Zivilisation ist weitgehend symbolischer Natur. Er repräsentiert Stärke, Mut und Adel und wird seit der Antike als Symbol für Königtum und Königsmacht gebraucht. Im richtigen Leben wurden und werden Löwen hingegen als Trophäen gejagt, in Zoos zur Schau gestellt und im Rahmen von Zirkusdressuren vorgeführt. Einst gehörte der Löwe zu den häufigsten großen Säugerarten, doch heute steht er auf der Roten Liste und gilt als gefährdete Art.

König der Tiere

Der Löwe ist eine Art, die in Religion, Politik und Kunst eine bedeutende symbolische Rolle spielt. Löwen sind verehrt und in den Stand von Gottheiten erhoben worden, doch man bringt sie am ehesten mit der Rolle des Königs und der Institution der Monarchie in Verbindung – daher steht der «König der Tiere» auch für sein menschliches Gegenstück. Der Kontrast zwischen dem Respekt, der dem Löwen als Symbol entgegengebracht wird, und der Behandlung, die ihm als Art zuteilwird, könnte jedoch nicht größer sein.

Seit der Antike ist der Löwe als Trophäe oder als ritueller Männlichkeitstest gejagt worden. Löwen wurden und werden aber auch von Tier-

König der Tiere
Der Löwe hat eine symbolische Bedeutung, die seine tatsächliche Rolle im menschlichen Leben weit übersteigt.

haltern verfolgt, die in ihnen eine Bedrohung für ihre Schaf- und Rinderherden sehen. In der Vergangenheit sind Tausende Löwen der Wildbahn entnommen und unter schlechten Bedingungen gehalten worden – zuerst in den Menagerien der Reichen und Mächtigen, die im Besitz von Löwen einen sichtbaren Ausdruck ihrer Macht sahen, und dann in zoologischen Gärten, die die Exotik Afrikas und Asiens nach Europa und Nordamerika brachten.

Der Sport der Könige Rituelle Löwenjagden symbolisierten die Macht des Königs und seine Pflicht, seine Untertanen zu schützen.

Löwen entwickelten sich vor 1 000 000–800 000 Jahren in Afrika und verteilten sich breitflächig über den Planeten. Einst gehörten sie zu den häufigsten Großsäugern. Das unaufhaltsame Wachstum und die Ausbreitung der menschlichen Bevölkerung führten beim Löwen jedoch zu einem Rückgang von Verbreitung und Zahl. In prähistorischen Zeiten waren Löwe und Mensch als Jäger großer Pflanzenfresser natürliche Rivalen, später galten Löwen den Nomaden wie auch den sesshaften Viehzüchtern als Bedrohung ihrer Herden. In Süd- und Nordamerika verschwand der Löwe bereits vor rund 10 000 Jahren, wobei unklar ist, ob dies eine Folge menschlicher Aktivitäten war oder weil seine Beutetiere aufgrund ökologischer Veränderungen seltener wurden.

Der Löwe ist die einzige Großkatze, die einen ausgeprägten Sexualdimorphismus zeigt: Männchen und Weibchen unterscheiden sich sichtbar in ihrem Äußeren. Das Männchen ist größer, stärker und untersetzter gebaut als das Weibchen und trägt eine deutliche Mähne. Die Mähne lässt das Löwenmännchen größer erscheinen und schützt zudem die verwundbare Halsregion vor Verletzungen. Bei der Jagd ist sie jedoch eher hinderlich, da sie schwerfällig ist und bei einer Verfolgungsjagd zu Wärmestau und Überhitzung führen kann. Doch ihrem Ruf als «König der Tiere» getreu, verbringen männliche Löwen den größten Teil ihrer Zeit mit Müßiggang und verlassen sich darauf, dass ihr Harem aus «Königinnen» für das Lebensnotwendige sorgt. Obgleich Löwen als grimmige Jäger gelten, die große Beute wie Zebras und Gnus reißen, decken sie bis zu 40 Prozent ihres Nahrungsbedarfs durch Aas oder dadurch, dass sie anderen Räubern die Beute streitig machen.

Löwen leben in Rudeln, die aus 2–4 erwachsenen Männchen und 4–20 erwachsenen Weibchen mit ihrem noch unselbstständigen Nachwuchs beiderlei Geschlechts bestehen. Wenn die männlichen Junglöwen geschlechtsreif werden, werden sie von den Rudelführern vertrieben, während die jungen Löwinnen bei ihren Müttern bleiben. Um sich zu paaren,

Hauptattraktion
Die ersten Löwendressuren datieren ins späte 19. Jahrhundert zurück.

müssen vertriebene Männchen ein existierendes Rudel übernehmen, indem sie dessen männliche «Führung» herausfordern und besiegen. Gelingt die Übernahme, töten die neuen dominanten Männchen meist den Nachwuchs, den ihre Vorgänger gezeugt haben.

Löwen als Wächter

Der Löwe ist ein wilder, aggressiver Jäger, daher erscheint es natürlich, dass er im Altertum mit dem aggressivsten Zeitvertreib des Menschen in Verbindung gebracht wurde: dem Krieg. Die alten Ägypter und ihre Nachbarn verehrten mehrere Löwengötter, einschließlich der Kriegsgöttin Sekhmet, die meist als Frau mit einem Löwenkopf dargestellt wurde. Sie beschützte den Pharao in der Schlacht und attackierte seine Feinde wütend mit Pfeilen. Am Ende der Schlacht huldigte man Sekhmet mit Ritualen, um das Ende der Feindseligkeiten sicherzustellen. Beim jährlichen Fest zu ihren Ehren tranken ihre Priesterinnen und Anhänger Unmengen an Bier, um den Zorn der Göttin zu besänftigen, der sonst zur Zerstörung der Menschheit hätte führen können. Ein friedlicheres Bild des Löwen als Schutzgottheit findet sich in der Hindu-Mythologie. Narasimha, ein Avatar oder eine Inkarnation des Gottes Vishnu, wird als Mischwesen zwischen Mensch und Löwe dargestellt. Diese Gottheit ist besonders in Südindien sehr beliebt und wird als «großer Beschützer» verehrt, der seinen Anhängern in Zeiten der Not zur Hilfe eilt.

Kriegsgöttin
Für die alten Ägypter war die löwenköpfige Göttin Sekhmet das Symbol des Krieges.

Der Löwe als Schutzgeist ist ein häufiges Motiv, auf das man in der ganzen Welt trifft. Im antiken Nahen Osten bewachten Löwen oder Mensch-Löwe-Mischwesen in Ägypten und Assyrien (heute Nordirak) als «Sphinx» die Tore von Städten, Tempeln und königlichen Palästen. Die berühmteste Sphinx der Welt bewacht die Pyramiden von Gizeh in der Nähe von Kairo. Sie hat den Körper eines Löwen und den Kopf eines Pharao. Sphinx-Skulpturen säumen die Alleen zu vielen ägyptischen Tempeln, vor allem in den Tempelkomplexen von Luxor und Karnak.

Besucher des Britischen Museums in London können ein Paar assyrischer *Lamassu* bewundern, geflügelte Löwen mit Menschenköpfen, die einst die Tore des Palastes von Assurnasirpal II. († 859 v. Chr.) bewachten. Diese riesigen Skulpturen sollten Besucher beeindrucken und ihnen die Macht der assyrischen

Monarchie bildlich vor Augen führen. In einem benachbarten Raum des Museums findet sich eine Reihe von Flachreliefs, die im Palast des assyrischen Königs Assurbanipal (685– ca. 627 v. Chr.) in Niniveh ausgegraben wurden und eine königliche Löwenjagd zeigen. In Assyrien wie auch im alten Ägypten war die Löwenjagd ein rituelles Ereignis, das die Macht des Königs und seine Pflicht, sein Volk zu schützen und für es zu kämpfen, symbolisierte. Die Szene zeigt gefangene Löwen aus dem Nahen Osten (seit Langem ausgestorben), die freigelassen, vom König ist seinem Streitwagen verfolgt und schließlich mit Pfeil und Bogen erlegt werden.

Wie die Löwen zeigen, die die Tore der bronzezeitlichen griechischen Stadt Mykene bewachten, war der Löwe ein mächtiges Symbol in der griechischen Mythologie und Ikonografie. Griechenland lag am westlichen Rand des europäischen Verbreitungsgebiets des Löwen, und im 5. Jahrhundert v. Chr. gab es in dieser Region noch Löwen. Die Tötung des Nemeischen Löwen war die erste der zwölf Taten des Herakles. In der berühmtesten Form der Sage versucht der Held, den Löwen mit Pfeil und Bogen zu töten, muss aber feststellen, dass die Haut des Raubtiers menschlichen Waffen widersteht. Er folgt dem Löwen zu seinem Unterschlupf, wo er ihn zunächst mit seiner Keule betäubt und anschließend erwürgt. Da er die waffenabweisende Haut des Löwen gern für sich hätte, versucht er, ihn mit seinem Messer zu häuten, doch es gelingt ihm nicht. Da erscheint ihm die Göttin Athene und rät ihm, zu diesem Zweck die Klauen des Löwen zu benutzen.

Eine andere griechische Sage erzählt von der Sphinx, einem Geschöpf mit dem Körper einer Löwin, den Flügeln eines Adlers und dem Kopf einer Frau. Sie bewachte den Zugang zur Stadt Theben und stellte jedem Reisenden, der das Pech hatte, auf sie zu treffen, das berühmte Rätsel: «Welches Geschöpf geht am Morgen auf vier Beinen, am Mittag auf zwei Beinen und am Abend auf drei Beinen?» Diejenigen, die darauf keine Antwort wussten, wurden von dem Un-

Löwen im Londoner Tower

✦

Im Mittelalter sammelten Könige häufig eindrucksvolle exotische Tiere wie Löwen, die sie in privaten Menagerien ausstellten, um ihre Macht zu unterstreichen. König Johann von England (1167–1216) richtete 1204 die Menagerie im Tower zu London ein. Die Tiere hausten in Käfigen im Gebäude des Westtors, dem Lion Tower. Im 18. Jahrhundert betrug der Eintrittspreis entweder anderthalb Penny oder, ziemlich gruselig, eine Katze oder einen Hund als Futter für die Löwen. Die Tower-Menagerie wurde 1835 geschlossen und ihr Tierbestand im neu eröffneten Londoner Zoo im Regent's Park untergebracht.

Weite Verbreitung Der Löwe gehörte einst zu den am weitesten verbreiteten Großsäugerarten der Erde.

LÖWENHERZ
Der Löwe wird besonders häufig mit Königen in Verbindung gebracht; hier trifft Richard I. von England auf einen Löwen.

geheuer verschlungen. Die Sphinx wurde schließlich vom Helden Ödipus überwunden, der antwortete: «Der Mensch, der als Säugling auf allen Vieren krabbelt, als Erwachsener auf zwei Beinen geht und sich im Alter auf einen Stock stützt.» Daraufhin stürzte sich die besiegte Sphinx von einer Felsklippe.

Zwar erstreckte sich das Verbreitungsgebiet des Löwen niemals bis nach Ost- bzw. Südostasien, dennoch bewachen Löwen die Eingänge vieler asiatischer Tempel und Paläste. Die Vorstellung des Löwen als Schutzgottheit hielt in diesem Teil Asiens mit den verschiedenen Schulen des indischen Buddhismus Einzug. Da die heimischen Künstler jedoch niemals einen lebenden Löwen gesehen hatten, sind ihre Darstellungen alles andere als naturalistisch. Der traditionelle chinesische Löwentanz wird bis heute beim chinesischen Neujahrsfest aufgeführt. Tänzer in bunten, reich verzierten Kostümen, die kaum an Löwen erinnern, tanzen durch die Straßen und machen an Häusern und Geschäften Halt, wo sie vor die Wahl zwischen zwei Glück verheißenden Objekten gestellt werden: einem Grüngemüse, dessen Name *cai* wie das chinesische Wort für Glück klingt, und einer Orange, an der ein roter Umschlag befestigt ist – die Farbe Rot gilt in China als Glücksfarbe. Der Löwe «frisst» das *cai* und «spuckt» es dann aus, wobei er die Blätter so anordnet, dass sie ein Glück verheißendes chinesisches Schriftzeichen bilden. Anschließend wird der Löwe mit dem roten

JÄGERIN
Im Gegensatz zur allgemeinen Meinung übernehmen Löwinnen die Hauptlast der Jagd.

Umschlag belohnt, der etwas Geld enthält. Die Chinesen glauben, dass der Besuch des Löwen Häusern und Geschäften Glück bringt.

In Europa wurde der Löwe im Mittelalter mit dem Königtum in Verbindung gebracht, so auch in England, wo die königlichen Standarten seit der Herrschaft von Wilhelm dem Eroberer (1028–1087) stets einen oder mehrere Löwen zeigen. Das Wappen mit den drei Löwen (Three Lions), das der englische König und Kreuzritter Richard I. (1157–1199), wegen seines Mutes und seiner militärischen Macht «Löwenherz» genannt, mit sich führte, wurde später zum Wappen von England. Die drei Löwen finden sich bis heute im Emblem der englischen Fußball- und Cricket-Nationalmannschaften.

MÄRTYRER
Tatsächlich sind es in der Regel nicht Löwen, die Menschen jagen, sondern die Großkatzen werden von Menschen verfolgt.

Im Rachen des Löwen

Viele der Säuger in diesem Buch wurden gejagt, um ihr Fleisch zu verspeisen. Im Gegensatz dazu wurden Löwen erlegt, um ihre Zahl zu kontrollieren und die Nutztierherden zu schützen, ferner als Trophäe und aus zeremoniellen Gründen. Die einzige derartige Löwenjagd, die noch existiert, ist ein Initiationsritus, der von den jungen Kriegern der ostafrikanischen Massai durchgeführt wird. Früher zog ein einzelner Krieger aus, um einen männlichen Löwen zu töten und damit seine Männlichkeit zu beweisen, doch wegen der sinkenden Bestandszahlen sind heute nur noch Gruppenjagden erlaubt. Die Massai essen kein Löwenfleisch, behalten aber die Mähne und den Schwanz. Aus der Mähne wird ein Kopfputz hergestellt, der zu zeremoniellen Anlässen getragen wird, und der Schwanz wird als Symbol für den Kriegerstatus des Mannes aufbewahrt.

Ein weitaus weniger erbauliches Spektakel war der Einsatz von Löwen in der römischen Arena. Während die Geschichten über Christen, die den Löwen vorgeworfen wurden, zweifelhaft sind, stimmt es wahrscheinlich, dass die Löwen die eigentlichen Opfer waren und zur Unterhaltung der Massen von Hunden gehetzt und von bewaffneten Männern abgeschlachtet wurden. Die Löwenhatz mit Hunden fand in Europa bis Anfang des 19. Jahrhunderts statt, dann wurde sie verboten. Löwen wurden zwar nicht länger für ein blutrünstiges Publikum getötet, doch nun wurden sie «gezähmt», um im Zirkus aufzutreten. Zwei Männer waren im 19. Jahrhundert Pioniere der Löwendressur: der Franzose Henri Martin und der Amerikaner Isaac Van Amburgh.

Menschenlaus

Pediculus humanus

Ursprüngliche Verbreitung Weltweit

Klasse Insekten

Größe 1–3 mm

+ Nahrung
+ **Medizin**
+ Wirtschaft/Handel
+ Geschichte/Kultur

Die Menschenlaus gehört zu den vielen parasitischen Insektenarten, die ihre ökologische Nische – samt warmer Mahlzeit – auf einem menschlichen Wirt gefunden haben. In unseren Tagen sind Läuse schlimmstenfalls ein Ärgernis, doch in der Vergangenheit haben sie die menschliche Zivilisation in schlimmer Weise geprägt: als Überträger von tödlichen Epidemien.

Haarspalterei

Früher waren Kopf- und Kleiderlausbefall in allen Gesellschaftsschichten weitverbreitet. In Europa führte der Kopflausbefall ab dem 16. Jahrhundert bei den höheren Ständen zum Tragen von Perücken; so kam es zu einer sichtbaren Unterscheidung zwischen Elite und gemeinem Volk, die Ende des 18. Jahrhunderts weitreichende politische Konsequenzen haben sollte. Bis heute ist Läusebefall nicht selten, vor allem unter Kindern. Aufgrund moderner Körperhygiene sind Kleiderläuse heute viel seltener, doch in der Vergangenheit waren sie für die epidemische Ausbreitung mehrerer Infektionskrankheiten verantwortlich.

Kopfläuse sind kleine, flügellose, grau gefärbte Insekten, die nach einer Blutmahlzeit aus der Kopfhaut ihres Wirtes einen rötlichen Schimmer annehmen. Nach der Paarung klebt das Weibchen seine Eier mit einer zähen, leimartigen Substanz an die Basis eines Haares. Die Eihülle (Nisse) enthält einen kleinen Deckel, durch den der Embryo atmen und die Nymphe später schlüpfen kann. Beliebte Eiablageplätze sind der Nacken und die Region hinter den Ohren. Die Nymphen schlüpfen nach 6–9 Tagen, wobei die nun leeren Nissen an den Haaren zurückbleiben. Nymphen sind Miniaturausgaben ihrer Eltern; wie diese ernähren sie sich vom Blut ihres Wirtes und machen drei Häutungen durch, bis sie voll erwachsen sind. Ein erwachsenes Läuseweibchen hat eine Lebensspanne von rund vier Wochen; in dieser Zeit kann es 50–150 Eier legen. Kleiderläuse haben einen ähnlichen Lebenszyklus wie Kopfläuse, legen

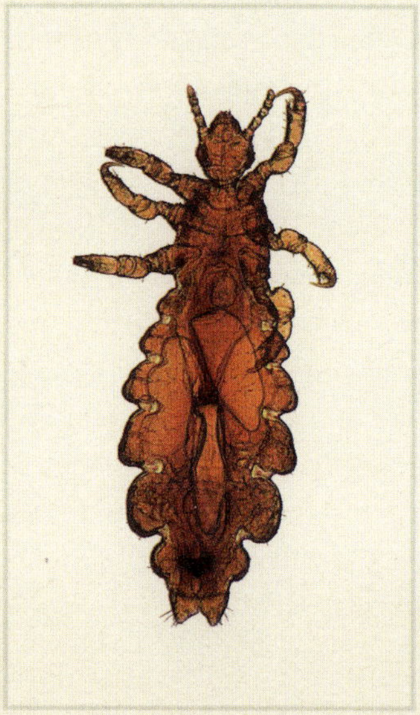

Winzige Killer
Manchmal sind es die kleinsten Geschöpfe, die für den Menschen die größte Gefahr darstellen.

ihre Eier aber in menschlicher Kleidung ab.

Läuse können weder fliegen noch hüpfen, das heißt, eine Übertragung der Parasiten kommt nur bei direktem Kontakt zustande – bei Kopfläusen beim Kontakt mit Haaren, bei Kleiderläusen mit Kleidung, die in engem Kontakt mit dem Körper der infizierten Person steht. Zur Behandlung von Kleiderläusen müssen die Eier in den Nissen abgetötet werden. Dafür sollte regelmäßig gebadet oder Insektizide angewendet sowie Kleidung und Bettzeug bei hohen Temperaturen gewaschen werden. Zur Behandlung von Kopfläusen kann man auf Antiläuse-Shampoo, Kopfrasur und Läusekamm zurückgreifen.

Ungemütlich
Chronischer Läusebefall führte dazu, dass sich unsere Vorfahren den Kopf schoren und Perücken aufsetzten.

Leiden im Krieg

Als ob Kriege nicht schon schlimm genug wären, gehen sie in der Regel mit Krankheitsepidemien einher. Die unhygienischen Verhältnisse in Militärlagern, bei Armeen auf dem Marsch und bei Belagerungen sind eine ideale Brutstätte für Läuse. Die beiden wichtigsten Krankheiten, die von Kopf- und Kleiderläusen übertragen werden, sind Fleckfieber und Wolhynisches Fieber. Das Wolhynische Fieber wird wegen seines epidemischen Auftretens in den Schützengräben des 1. Weltkriegs auch als «Schützengrabenfieber» bezeichnet. Im Krieg litten Schätzungen zufolge ein Drittel der britischen Truppen und bis zu einem Fünftel der deutschen und österreichischen Soldaten an dieser Krankheit. Schützengrabenfieber ist in der Regel nicht tödlich, doch es ist außerordentlich schwächend und führt zu anhaltendem Fieber, Kopfschmerzen und Schmerzen in Beinen und Rücken. Urheber der Erkrankung ist ein Bakterium, daher stellt die Krankheit seit der Einführung von Antibiotika kein größeres Gesundheitsproblem mehr dar.

Ein revolutionäres Jucken

Es klingt vielleicht an den Haaren herbeigezogen, doch die Laus spielte in der Französischen Revolution von 1789 eine Komparsenrolle. Kopfläuse waren ein wachsendes Problem in den europäischen Städten der frühen Neuzeit. Die von den Reichen bevorzugte Lösung bestand darin, sich die Haare abzuschneiden und eine Perücke zu tragen. In den letzten Jahren der französischen Monarchie wurde die Perücke zum Symbol der verhassten Aristokratie, deren Vertreter in der darauf folgenden Revolution nicht nur ihre Perücken, sondern in vielen Fällen auch ihren Kopf verloren.

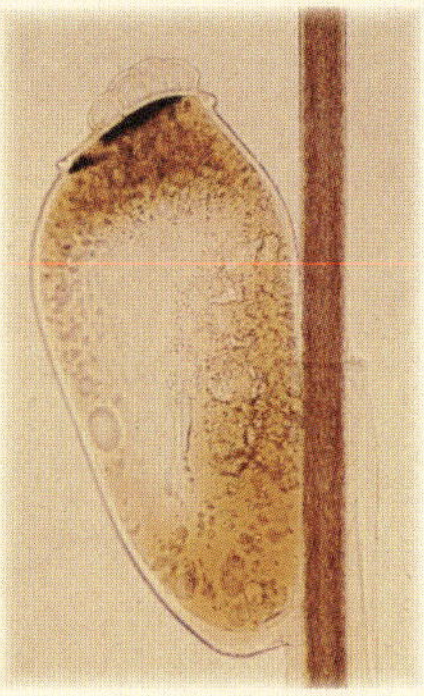

Nisse
Die Kopflaus klebt ihre Eier einzeln an Haare, und nach dem Schlüpfen der Larven bleibt die leere Eihülle (Nisse) zurück.

Die zweite von diesen Läusen verbreitete Infektionskrankheit, Fleckfieber, auch Flecktyphus genannt, ist weitaus ernster, und bevor es eine Impfung und Antibiotika gab, erlagen ihr weltweit Millionen von Menschen. Zu den Symptomen von Fleckfieber gehören Kopfschmerzen, anhaltend hohes Fieber, Muskelschmerzen, Delirium und ein auffälliger roter Ausschlag, der auf der Brust beginnt und sich über den ganzen Körper ausbreitet. Welche Ursachen Epidemien in der Antike hatten, lässt sich aufgrund der damaligen mangelnden medizinischen Kenntnisse nicht mit Sicherheit sagen. Während des langen Peloponnesischen Krieges (431–404 v. Chr.) zwischen den griechischen Stadtstaaten Athen und Sparta wurde Athen dreimal von einer Seuche heimgesucht, und viele Fachleute nehmen an, dass es sich dabei um Fleckfieber gehandelt hat. Die Seuche tötete viele Bürger Athens, darunter auch seinen bedeutendsten General und De-facto-Führer Perikles (495–429 v. Chr.), an den wir uns heute noch als Erbauer des Parthenon erinnern. Mit Perikles' Tod verließ die Athener ihr Kriegsglück, und sie mussten sich schließlich von den Spartanern geschlagen geben.

Fleckfieberepidemien waren bis zur Mitte des 20. Jahrhunderts ein ständiger Begleiter des Krieges. Die erste zuverlässige Beschreibung der Krankheit datiert auf die Belagerung von Granada während der Reconquista (Rückgewinnung Spaniens von den Mauren) Ende des 15. Jahrhunderts zurück. Die Soldaten der belagernden Armee litten unter Fieber, Delirium und einem verräterischen Ausschlag am Körper. Die spanische Arme verlor 3000 Mann bei Kriegshandlungen, aber 17 000 Mann fielen der Epidemie zum Opfer. Während des Dreißigjährigen Krieges (1618–1648) starben bis zu acht Millionen deutscher Soldaten an Seuchen wie Fleckfieber und Beulenpest. Auf Napoleons Rückzug aus Russland starben 1812 weitaus mehr französische Soldaten an Fleckfieber als an Feindeinwirkung. Zur wohl schlimmsten Fleckfieberepidemie der Geschichte kam es während und direkt im Anschluss an den 1. Weltkrieg. An der Ost- wie an der Westfront starben Millionen von Menschen, und nach dem Krieg führten geschätzte 20–30 Millionen Fleckfieberfälle zu drei Millionen Toten unter der bereits geschwächten Zivilbe-

Rasur im Schützengraben
Soldaten im 1. Weltkrieg schoren sich den Kopf, um Läuseinfektionen unter Kontrolle zu halten.

Parasit
Kopf- und Kleiderlaus sind perfekt an ein Leben auf ihrem menschlichen Wirt angepasst.

völkerung Europas. Die meisten Todesfälle durch Fleckfieber im 2. Weltkrieg forderten die Konzentrationslager der Nazis, wo Menschen unter beengten, unhygienischen Bedingungen eingepfercht waren und ihnen jede medizinische Behandlung verweigert wurde.

Leiden in Friedenszeiten

Zwar waren Läuseinfektionen in Kriegszeiten besonders häufig, doch Fleckfieber war bis zum Ende des 19. Jahrhunderts auch ein großes Problem in den überbevölkerten Städten von Europa und Nordamerika. In England wurde Fleckfieber auch als «Gefängnisfieber» bezeichnet, weil es häufig bei Gefangenen in dreckigen Gemeinschaftszellen auftrat. Im England des 18. Jahrhunderts, wo ein Mann zum Tode verurteilt werden konnte, weil er einen Laib Brot gestohlen hatte (und für weitere 240 Kapitalverbrechen), starben mehr Gefangene an Fleckfieber als am Galgen. Auch in Hungerzeiten kam es häufig zu Fleckfieberepidemien. Im Lauf des 19. Jahrhunderts wurde Irland mehrfach von verheerenden Hungersnöten heimgesucht, die mit Fleckfieberepidemien einhergingen. Die meisten Opfer starben während der Großen Hungersnot (1845–1852), die durch eine Kartoffelmissernte ausgelöst wurde; damals kam durch eine Fleckfieberepidemie in mehreren irischen Provinzen bis zu einem Drittel der Bevölkerung um.

Die kleinsten Organismen können manchmal am tödlichsten sein, was die Zahl der Opfer angeht. Obgleich von Insekten übertragene Epidemien in Industrieländern heute der Vergangenheit angehören, haben sie in den ärmeren Regionen der Welt weiterhin verheerende Auswirkungen.

Echte Hundsrobben

Phoca spp.

Ursprüngliche Verbreitung Arktische Regionen der Nordhalbkugel

Klasse Säuger

Größe 1,4–1,5 m lang

+ **Nahrung**
+ Medizin
+ **Wirtschaft/Handel**
+ **Geschichte/Kultur**

Robben waren eine lebenswichtige Ressource für die Menschen, als sie von Asien nach Amerika wanderten. Die kommerzielle Robbenjagd, die im 18. Jahrhundert begann, leistete einen bedeutenden Beitrag zur wirtschaftlichen Entwicklung von Ostkanada, doch im 20. Jahrhundert wurde sie zu einer der umstrittensten Nutzungen von Wildtieren weltweit.

«Man nehme vier gehäutete Robbenflossen»

Während ich auf dem College war, erhielt mein kanadischer Zimmergenosse ein Kochbuch von seinen Eltern, die annahmen, er vermisse vielleicht die kulinarischen Traditionen seines Heimatlandes. Als wir immer ungläubiger die Seiten durchblätterten, stießen wir auf die «Neufundländer Robbenflossenpastete», zu der es hieß: «Man nehme vier gehäutete Robbenflossen, bräune sie in einer Pfanne an und gebe Zwiebeln und Sauce hinzu, dann abdecken und 2–3 Stunden köcheln lassen; anschließend Teig herstellen, die Flossen damit bedecken und weitere 30 Minuten backen; ergibt 6–8 Portionen.» Leider konnten wir keine Robbenflossen finden, daher begnügten wir uns wie gewöhnlich mit einer Pizza zum Mitnehmen.

Olympiameister
Der Seehund kann im Wasser 20 km/h erreichen, eine Geschwindigkeit, von der ein Schwimmer bei den Olympischen Spielen nur träumen kann.

Unsere Reaktion auf die Robbenflossenpastete ist wahrscheinlich typisch für Stadtkinder, deren Erfahrung mit Fleisch sich auf Hackfleischfladen zwischen Brötchenhälften beschränkt, gern mit einer Portion Pommes dazu. Aber was war so verstörend daran, Robbenflossen zu essen? War es die Babyrobbe aus Stoff, mit der ich als Kind gespielt hatte, oder weil Robben Menschen in einem Taucheranzug so unheimlich ähnlich sehen? Robbenfleisch und Robbenblubber stehen jedoch schon seit Jahrtausenden auf dem Speisezettel des Menschen, und ohne sie hätten die Völker der Arktis und viele der großen räuberischen Tierarten wie Eisbär und Schwertwal wohl nicht überlebt.

Wie und wann genau die Besiedlung von Nord- und Südamerika erfolgte, ist noch immer umstritten. Eine von mehreren Theorien besagt, dass Menschen in kleinen Booten aus Asien einwanderten, indem sie der Küste folgten, bis sie zur Beringstraße kamen (einer Region, die heute unter Wasser liegt, während der letzten Eiszeit vor 110 000–10 000 Jahren jedoch weitgehend trockenfiel) und schließlich auf der Höhe des heutigen Alaska die nordamerikanische Küste erreichten. Auf ihrer langen Reise nach Osten überlebten diese seefahrenden Sammler und Jäger wahrscheinlich nur durch die Jagd auf die lokalen Großtiere, darunter mehrere in der Arktis heimische Robbenarten. Früher hatten Robben aufgrund ihres Fleisches, Trans und Fells große kommerzielle Bedeutung; später wurden sie zum Objekt einer heftigen Auseinandersetzung zwischen Tierschützern auf der einen sowie Robbenjägern und der kanadischen Regierung auf der anderen Seite.

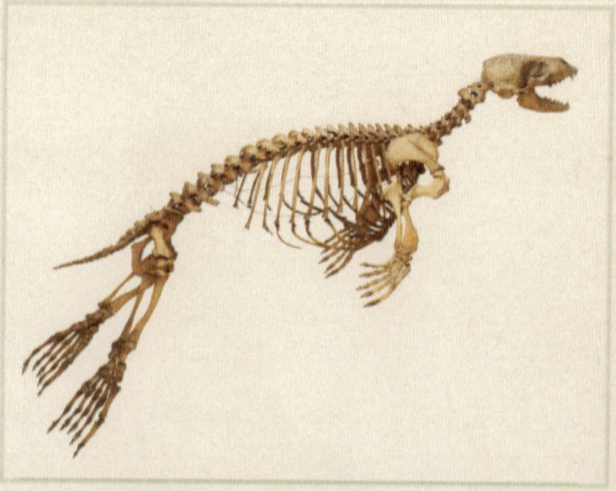

Vierfüsser
Dass Robben von vierbeinigen landlebenden Säugern abstammen, lässt sich an ihrem Skelett gut erkennen.

Der Seehund, eine typische Hundsrobbe, variiert in seiner Färbung von hell- oder gelblich grau mit schwarzen Flecken bis zu schwarz, grau oder braun mit helleren Ringen oder Flecken. Wie beim Biber besteht das Seehundfell aus einer Schicht grober Grannenhaare über einer Schicht feinerer und dichterer Wollhaare, in die eine Luftschicht eingeschlossen ist, was den Seehund im kalten Wasser warm hält. Seine auffällige V-förmige Nase kann er unter Wasser verschließen. Der Seehund ist bestens an ein Leben unter Wasser angepasst; er kann bis zu 90 m tief tauchen und 30 Minuten unter Wasser bleiben. Er stammt von landlebenden Säugern ab, die ins Wasser zurückkehrten, und ist ein Vierfüßer, dessen fünf Finger bzw. Zehen in den Vorder- und Hinterflossen durch Schwimmhäute verbunden sind. Seehunde sorgen mit den Hinterflossen für Vortrieb, wobei sie Spitzengeschwindigkeiten von 20 km/h erreichen können, was einen Weltklasseschwimmer wie Michael Phelps wie einen langsamen Wassertreter aussehen lassen würde. Seehunde hören und sehen unter Wasser besser als an Land, und sie nutzen ihre langen Barthaare oder Vibrissen als Sinnesorgane, um die Bewegungen ihrer Beute aufzuspüren.

Warm und trocken
Die traditionellen Sommerzelte der Inuit bestanden aus Robben- oder Karibufellen.

Eisbewohner

Die ersten Amerikaner waren nomadische Jäger und Sammler, deren Überleben von den Tierarten abhing, auf die sie trafen. Diese Küstenwanderer lebten von den üppigen Ressourcen des Meeres,

Eine coole Mode
In den kühlen, feuchten Regionen von Europa und Nordamerika war die Nachfrage nach Robbenfellen groß.

darunter große Robbenpopulationen, die Fleisch und Fett als Nahrung und Felle als Kleidung liefern konnten. Daher hatten sie wohl eine ähnliche Lebensweise wie die arktischen Völker, die traditionell als Eskimo bezeichnet werden (besser ist jedoch der Name Inuit und Yupik – aus Gründen der Kürze werde ich im Folgenden von «Inuit» sprechen). Historisch gesehen, haben die Inuit die arktischen Regionen erst in relativ neuer Zeit besiedelt. Sie stammen aus dem westlichen Alaska und begannen sich von ca. 1000 n. Chr. an ostwärts über die Arktis auszubreiten, wobei sie die früheren Bewohner der Region verdrängten. Im 14. Jahrhundert erreichten sie Ostgrönland.

Der Lebensstil der Inuit hat sich in den letzten 50 Jahren beträchtlich verändert und wird sich wahrscheinlich mit zunehmender Erwärmung des Erdklimas noch weiter verändern, lebten sie doch früher als Jäger und Sammler und ernährten sich von Land- und Meeressäugern, vor allem von arktischen Robbenarten wie Seehund, Ringel- und Sattelrobbe. Die Robben versorgten die Inuit nicht nur mit Fleisch und Blubber (als Nahrung und zur Herstellung von Lampenöl), aus ihrem Fell ließen sich auch Schuhe, Kleidung und die Außenhaut der Kajaks herstellen. Vor dem Aufkommen moderner Unterkünfte lebten einige Inuitpopulationen während der kurzen Sommermonate in Zelten aus Robbenfellen. Traditionell tragen Inuit als Außenbekleidung einen Anorak, eine Kapuzenjacke aus Robben- oder Karibufell, wasserfest gemacht mit Fischöl. Die *amauti* ist ein modifizierter Anorak für Mutter und Baby, der das Kind warm hält und vor Wind und Wetter schützt. Die Inuit sind von verschiedenen nationalen

Immigranten
Nach einer Theorie erfolgte die Besiedlung der Neuen Welt, als seefahrende Nomaden den Küsten Asiens bis nach Alaska folgten.

und internationalen Bestimmungen zur Kontrolle der Robbenjagd ausgenommen; damit wird der einzigartigen Stellung von Robben in der Inuit-Kultur Rechnung getragen.

Streit um die Robbenjagd

Vor der Einführung von Feuerwaffen jagten die Inuit Robben von ihren Kajaks aus, fingen sie in Netzen, harpunierten sie oder lauerten ihnen an Eislöchern auf, wenn sie zum Atemholen auftauchten. Im 16. Jahrhundert kamen europäische Fischer, um die reichen Fischgründe Neufundlands auszubeuten, und begannen, Robben zu jagen. Durch den Verkauf von Fellen und Öl konnten sie sich in den kargen Wintermonaten, in denen nicht gefischt wurde, ein Zubrot verschaffen. Ab Mitte des 18. Jahrhunderts entwickelte sich aufgrund der wachsenden Nachfrage nach Robbenfellen zu Bekleidungszwecken und Robbentran als Lampen- und Maschinenöl in Neufundland eine intensive kommerzielle Robbenfischerei. Zunächst wurden Robben von kleinen Booten aus gejagt, doch ab den 1790er-Jahren gingen Flotten großer hölzerner Segelschiffe von St. John's in Neufundland auf die jährliche Robbenjagd.

Warm und behaglich
Der Frauenparka *(amauti)* der Inuit ist so geschnitten, dass die Mutter ihr Kind tragen und vor Wind und Wetter schützen kann.

Die Blütezeit dieser Industrie lag zwischen 1810 und 1860, und häufig betrugen die jährlichen Fangzahlen mehr als 500 000 Sattelrobben. Die Rekordjahre waren 1831 (680 000), 1832 (740 000) und 1844 (686 000). Die größte Jagd, gemessen an der Zahl der Schiffe, fand 1857 statt; damals nahmen 370 Schiffe mit einer Besatzung von insgesamt 13 600 Mann teil. Was ihre wirtschaftliche Bedeutung für die Region anging, kam die Robbenjagd in dieser Zeit direkt nach dem Kabeljaufang. Im Jahr 1863 wurden die Segelschiffe von Dampfschiffen abgelöst, und ab der Wende zum 20. Jahrhundert traten Schiffe mit Stahlrumpf an die Stelle von Holzschiffen. Diese schwereren, dampfbetriebenen Schiffe waren schneller als Segelschiffe und kämpften sich durch das Eis zu den Robbenherden durch. Doch die Robbenjagd forderte einen hohen Tribut an Menschenleben: Zwischen 1800 und 1865 fielen der Robbenjagd 400 Schiffe und 1000 Mann zum Opfer.

Trotz der Einführung von Motorschiffen, von Maschinen zur Verarbeitung von Fellen und Blubber und (ab 1921) von Suchflugzeugen zum Aufspüren von Robbenherden war die Robbenindustrie in einem unaufhaltsamen Niedergang begriffen. Auch wenn die Fangzahlen 1871 und 1876 noch einmal auf über eine halbe Million Tiere stiegen, waren die Bestände durch jahrzehntelange Überjagung stark erschöpft, und die Fangzahlen begannen zu sinken. Noch folgenreicher waren der Einsatz von Kerosin zur Beleuchtung und schließlich der Wechsel von Öllampen zu elektrischem Licht, denn damit brach der Markt für Robbentran zusammen. Als die Weltwirtschaft während der großen Wirtschaftskrise stagnierte und als während der beiden Weltkriege Robbenfangschiffe zu Kriegszwecken eingezogen wurden, ging der Umsatz der Robbenindustrie weiter zurück. Nach dem 2. Weltkrieg begann sich die Robbenfischerei dank einer wachsenden Nachfrage nach Robbenfellen und -leder zu erholen. Von 1949–1969 wurden pro Jahr im Durchschnitt 310 000 Robben getötet, was bis 1970 zu einer Halbierung der Seehundpopulation führte.

Sattelrobben, die früher als *Phoca groenlandica* («Grönlandrobbe») bezeichnet wurden, heißen heute wissenschaftlich *Pagophilus groenlandicus* («Liebhaber von Grönlandeis»). Der englische Trivialname *harp seal* («Harfenrobbe») bezieht sich auf die harfenartige Zeichnung auf dem Rücken erwachsener Männchen. Jedes Frühjahr zwischen Februar und März versammeln sich die Weibchen auf Eisschollen, um ihre Jungen zu gebären. Die Jungtiere werden mit einem flauschigen weißen Fell (Lanugo) geboren, dem sie den Namen *Whitecoats* (Weißröcke) verdanken. Dieses Fell hält das Jungtier warm, ist aber nicht wasserfest. Da die Jungtiere in den ersten Lebensmonaten nicht schwimmen können, sind sie praktisch auf ihrer Scholle gestrandet und damit ihren größten Feinden ausgeliefert – den Menschen.

Bei der Robbenjagd haben Feuerwaffen längst die traditionellen Harpunen ersetzt. Wenn es jedoch auf das Fell ankommt, kann ein deplatzierter Schuss den kommerziellen Wert des Tieres ruinieren, daher werden Robben häufig auf «traditionellere» Weise getötet, das heißt, ihnen wird der Schädel mit einem Hakapik eingeschlagen. Diese Waffe besteht aus einem Holzschaft mit einem pickelförmig ausgezogenen, metallenen Hammerkopf und einem Haken an einem Ende. Mit dem Hammer wird der Schädel zertrümmert, ohne das wertvolle Fell zu beschädigen, und mit dem Haken wird der Kadaver weggezogen, um ihn zu häuten. Die jährliche Robbenjagd erregte international Aufmerksamkeit, als sie 1965

Eisbewohner
Die Sattelrobbe ist eine von mehreren Hundsrobbenarten, die man in der Arktis findet.

Overkill
Der Südliche Seebär, der zu den Ohrenrobben zählt, wurde im 19. Jahrhundert durch Überjagung fast ausgerottet.

in der französischsprachigen TV-Dokumentation «Les Phoques de la Banquise» («Die Robben der Eisschollen») beschrieben wurde. Darin waren Whitecoats zu sehen, die auf dem Eis zu Tode geprügelt wurden. Daraufhin war die kanadische Regierung gezwungen, Richtlinien zu erlassen, die den Einsatz des Hakapik regeln. «Jeder, der eine Robbe mit einer Keule oder einem Hakapik schlägt, soll sie auf den Vorderkopf schlagen, bis der Schädel zertrümmert ist [...] Niemand soll mit dem Häuten oder Ausbluten einer Robbe beginnen, bevor sie tot ist, [wenn sie] glasige Augen hat und keinen Blinzelreflex zeigt, wenn ihr offenes Auge berührt wird.»

Doch trotz dieser neuen Bestimmungen wuchs der weltweite Widerstand gegen die kanadische Seehundjagd weiter. In den 1970er-Jahren kam es sowohl zu direkten Aktionen von Tierschutzgruppen wie Greenpeace als auch zu Boykottaufrufen, denen sich viele Stars anschlossen. All das gipfelte 1983 in einem Verbot der Europäischen Union, mit von Whitecoats stammenden Produkten zu handeln, gefolgt von einem kanadischen Verbot der Whitecoat-Jagd 1987. Zwar sind die Gewinne der Robbenjagd aufgrund der sinkenden Nachfrage nach Fellen drastisch zurückgegangen, doch seit dem Kabeljau-Moratorium von 1992 hat sie für die Region wieder an Bedeutung gewonnen. Die kanadische Regierung steckt in der Klemme: Auf der einen Seite droht ihr internationale Kritik, auf der anderen Seite muss sie die neufundländische Wirtschaft stützen – eine Situation, die es mit sich bringt, dass die jährliche Robbenjagd auf absehbare Zeit weitergehen wird.

Perlmuschel

Pinctada radiata

Ursprüngliche Verbreitung Indischer und Pazifischer Ozean

Klasse Muscheln

Größe 5–6,5 cm

✦ ***Nahrung***
✦ Medizin
✦ ***Wirtschaft/Handel***
✦ Geschichte/Kultur

Obwohl gern von Austernperlen die Rede ist, produzieren die essbaren Austernarten nur sehr selten Perlen; die Perlenproduktion wird von anderen Muscheln übernommen, allen voran von Perlmuscheln wie *Pinctada radiata.*

Jungsteinzeitliches *Surf and Turf*

Der Autor von «Gullivers Reisen», Jonathan Swift (1667–1745), meinte: «Ein mutiger Mann war es, der als erster eine Auster aß.» Wir werden nie herausfinden, wer dieser mutige Mann oder eher diese mutige Frau war (denn es waren Frauen, die in den Jäger-und-Sammler-Gesellschaften einen Großteil der Nahrung sammelten), doch Abfallhaufen in prähistorischen Küstensiedlungen in aller Welt enthalten die Überreste des jungsteinzeitlichen Äquivalents von *Surf and Turf* (Hauptgericht mit Meeresfrüchten und Fleisch): eine Mischung aus Knochen von Landtieren und Austernschalen. Muscheln wie Austern sind eine gute Quelle für Proteine, Vitamine und Mineralstoffe; und zudem waren sie häufig und leicht zu ernten. Swift bezog sich jedoch nicht auf das Aussehen der Auster, das viele Menschen abstößt, sondern auf die leidige Eigenschaft einer verdorbenen Auster: den Esser umzubringen, vor allem in den Zeiten vor Erfindung des Kühlschranks.

Schmuckkästchen des Meeres
Die Perlmuschel *Pinctada radiata* ist im Indischen und im Pazifischen Ozean heimisch, wurde aber durch den Suezkanal ins Mittelmeer eingeschleppt.

Ihr saftiges, durchscheinendes Fleisch ist jedoch nicht alles, was eine Auster oder Muschel liefern kann, das andere ist natürlich die Perle. Naturperlen sind außerordentlich selten und waren daher seit der Antike hochgeschätzt. Ihr exorbitanter Preis brachte es mit sich, dass sie nur von den reichsten und mächtigsten Männern und Frauen getragen wurden. Seit Ende des 19. Jahrhunderts hat das Aufkommen von Zuchtperlen jedoch dazu geführt, dass Perlen allgemein erschwinglich wurden und der Glanz der so seltenen und deutlich teureren natürlichen Perlen ein wenig verblasste.

Zwar werden sowohl die essbaren Austern als auch die Perlen produzierenden Muscheln im Englischen als *oyster* bezeichnet, doch tatsächlich

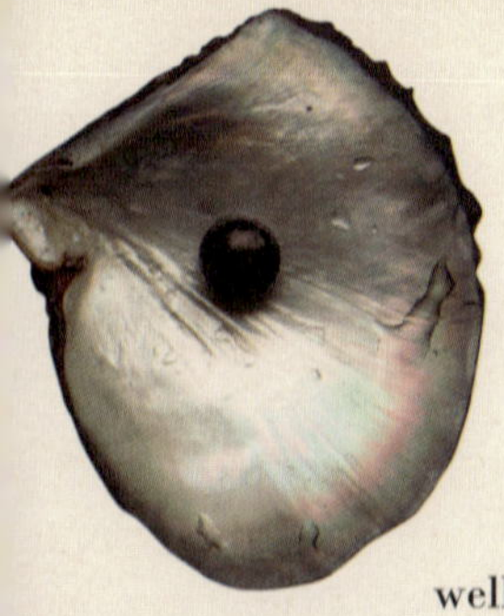

handelt es sich um mehrere, nicht näher verwandte Arten. Die häufigste essbare Auster ist die Pazifische Felsenauster *(Crassostrea gigas)*, während die begehrtesten marinen Perlmuscheln zur Gattung *Pinctada* gehören.

Jeder, der schon mal in Europa oder den USA Austern gegessen hat, kennt die graubraune, gewellte Schale der Pazifischen Felsenauster. Die innere Schale ist weiß und weist so gut wie kein Perlmutt auf. Und ganz gleich, wie viele Austern Sie essen, Sie werden darin keine schimmernde Perle finden. Die Perlmuschel *Pinctada radiata* hat eine weitaus dünnere, stärker zusammengedrückte, grob gerippte, fast quadratische, bräunliche bis rötliche Schale mit einem glänzenden Perlmuttüberzug im Inneren. Ursprünglich im Indischen und im Pazifischen Ozean, vom Roten Meer bis Japan und Australien, heimisch, wurde die Art in das östliche Mittelmeer eingeschleppt, wahrscheinlich durch Schiffe, die durch den Suezkanal fuhren. Die Art heftet sich in 5–25 m Tiefe am Substrat fest. Austern und Perlmuscheln werden inzwischen in zahlreichen Regionen kultiviert, um den Rückgang der natürlichen Bestände aufgrund von Übernutzung und Wasserverschmutzung zu kompensieren.

Fremdkörper
Perlen bilden sich um organisches Material wie Parasiten oder muscheleigenes Gewebe, das via Verletzungen in tieferes Mantelgewebe der Muschel gelangt.

Big-Apple-Austern

Unsere Vorfahren waren Jäger und Sammler, die kaum materielle Belege für ihr Erdendasein zurückließen. Was sie zukünftigen Generationen hinterließen, waren ihre Abfallhaufen oder *middens* (Müllgruben), wie die Archäologen sie nennen. Die Whaleback Shell Midden, die vor mehr als 1000 Jahren von der indigenen amerikanischen Bevölkerung in der Nähe des Damariscotta River in Maine angelegt wurde, war ursprünglich 10 m hoch, mehr als 500 m lang sowie 400–500 m breit und bestand vorwiegend aus Austernschalen. Ähnliche Schalenhaufen gibt es überall auf der Welt, und sie legen Zeugnis ab von der natürlichen Fülle der Austern und ihrer Bedeutung für die Ernährung früher Menschen. Auch wenn Austern nicht besonders nahrhaft sind, enthalten sie doch essenzielle Mineralien und Vitamine. Im Ver-

Überaus kostbar
Naturperlen sind so selten, dass sie genauso hochgeschätzt waren wie Edelsteine. Gemälde «Das Mädchen mit dem Perlenohrring» von Jan Vermeer (1632–1675)

gleich zu anderer tierischer Beute, die mobiler oder aggressiver ist, sind Austern ein ungefährliches und leicht zu beschaffendes Grundnahrungsmittel. Wenn andere Nahrungsquellen versiegten, konnten die Menschen in Küstennähe stets auf Austern zurückgreifen, um sich über die Runden zu bringen.

Während des 19. Jahrhunderts war das New Yorker Hafenbecken einer der größten Austernproduzenten der westlichen Welt. Die New Yorker Austernfischer ernteten jedes Jahr Millionen Austern, die von der arbeitenden Bevölkerung der Stadt verzehrt wurden; für sie waren die schmackhaften Mollusken ein Snack, so wie für uns heute ein Burger bei McDonalds. Die zunehmende Nachfrage erschöpfte die Austernbänke schließlich, und Verschlechterung der Wasserqualität, Sedimentation und von eingeführten Arten eingeschleppte Krankheiten führten Anfang des 20. Jahrhunderts zur endgültigen Zerstörung der Austernbänke.

EINE IN EINER MILLION
Nur ein winziger Prozentsatz aller Perlmuscheln enthält Perlen. Naturperlen stammen heute vornehmlich aus dem Persischen Golf.

Auch heute noch werden wilde Austern geerntet. In seichtem Wasser lassen sie sich per Hand oder mit einfachen Werkzeugen sammeln. In tieferem Wasser benutzen Austernfischer langstielige Rechen oder Zangen, um an die Tiere zu gelangen. In noch tieferem Wasser wird ein Muschelnetz verwendet, das von einem Boot gezogen wird. Da Wildaustern jedoch zunehmend seltener werden, sind sie inzwischen von einer billigen Proteinquelle der Arbeiterschaft zu einer Delikatesse geworden, die im Restaurant halbdutzendweise auf einem Silbertablett serviert wird.

Um den Rückgang wilder Austern zu kompensieren und die stetig wachsende Nachfrage zu befriedigen, wurde die Aquakultur entwickelt. Die Austernzucht wurde erstmals in der Antike versucht. In der westlichen Welt gilt der römische Ingenieur und Unternehmer Sergius Orata (1. Jh. v. Chr.) als Erfinder der Austernzucht; er baute ein System von Kanälen und Schleusen, um die Gezeiten zu kontrollieren und im Lacus Lucrini westlich von Neapel Austernbänke einzurichten. Wie so viele andere römische Erfindungen geriet auch die Austernzucht nach dem Untergang des Römischen Reiches viele Jahrhunderte lang in Vergessenheit. Die moderne Austern-Aquakultur datiert ins späte 19. Jahrhundert zurück. Die am häufigsten verwendeten Methoden sind das Aussetzen von Saataustern und die Floßkultivierung. Bei der ersten Methode werden Austern an Land gezüchtet und freigesetzt, sobald sie in der Lage sind, sich in einem natürlichen oder von Menschenhand vorbereiteten «Bett» festzusetzen, wo sie bis zur Geschlechtsreife heranwachsen. Anschließend werden sie wie wilde Austern geerntet. Bei der Floßkultivierung werden die jungen Austern in Säckchen oder Kisten platziert, die an Flößen ins Wasser gehängt werden. Das erleichtert die Ernte beträchtlich, denn die Behälter können, wenn die Austern erntereif sind, einfach hochgezogen werden.

Mit einem Spritzer Zitrone
Viele Feinschmecker meinen, man könne eine Auster nur roh mit einem Spritzer Zitrone genießen.

Nachdem die einheimischen Bestände in den USA erschöpft waren, wurden gegen Ende des 19. Jahrhunderts ausländische Austernarten eingeführt. Doch das hatte leider nicht immer den gewünschten Effekt. Mit den ostasiatischen Arten wurden auch Krankheiten in die austernreichen Gewässer der Chesapeake Bay zwischen Maryland und Virginia eingeschleppt, und das hätte fast zum Aussterben der heimischen *Crassostrea virginica* geführt, deren Bestand durch Überfischung bereits stark gefährdet war. Die Pazifische Felsenauster wurde 1929 an der Westküste eingeführt, wo sie sich in den Küstengewässern von Kanada bis Kalifornien angesiedelt hat. Die Art ist inzwischen zur Grundlage der nordamerikanischen Austernindustrie geworden. Gegenwärtig sind drei Viertel aller weltweit verzehrten Zuchtaustern Pazifische Felsenaustern, wobei die meisten Tiere aus China stammen.

Man kann Austern roh, geräuchert, gebacken, gekocht, frittiert, geröstet, eingelegt oder gedünstet verzehren; zudem kann man aus ihnen eine Reihe von sämigen Suppen (Chowders) herstellen. Die einfachste Art, eine Auster zu verzehren, besteht darin, die Schale zu öffnen und den lebenden Inhalt mit einem Spritzer Zitrone zu schlürfen. Der Rat, Austern nur in Monaten mit einem «r» zu essen (September bis April), hat nichts mit der Biologie der Tiere zu tun, sondern hängt damit zusammen, dass Aus-

Kopfputz
Perlen werden heute meist als Halskette oder Ohrringe getragen; früher fertigte man daraus auch fantastische Schmuckstücke wie dieser kaiserliche chinesische Kopfputz.

tern auf der Nordhalbkugel in den warmen Sommermonaten leichter verderben, und das war vor Einführung der Kühltechnik durchaus bedenkenswert. Um ganz sicherzugehen, muss eine Auster lebend verzehrt werden, was bedeutet, dass die Austernschale fest geschlossen sein muss oder sich schließen muss, wenn die Auster angetippt wird. Austern sind Filtrierer und konzentrieren auf natürliche Weise alle Bakterien, die in dem Wasser leben, aus dem sie ihre Nahrung beziehen. Die Austern aus dem Golf von Mexiko können beispielsweise den pathogenen Keim *Vibrio vulnificus* enthalten; was die Zahl der Todesfälle pro Krankheitsfall angeht, ist dieser Keim tödlicher als Salmonellen oder *E. coli*. Dank moderner medizinischer Behandlungsmethoden sind Todesfälle durch den Verzehr verdorbener Austern heute zum Glück die absolute Ausnahme.

Handverlesen
Das Sammeln natürlicher Perlen ist außerordentlich aufwendig, da die Muscheln einzeln geöffnet und untersucht werden müssen. Hier ist eine Gruppe von Perlentaucherinnen mit ihrer Ernte zu sehen.

Perlenfischer

Perlen werden von einer ganzen Reihe Süß- und Salzwassermuscheln produziert, doch die begehrtesten stammen von Perlmuscheln der Gattung *Pinctada*, die schwarze wie auch weiße Perlen unterschiedlicher Größe und Form hervorbringen. Die wertvollsten Perlen sind perfekt kugelförmig, doch Perlen können auch birnen- oder tropfenförmig oder ganz unregelmäßig («Barockperlen») geformt sein. Der häufigste Irrtum ist, dass sich Perlen um ein Sandkorn bilden, das in die Schale geraten ist. In der Regel wird die Perlenbildung von organischem Material ausgelöst, wie einem Parasiten, der sich im Mantel eingegraben hat, als die Muschel ihre Schale öffnete, um zu fressen oder zu atmen, oder von einem Stück muscheleigenem Gewebe, das zum Beispiel nach dem erfolglosen Angriff eines Fressfeinds in tieferes Mantelgewebe gelangt.

Perlmutt
Kalziumkarbonat, die «Mutter der Perle», ist eine chemische Verbindung, die von vielen Schalentieren natürlicherweise gespeichert wird.

In beiden Fällen bildet die Muschel einen Perlsack um das störende Gewebe, den es Schicht um Schicht mit Kalziumkarbonat in Form des Minerals Aragonit überzieht, gemischt mit einer organischen Verbindung namens Conchiolin. Die Kombination von Aragonit und Conchiolin wird als Perlmutt bezeichnet. Die Perlmuschel scheidet mehrere Lagen Perlmutt ab, was im Lauf von mehreren Jahren zur Bildung einer Perle führt. Aufgrund der Zufälligkeit des

Prozesses gibt es Naturperlen in vielerlei Größen und Formen; runde Perlen sind außerordentlich selten und daher besonders teuer.

Mehr als tausend Jahre lang wurden die begehrtesten Salzwasserperlen von Tauchern und Taucherinnen im Indischen Ozean, im Persischen Golf und im Südchinesischen Meer geerntet. Nach der Eroberung Lateinamerikas entdeckten die Spanier ein reiches Perlmuschelvorkommen rund um die Inseln Cubagua und Margarita vor der Küste des heutigen Venezuela. Die Perlenfischerei ist außerordentlich zeit- und arbeitsaufwendig, denn die Muscheln müssen einzeln geöffnet und überprüft werden. Nur ein kleiner Prozentsatz enthält brauchbare Perlen.

Gegen Ende des 19. Jahrhunderts wurde die Zuchtperlenproduktion vom britischen Meeresbiologen William Saville-Kent (1845–1908) revolutioniert. Nach einer wenig aufregenden Karriere am Britischen Museum und verschiedenen englischen Meeresaquarien zog Saville-Kent nach Australien, wo er als Fischereibeauftragter für die Provinz Queensland und später für Western Australia arbeitete. Er verbrachte seine Freizeit damit, verschiedene Methoden zu testen, um Muscheln zur Bildung von Perlen anzuregen. Doch es waren die Japaner, die sein Verfahren patentieren ließen und anschließend die Zuchtperlenindustrie im 20. Jahrhundert weitgehend dominierten.

Um eine Zuchtperle zu erzeugen, wird ein Stück Mantel von einer Spendermuschel in eine Empfängermuschel eingepflanzt, worauf diese einen Perlsack um das Mantelstück bildet. Zugleich mit dem Spendergewebe kann ein Kugelkern eingesetzt werden, damit eine runde Perle entsteht. Natur- und Zuchtperlen lassen sich nur durch Röntgen unterschieden, mit dem man das Vorhandensein einer Kugel nachweisen kann, doch eine kernlose Zuchtperle ist durchaus mit einer Naturperle zu verwechseln und muss unter Umständen genauer untersucht werden. Heutzutage sind Perlen nicht länger allein den Superreichen vorbehalten, sondern auch für Normalverdiener erschwinglich geworden. Dennoch kann ich eine leise Wehmut nicht verhehlen, dass dadurch etwas von dem Zauber und der Rätselhaftigkeit der Perlen verlorengegangen sind.

Rund ist Trumpf
Die begehrtesten Naturperlen sind kugelförmig. Sie weisen viele verschiede Farbtöne auf, darunter weiße, schwarze, gelbe und rosafarbene.

Zwergfledermaus

Pipistrellus pipistrellus

Ursprüngliche Verbreitung Europa, Nordafrika und Asien

Klasse Säuger

Größe 19–25 cm Flügelspannweite

✦ Nahrung
✦ Medizin
✦ Wirtschaft/Handel
✦ ***Geschichte/Kultur***

Untypisch
Fledermäuse sind insofern einzigartig unter den Säugetieren, als sie sich zum Ausruhen mit dem Kopf nach unten an den Füßen herabhängen lassen.

Als einzige Säugergruppe, die wirklich fliegen kann und über ein eingebautes Sonar verfügt, sind Fledermäuse faszinierende Tiere. Im Reich der menschlichen Fantasie führen sie darüber hinaus eine völlig andere Existenz, die mit dem unheimlichsten Geschöpf der Nacht, dem Vampir, verknüpft ist.

Mit den Ohren sehen

Es gibt zwei völlig verschiedene Fledermäuse: Erstens die tierischen Fledermäuse, die größtenteils ein unschuldiges nächtliches Leben führen und sich von Insekten oder Früchten (und, zugegeben, von Zeit zu Zeit vielleicht auch von etwas Blut) ernähren, zweitens die Fledermaus der menschlichen Fantasie, die in der imaginären Dunkelheit lebt. Während Erstere einige bemerkenswerte natürliche Anpassungen an ihre ökologische Nische aufweisen, ist die Letztere mit einer ebenso außergewöhnlichen Palette übernatürlicher Fähigkeiten ausgestattet worden. Nach dem Gesetz der Horrorfilme kann sich der Vampir, der Untote, der den Lebenden nachstellt, um sich an ihrem Blut zu laben, in eine Fledermaus verwandeln. Aber die Fledermaus hat nicht überall einen schlechten Ruf. In der chinesischen Bildersprache ist sie ein Symbol für langes Leben, und in der Welt der Comicbücher kämpft der Mann im Fledermauskostüm für Wahrheit und Gerechtigkeit.

Auch wenn mehrere Säugerarten im Lauf ihrer Evolution gelernt haben, durch die Luft zu gleiten, sind Fledermäuse, zu denen auch die Flughunde zählen, die einzige Säugergruppe, die wirklich fliegen kann. Im Gegensatz zu Vögeln, die ihre gesamten Arme, die Flügel, bewegen, um den nötigen Auftrieb zu erzeugen, schlagen Fledermäuse vornehmlich mit ihren stark verlängerten Fingern. Wenn wir dies auf den Menschen übertragen wollen, müssten wir uns vorstellen, mehrere halbmeterlange Finger zu besitzen, zwischen denen eine dünne, häutige Membran aufgespannt ist. Die Fingerknochen von Fledermäusen sind viel flacher, leichter und flexibler als unsere, sonst würden sie unter der Belastung des Fliegens brechen. Da Fledermäuse im Gegensatz zu Vögeln keine Federn besitzen, sind ihre Flügel leichter, was ihnen eine höhere Manövrierfähigkeit verleiht, sie aber auch empfindlicher und verletzlicher macht; zum Glück heilen solche Verletzungen rasch. Und schließlich sind Fledermausflügel wie unsere eigenen Finger von Tastsinnesorganen bedeckt, die dem Tier ständig Rückmeldung über den Luftstrom geben; dadurch kann es Luftströmungen effizient nutzen und Beute, die in seinen Flügelbereich fliegt, sofort lokalisieren.

Fledermäuse sind zwar nicht wirklich blind und können sich durchaus optisch orientieren. Mit ihren Augen allein kämen sie in der Nacht und in den dunklen Höhlen, in die sie sich tagsüber zum Ruhen zurückziehen, jedoch nicht weit. Das sensorische System, das ihnen erlaubt zu navigieren und im Dunkeln nach Insekten zu suchen, wird als Echoortung oder Biosonar bezeichnet. Um eine «akustische Karte» ihrer Umgebung zu erstellen, senden Fledermäuse per Maul oder Nase Ultraschalllaute aus und vergleichen sie mit den Echos, die sie mit ihren höchst empfindlichen Ohren auffangen. Fledermäuse benutzen zwei unterschiedliche Methoden der Echoortung: Bei der ersten emittieren sie eine kurze Salve von Ultraschallwellen und warten auf das Echo, bevor sie eine weitere Salve ausschicken; bei der zweiten emittieren sie eine kontinuierliche Ultraschallsequenz und analysieren die Frequenzveränderung, die durch ihre Eigenbewegung hervorgerufen wird. Dank dieses außerordentlichen sensorischen Apparats können Fledermäuse die Welt buchstäblich «mit den Ohren» sehen.

Handgleiter
Im Gegensatz zu Vögeln, die mit dem gesamten Armen schlagen, benutzen Fledermäuse nur die verlängerten Finger, um ihre Flügel auszuspannen.

Monster
Der Kino-Vampir hat sich vom grotesken Nosferatu zum gut aussehenden Vampir Lestat gemausert.

Zur Fledermaus werden

Aufgrund ihrer nächtlichen Lebensweise und ihres recht unheimlichen Aussehens sind Fledermäuse stets mit dem Bösen in Verbindung gebracht worden. Bis im 16. Jahrhundert blutsaugende Fledermausarten entdeckt wurden, gab es jedoch keine direkte Beziehung zwischen den vielen Vampirsagen in Ost- und Mitteleuropa und Fledermäusen. Die drei inzwischen bekannten Vampirfledermaus-Arten sind alle in Lateinamerika heimisch. Zusätzlich zu den Anpassungen ans Nachtleben, die allen Fledermäusen eigen sind, verfügen sie über spezielle Wärmerezeptoren in der Nasenregion, sodass sie Bereiche lokalisieren können, in denen das Blut dicht unter der Haut fließt. Neben einem empfindlichen Gehör, das die Atemgeräusche des Opfers auffängt, sind Vampirfledermäuse möglicherweise auch in der Lage, im Infrarotbereich zu sehen.

Vampirfledermäuse saugen auch beim Menschen Blut, doch meistens halten sie sich an sein Vieh. Die ausgesuchte Körperstelle wird zunächst abgeleckt (der Speichel enthält ein lokales Betäubungsmittel) und «rasiert». Anschließend wird die Haut mit den scharfen Eck- und Schneidezähnen angeritzt und das austretende Blut aufgeleckt. Im Speichel befindet sich auch ein gerinnungshemmendes Mittel, das einen raschen Verschluss der Wunde verhindert, sowie eine gefäßerweiternde Substanz, die für eine erhöhte Durchblutung der Körperregion sorgt. Eine erwachsene Vampirfledermaus kann bei einer einzigen Mahlzeit rund 20 g Blut aufnehmen. Ein kleiner Teil der Fledermäuse kann das Tollwutvirus übertragen, und wenn der Biss unversorgt bleibt, besteht durchaus die Gefahr einer ernsten Erkrankung.

Die Verknüpfung von Fledermäusen und Vampiren erfolgte nicht sofort. Der menschliche Vampir tauchte erstmals in der englischen Erzählung «The Vampyre» (1819) auf, verfasst von John Polidori (1795–1821). Die Entstehungsgeschichte dieser Erzählung ist selbst recht ungewöhnlich. Polidori wurde von dem romantischen Dichter Lord Byron (1788–1824) als Leibarzt angestellt und

Romantisch
John Polidori schuf das Bild des wohlhabenden, aristokratischen Vampirs.

begleitete ihn auf einer Tour durch Europa. Im ungewöhnlich kalten und nassen Sommer 1816 hielten sich Byron und Polidori zusammen mit anderen literarischen Größen, darunter Percy Bysshe Shelley (1792–1822) und seine Verlobte Mary Wollstonecraft Godwin (1797–1851), in einer Villa am Genfersee auf. Nachdem man sich gegenseitig Schauergeschichten vorgelesen hatte, schlug Byron eines Tages vor, jeder sollte eine eigene Schauergeschichte schreiben. Als Reaktion darauf schrieb Mary Shelley «Frankenstein» (1818), und Polidori begann «The Vampyre», dessen Antiheld, der weltgewandte britische Aristokrat Lord Ruthven, das Vorbild für die vielen darauffolgenden wohlbetuchten Vampirhelden werden sollte.

Grusel und Grauen Der Vampir hat seit seiner Erschaffung im 19. Jahrhundert einen festen Platz in der Schauerliteratur.

Zwar waren Vampire beiderlei Geschlechts in der Schauerliteratur des 19. Jahrhunderts sehr beliebt, doch das Werk, das dieses Genre definierte, war der Roman «Dracula» (1897) von Bram Stoker (1847–1912). Stoker war ein begeisterter Leser von Horrorstorys; bevor er seine eigene Erzählung verfasste, las er sich in die Vampirsagen von Mitteleuropa ein. Als Stilmittel benutzte er Tagebucheinträge und Briefe der Hauptprotagonisten sowie ein fiktives Schiffslogbuch und Zeitungsartikel.

In Stokers Roman reist ein junger englischer Rechtsanwalt namens Jonathan Harker nach Rumänien, um den Verkauf mehrerer Londoner Besitzungen an einen geheimnisvollen Adeligen, Graf Dracula, in die Wege zu leiten. Der unglückselige Harper muss bald entdecken, dass er der Gefangene und nicht der Gast seines ungewöhnlichen Gastgebers ist. Dracula stellt sich als Vampir heraus, der sich ganz nach Belieben in einen Wolf oder eine Fledermaus verwandeln kann. Die Erzählung sollte Hunderte von Filmen inspirieren, angefangen mit «Dracula» (1931). In diesem Film verwandelt sich Dracula mehrmals in eine Fledermaus, um seine Opfer auszusaugen; damit wurde ein Grundschema begründet, das bis heute überdauert hat.

Die Geburt des Schwarzen Ritters

Im Zusammenhang mit Vampirismus steht die Fledermaus eindeutig auf Seiten des Bösen, doch als «geheime Identität» des Helden Batman ist sie rehabilitiert worden. Der Superheld mit dem Umhang erschien erstmals im Mai 1939 in dem Comic-Magazin «Detective Comics» (Ausgabe 27). Im Alter von acht Jahren erlebt der zukünftige Batman, Bruce Wayne, wie seine Eltern von einem Kleinkriminellen niedergeschossen werden. Er schwört, ihren Tod zu rächen und seine Heimatstadt Gotham City (alias New York) vom Bösen zu befreien. Als eine Fledermaus durchs Fenster fliegt, hat Wayne die Eingebung für seine Rolle, die Furcht in die Herzen abergläubischer und feiger Krimineller säen wird.

Rentier

Rangifer tarandus

Ursprüngliche Verbreitung Arktische Regionen von Amerika, Europa und Asien

Klasse Säuger

Größe 85–150 cm Schulterhöhe

✦ ***Nahrung***
✦ Medizin
✦ ***Wirtschaft/Handel***
✦ ***Geschichte/Kultur***

Viele Tausend Jahre lang war das Rentier für die Menschen der Arktis das Äquivalent von Rind und Pferd in wärmeren Regionen. Nur teilweise domestiziert, liefert das Rentier ein Modell dafür, wie unsere Vorfahren lernten, die großen Pflanzenfresser zu domestizieren, die inzwischen unsere wichtigsten Nutztiere sind.

Nutztiere der Arktis

Bei vielen Menschen ruft die Erwähnung von Rentieren Bilder von weihnachtlich geschmückten Einkaufszentren, Jingle-Bells-Geklimper und Cartoons von Rudolph mit der leuchtend roten Nase hervor. Die echten Rentiere aus Fleisch und Blut sind jedoch die Art, die Menschen erlaubte, in der Arktis zu überleben, indem sie ihnen Nahrung, Kleidung und Transportmöglichkeiten bot. Im Gegensatz zu Rind oder Pferd ist das Rentier niemals völlig domestiziert worden. Es wurde nie in Gefangenschaft gezüchtet, und sein Aussehen und Verhalten haben sich trotz des jahrtausendelangen Kontakts zum Menschen kaum verändert. So könnte das Verhältnis Rentier-Mensch beispielhaft für die Proto-Domestikationsphase sein, die unsere Vorfahren mit wilden Rindern, Schafen, Ziegen und Pferden nach der Jagd durchlaufen haben, bevor es zu einer vollständigen Domestikation und selektiven Züchtung kam.

Wie viele Tiere, die in nördlichen Breiten leben, zeigt das Rentier eine Reihe von Anpassungen an die Kälte. Sein Fell besteht aus zwei Schichten: den langen Deckhaaren und dem dichteren, wolligen Unterfell. In den großen Nüstern des Rentiers kann die kalte Außenluft angewärmt werden, bevor sie in die Lunge gelangt, was hilft, die Kerntemperatur des Körpers konstant zu halten. Rentiere haben sehr breite, durch eine Spannhaut weit spreizbare Hufe und lange Afterklauen, sodass sie nicht leicht einsinken und einen sicheren Tritt haben; mit den harten Hufrändern können sie im Winter nach Nahrung scharren. Rentiere sind Wiederkäuer mit einem vierkammerigen Magen, können sich aber nur im Sommer von Gräsern ernähren; im Winter leben sie vorwiegend von Flechten und Moosen, die sie unter dem Schnee finden. Als wandernde Art bildet das Rentier riesige Herden von bis zu einer halben Million

Arktische Nomaden
Die Samen in der europäischen Arktis haben eine einzigartige Beziehung zu ihren Rentieren entwickelt.

Tieren und zieht im Lauf seines Lebens viele Tausend Kilometer auf der Suche nach frischen Weiden umher.

Die Rentierhalter

Das europäische Volk, das die engste Verbindung mit Rentieren hat, sind die Samen, die im Norden von Schweden, Norwegen, Finnland und auf der russischen Halbinsel Kola leben. Die Samen leben schon seit mindestens 5000 Jahren in dieser Region – vielleicht schon seit 10 000 Jahren. Das Rentier wurde zwar niemals vollständig domestiziert, immerhin aber soweit gezähmt, dass man es melken und auch als Reit-, Zug- und Lasttier nutzen kann. Während der jährlichen Wanderungen der Rentierherden wandern die Samen als Hirten mit ihnen, kümmern sich um sie und verteidigen sie gegen Fressfeinde. Die Ähnlichkeit zwischen der Beziehung der Samen zum Rentier und der Prärie-Indianer zum Bison ist verblüffend; das Rentier liefert den Samen sein Geweih, aus dem Werkzeuge, Waffen und Zeremonialgeräte hergestellt werden, sowie Häute für Kleider, Schuhwerk und Zelte, und nicht zuletzt Fleisch, das in den skandinavischen Ländern und in Alaska eine beliebte Alternative zu Rind- und Schweinefleisch ist. Der nordamerikanische Vertreter der Rentiere wird als Karibu bezeichnet und spielte eine wesentliche Rolle im Leben der Inuit.

Wenn eine Tierart für eine Kultur wirtschaftlich wichtig ist, findet sie Eingang in deren Mythen und religiöse Rituale. Vor ihrer Christianisierung waren die Samen Pantheisten, die eine Vielzahl an Göttern und Göttinnen verehrten. Jeder Clan und jede Familie hatte eine eigene Schutzgottheit, die als Seita bezeichnet wurde. Die Seita wurde durch einen

Reine Poesie

✦

Wir verdanken unser Bild von Santa Claus einem Gedicht, das 1823 verfasst und unter dem Titel «'Twas the night before Christmas» bekannt wurde. Der Dichter benannte auch Santa Claus' acht Rentiere: Dasher, Dancer, Prancer, Vixen, Comet, Cupid, Dunder und Blixem. Dunder wurde später zu «Donner» und Blixen zu «Blitz». Santas neuntes Rentier Rudolph – das mit der roten Nase – kommt im ursprünglichen Gedicht nicht vor, stieß aber 1939 zum Team, als es im Rahmen einer Werbeaktion eines großen US-Kaufhauses in einem Weihnachtsmalbuch für Kinder auftauchte.

Stein, einen Steinhaufen, einen Baumstumpf oder einen Pfosten symbolisiert, der an einem auffälligen Platz in der Gemeinde aufgestellt war. Die Seita beschützte den Clan und seine Rentiere und ermöglichte ihm auch das Einfangen wilder Rentiere; im Gegenzug wurden der Göttin Teile des Rentiers oder Rentierkälber geopfert. Die Hauptgottheit der Samen war Beivve, die Sonnengöttin und Mutter der Menschheit. Zur Wintersonnwende am 21. Dezember wurde ihr ein weißes Rentier geopfert, um sicherzustellen, dass der Winter enden würde.

Einer der Gründungsmythen der Samen, der erklärt, wie das Böse in die Welt kam, ist die Geschichte der Brüder Attjis und Njavvis. Attjis heiratete die Tochter des bösen Mondgottes Mano. Attjis' neue Frau begann sofort, die Beziehung zwischen den beiden Brüdern zu vergiften. Attjis nahm seinem Bruder sein Land und seine Herden und stahl ihm sogar seinen Platz im Familienzelt, sodass Njavvis und seine Frau gezwungen waren, Attjis zu dienen. Der friedliche Njavvis beklagte sich jedoch nicht, wenn Attjis die besten Stücke ihrer gemeinsamen Jagd für sich beanspruchte. Als sich seine Frau über das Verhalten seines Bruders beschwerte, antwortete Njavvis nur: «Ein Bruder kann seinen Bruder nicht hassen.»

Wandmalerei
Diese prähistorische Felsritzung in Norwegen (Alta) belegt die uralte Beziehung zwischen Menschen und Rentieren.

Wanderer
Rentiere gehören zu den zahlreichen pflanzenfressenden Großsäugerarten, die auf der Suche nach Nahrung in riesigen Herden weite Strecken zurücklegen.

Eines Tages, als Njavvis alleine auf Rentierjagd ging, fing er ein einziges Tier. Da er hungrig und seine Frau schwanger war, begann er, das Rentier alleine zu häuten und zu zerlegen, statt auf seinen Bruder zu warten. In diesem Augenblick fand ihn Attjis und klagte, Njavvis habe vorgehabt, ihn um seinen Anteil an der Beute zu betrügen. Njavvis entgegnete, sein Bruder könne das ganze Tier haben, wenn er ihn nur ein Stück Fleisch für seine hungrige Frau abschneiden ließe. Nun war es an Njavvis, seinem Bruder sein Verhalten vorzuwerfen: «Zuerst nahmst du mir mein Land, dann mein Heim, obwohl unser Vater uns gelehrt hat, dass ein Bruder seinen Bruder nicht hassen soll. Wie konnte es so weit kommen?»

Statt sich wegen der Vorwürfe seines Bruders zu schämen, war Attjis erfüllt von Bitterkeit und Wut. Von den Göttern des Mondes und der Unterwelt um den Verstand gebracht, ergriff er eine Geweihstange und schlug seinen Bruder nieder. Njavvis war auf der Stelle tot. Als Njavvis' Blut die Erde tränkte, kam das Böse in die Welt. Verzweifelt verbarg die Sonnengöttin Beivve ihr Gesicht, und der Mond übernahm ihren Platz. In diesem Augenblick wurde das Herz des Rentiers, das zu Beginn der Zeit in der Erde vergraben worden war, derart von dem Mord bewegt, dass sein Beben die ganze Erde erschütterte. Attjis wurde von der Erde auf den Mond geschleudert. Wenn der Mond hell leuchtet und man genau hinschaut, kann man Attjis erkennen, der noch immer die Geweihstange des Rentiers in der Hand hält.

Jahrhundertelang wurden die Samen von den verschiedenen Nationalstaaten, die sie bei den Wanderungen mit ihren Herden passierten, zwangsweise assimiliert; heute folgen nur noch ein paar Tausend der alten nomadischen Lebensweise ihrer Vorfahren.

Dodo

Raphus cucullatus

Ursprüngliche Verbreitung Mauritius

Klasse Vögel

Größe 1 m

✦ ***Nahrung***
✦ Medizin
✦ Wirtschaft/Handel
✦ Geschichte/Kultur

Ausgerottet
An der Dronte zeigt sich beispielhaft, welch verheerenden Einfluss der Mensch auf ein geschlossenes Ökosystem haben kann.

Obwohl sie vor über 300 Jahren ausgerottet wurde, ist die Dronte – beziehungsweise der Dodo – mit ihrem traurigen Schicksal noch immer ein Begriff. Zwar war die Dronte nicht die erste Art, welcher der Mensch den Garaus machte, doch die Tatsache, dass sie bereits ein Jahrhundert nach ihrer Entdeckung durch die Europäer ausgestorben war, zeigt uns drastisch, wie negativ der Einfluss des Menschen auf seine Umwelt sein kann.

Inselriesen

Aussterben gehört zur natürlichen Ordnung der Dinge. Lebewesen entwickeln sich und füllen eine ökologische Nische aus, die aber auch wieder verschwinden kann. Seit Leben auf der Erde existiert, hat es unzählige Aussterbeereignisse gegeben. Wir neigen jedoch dazu, nur die «Schlagzeilen» wahrzunehmen, zum Beispiel das Aussterben der Dinosaurier, des Mammuts und – natürlich – der Dronte, um die es hier geht.

«Dronte» beziehungsweise das englische «Dodo» – schon der Name prädestiniert anscheinend für ein tragisches Schicksal! Die Herkunft beider Namen, Dronte und Dodo, ist jedoch ungewiss: Die Portugiesen landeten 1507 auf Mauritius, erwähnten den Vogel in ihren Aufzeichnungen aber nicht. Trotzdem meinen manche Historiker, der Name leite sich vom portugiesischen *doido* («Narr» oder «Verrückter») ab. Als nächste Europäer gelangten die Niederländer im frühen 17. Jahrhundert nach Mauritius; einer ihrer Kapitäne bezeichnete den Vogel im Logbuch als *dodaerse*. Für diese Bezeichnung gab es zweierlei Erklärungen: einerseits das niederländische Wort *dodoor*, was Faulpelz oder Tollpatsch bedeutet, andererseits *dodaars*, «Knäuel-Arsch», was sich auf das typische Federbüschel am Schwanzende bezieht. Ein weiterer niederländischer Name der Dronte war *walghvogel*, gleich «abscheulicher Vogel», was angeblich auf das unangenehm schmeckende Fleisch hinweisen soll.

Die Dronte war eine flugunfähige Art der Taubenfamilie; sie entwickelte sich auf Mauritius, einer Insel mitten im Indischen Ozean. Vollständi-

ge Exemplare der Art sind nicht mehr erhalten, doch es existieren Skelette sowie Gemälde und Skizzen. In diesen Abbildungen ist die Dronte mit graubraunem Gefieder, einem langen Hakenschnabel, Stummelflügeln und einem auffälligen Federbüschel am Schwanz dargestellt. Dodos ernährten sich von Früchten und waren Bodenbrüter. Sie waren zwar flugunfähig, doch die Vorfahren müssen die Insel fliegend erreicht haben. Als die «Prä-Dodos» nach Mauritius gelangten, fanden sie einen Lebensraum mit bester Nahrungsversorgung vor; zudem gab es keine Fressfeinde, denen sie nur fliegend hätten entkommen können. Die Evolution verlief dann im «Rückwärtsgang» und die flugfähigen Vögel wurden zur bodenbewohnenden Art, die schließlich so groß war, dass sie nicht mehr fliegen konnte.

Sackgasse
Die Vorfahren der Dronte gelangten fliegend nach Mauritius. Damals gab es dort keine natürlichen Feinde, und so wurde die Art größer und schließlich flugunfähig.

Mauritius war zwar seit dem 10. Jahrhundert bei indischen, arabischen und ostafrikanischen Seeleuten bekannt, doch es wurde erst im 17. Jahrhundert besiedelt, als die Niederländer die ersten dauerhaften Niederlassungen auf der Insel errichteten. Kein Jahrhundert später hatte der Mensch bereits für das Aussterben der Dronte gesorgt – allerdings nicht, weil die Vögel als Proviant bejagt wurden. In mehreren zeitgenössischen Quellen wurde das Fleisch als zäh und fast ungenießbar beschrieben. Doch wo der Mensch hinkommt, folgen etliche seiner tierischen Begleiter nach, beispielsweise Schweine, Hunde, Katzen und Affen, nicht zu vergessen der anpassungsfähigste blinde Passagier im Tierreich, die Ratte. Da die Niederländer nicht wussten, welch katastrophale Auswirkungen die tierischen Invasoren auf das fragile Ökosystem der Insel haben konnten, versuchte man überhaupt nicht, diese in Schach zu halten, und die «Neubürger» fanden in den Bodennestern der Dronte reichlich Nahrung. Gleichzeitig wurde der Lebensraum der Dronte durch Rodungen für Agrarflächen verkleinert. Letztlich war das Schicksal der harmlosen Dronte bereits zu dem Zeitpunkt besiegelt, als die ersten Europäer in ihrer Inselheimat landeten, und binnen 80 Jahren war sie ausgerottet.

Do-Do-Dodgson

✦

Der Dodo hatte zwei Jahrhunderte nach seinem Aussterben einen Auftritt in Lewis Carrolls (eigentlich Charles Dodgson, 1832–1898) Buch «Alice im Wunderland» (1865); dort verkörperte er eines der vielen Fantasiewesen, die Alice auf ihrer Reise durch das fiktive Wunderland trifft. Oft heißt es, der Autor habe sich in der Figur des Dodo selbst karikiert, da er sich als lebenslanger Stotterer häufig mit «Do-do-Dodgson» vorstellte.

Ratten

Rattus spp.

Ursprüngliche Verbreitung Asien

Klasse Säuger

Größe bis zu 25 cm

✦ **Nahrung**
✦ **Medizin**
✦ Wirtschaft/Handel
✦ **Geschichte/Kultur**

Wenn wir entscheiden müssten, welches der 50 in diesem Buch aufgeführten Tiere in der modernen Welt den engsten Kontakt zum Menschen hat, wäre es wahrscheinlich die Ratte. In den meisten Fällen ist die Beziehung eine unfreiwillige, denn Ratten sind seit Langem unerwünschte Gäste, die sich an unseren Getreidevorräten und an unserem Abfall bedienen und uns im Gegenzug nichts als Krankheiten bringen. In manchen Kulturen sind Ratten jedoch ein wichtiger Teil der Ernährung, und seit dem 20. Jahrhundert spielen sie als Modellorganismen für die medizinische, psychologische und genetische Forschung eine wichtige Rolle.

Dreckige Ratte

Ratten haben es sich in unseren Häusern und Städten gemütlich gemacht; dort finden sie nicht nur Unterschlupf und Schutz vor Fressfeinden, sondern auch einen reich gedeckten Tisch, sei es in unseren Vorratskammern, unseren Abfalleimern oder unseren Müllhalden. Ratten gehören nach dem Menschen zu den erfolgreichsten Säugern, und Berechnungen zufolge ist in unseren großen Metropolen die nächste Ratte im Durchschnitt niemals mehr als drei Meter entfernt. Die Rattenpopulation in Großbritannien wird auf 80 Millionen Individuen geschätzt und übertrifft damit die Zahl der Menschen um den Faktor 1,3. In New York könnte es sogar an die 100 Millionen Ratten geben.

Wenn wir von Ratten reden, beziehen wir uns auf zwei eigenständige, wenn auch verwandte Arten: die schwarze Hausratte *(Rattus rattus)* und die braune Wanderratte *(Rattus norvegicus)*. Beide Arten stammen aus Asien, doch die Hausratte erreichte Europa zuerst und hatte sich zur Zeit

Es gibt zwei Sorten Ratten:
Die hungrigen und satten.
Die satten bleiben vergnügt zu Haus,
Die hungrigen aber wandern aus.
Die Wanderratten, o wehe!
Sie sind schon in der Nähe.
Sie rücken heran, ich höre schon
Ihr Pfeifen – die Zahl ist Legion. …

Heinrich Heine (1797–1856)

des Römischen Reiches (ab dem 1. Jh. n. Chr.) im nördlichen Europa bereits weit verbreitet. Die braune Wanderratte kam erst viel später, nämlich in der Frühen Neuzeit. Trotz ihres lateinischen Namens *norvegicus* besteht keine frühe Verbindung zwischen der Wanderratte und Skandinavien. Als die Wanderratte England erreicht hatte – wahrscheinlich bereits im 16. Jahrhundert auf Schiffen, die aus dem Nahen Osten zurückkehrten –, verdrängte sie die Hausrattenpopulationen rasch. Im 18. Jahrhundert hatte sich die Wanderrate auch in Kontinentaleuropa etabliert, und in den 1750er-Jahren gelang ihr der Sprung über den großen Teich in die Neue Welt.

Die Hölle auf Erden
Die Ratte gehörte zu den Tieren, die durch ihre Flöhe die Beulenpest im Mittelalter in Europa verbreiteten. Gemälde «Der Triumph des Todes» von Pieter Brueghel d. Ä. (1525/30–1569).

Die Wanderratte ist die größere, kräftiger gebaute und aggressivere der beiden Arten. Sie hat ein braunes oder dunkelgraues, raues Fell und einen helleren Bauch. Der Schwanz ist etwa so lang wie der Rumpf und misst rund 25 cm. Die kleinere Hausratte variiert in der Färbung von schwarz bis hellbraun mit einem hellen Bauch und einem im Verhältnis zum Rumpf längeren Schwanz. Beide Arten leben gesellig, zeigen aber einige Verhaltensunterschiede. Die Hausratte kann gut klettern und fühlt sich auf Bäumen und in Speichern wohl, während die Wanderratte in unterirdischen Höhlen lebt und sich in einer semiaquatischen Umgebung wie einer Flussböschung oder einem Abwassersystem wie unserer Kanalisation am wohlsten fühlt. Wanderratten haben eine komplexe soziale Hierarchie, was dazu geführt hat, dass sie in der Vergleichenden Psychologie als Modelle für menschliches Verhalten herangezogen werden.

Zwar können Ratten Infektionskrankheiten verbreiten (siehe Rattenfloh, S. 204–209), dennoch ist ihre Rolle bei den Pestepidemien des Mittelalters stark übertrieben worden. Die Hausratte war nur ein Überträger der Flöhe, die die eigentlichen Vektoren für die Beulenpest sind.

Für die Wissenschaft

Auch wenn Westler Ratten nur in höchster Not verspeisen würden – beispielsweise, wenn ihnen die Hunde und Katzen ausgegangen sind –, sind sie in vielen Kulturen ein beliebtes Nahrungsmittel. In Indien, China, Südostasien, Australien und Polynesien gehört Rattenfleisch zur kulinarischen Tradition, obgleich es sich dabei nicht unbedingt um dieselben Arten wie in Europa handelt. Bis es durch Kaninchen ersetzt wurde, war Rattenfleisch ein traditioneller Bestandteil des spanischen Reisgerichts Paella Valenciana.

Die Ratte war das erste Tier, das Anfang des 19. Jahrhunderts speziell für wissenschaftliche Zwecke domestiziert wurde. Die uns heute vertraute weiße Laborratte wurde ursprünglich nicht für die Wissenschaft gezüchtet, sondern für «Sportveranstaltungen»: Dabei wetteten die Zuschauer darauf, wie lange ein Terrier brauchen würde, um eine bestimmte Menge wilder Ratten zu töten, die in einer Grube gehalten wurden. Im 20. Jahrhundert waren Ratten das bevorzugte Forschungsobjekt von Verhaltensforschern, die herausfinden wollten, ob Merkmale wie Intelligenz und Gedächtnis angeboren sind oder erworben werden. In einer berühmten Reihe von Experimenten versuchte Robert Tryon (1901–1967) Anfang der 1940er-Jahre zu beweisen, dass Intelligenz eher angeboren ist, als dass sie erworben wird. Das Experiment bestand aus einem Labyrinth, in das er Laborratten setzte. Je nachdem, wie rasch die Ratten ihren Weg durch das Labyrinth fanden, wurden sie als «schlau» oder «dumm» kategorisiert. Anschließend kreuzte Tryon über mehrere Generationen selektiv schlaue Rattenmännchen mit schlauen Rattenweibchen bzw. dumme Rattenmännchen mit dummen Rattenweibchen. Dann tauschte er den Nachwuchs

Nachbarn in nächster Nähe
In jeder großen Stadt auf der Welt sind wir auf Schritt und Tritt von Ratten umgeben, die sich in Gebäuden, Parks und Abwasserkanälen angesiedelt haben.

der schlauen Eltern gegen denjenigen der dummen Eltern aus, um so herauszufinden, ob dies ihre Fähigkeit beeinflusste, sich im Labyrinth zurechtzufinden.

Er stellte fest, dass die schlauen Ratten auch bei dummen Eltern besser zurechtkamen als ihre dummen Artgenossen, doch dies bewies nicht wirklich, dass Intelligenz und Lernfähigkeit ererbt waren (worauf viele Psychologen und Soziologen seitdem hingewiesen haben). Was Tryon selektiv gezüchtet haben könnte, war zum Beispiel eine bessere periphere Sicht, die das bessere Abschneiden der schlauen Ratten im Labyrinth erklären könnte, ohne dass sie intelligenter sein müssten als die dummen Ratten. Auf jeden Fall ist das größte Problem von Tierversuchen, dass sie zwar vielleicht psychologische Fähigkeiten oder Merkmale bei den Versuchstieren aufzeigen können, es aber keinen zwingenden Grund für die Annahme gibt, dass sich die Befunde auf andere Tierarten oder den Menschen übertragen lassen.

Ratten in der Wissenschaft
Die intelligente, neugierige Ratte ist ein beliebtes Modell in der Verhaltensforschung.

Im 21. Jahrhundert spielen Ratten weiterhin eine wichtige Rolle in der Medizin, wie auf dem Gebiet der Pharmaforschung und in der genetischen Forschung. Ratten und Menschen teilen einen Großteil ihres Genoms, daher ist die Ratte ein ausgezeichneter Modellorganismus, um menschliche Genfunktionen zu erforschen. Mehrere Laborrattenstämme sind entwickelt worden, um bestimmte menschliche Krankheiten zu erforschen. Die «Zucker-Ratte» (benannt nach dem Ehepaar Zucker) dient als genetisches Modell für Fettleibigkeit und hohen Blutdruck. Zucker-Ratten sind entweder sehr schlank oder sehr fettleibig und erreichen das doppelte Gewicht normaler Tiere. Die «BB-Ratte» («Biobreeding Diabetes Prone rat») ist ein Laborrattenstamm, der spontan einen Typ-I-Diabetes entwickelt; sie dient dazu, die Entstehung dieser Krankheit besser zu verstehen und mögliche Behandlungen zu testen. Die neueste, gentechnisch erzeugte Laborratte ist die «Knockout-Ratte», bei der man gezielt einzelne Gene abschalten und damit bestimmte Erkrankungen simulieren kann.

Charismatische Ratte

✦

Die Ratte ist das erste Tierzeichen des zwölfjährigen chinesischen Tierkreiskalenders. Menschen, die im Jahr der Ratte geboren werden, sagt man nach, sie seien offen, hartnäckig, sorgfältig, charismatisch, empfindsam, intellektuell, fleißig, charmant, eloquent, gesellig, künstlerisch und schlau. Die dunkle Seite des Ratten-Charakters wird von Menschen vertreten, die manipulativ, rachsüchtig, selbstzerstörerisch, neidisch, lügnerisch, korrupt, starrköpfig, kritisch, allzu ehrgeizig, rücksichtslos, intolerant und intrigant sind.

Heiliger Pillendreher

Scarabaeus sacer

Ursprüngliche Verbreitung Mittelmeergebiet

Klasse Insekten

Größe 2,5–3 cm

Viele Tiere wurden als Symbol von Gottheiten angesehen, oft, weil man sie mit großer Macht, Kraft oder Schönheit in Verbindung brachte. Doch die Verehrung der alten Ägypter für den Pillendreher (Skarabäus) basierte auf dessen scheinbarer Fähigkeit, aus toter Materie zu entstehen, und auf der Ähnlichkeit zwischen dem gerollten Kotball und der Sonne bei ihrem Lauf über den Himmel.

- ✦ Nahrung
- ✦ Medizin
- ✦ Wirtschaft/Handel
- ✦ ***Geschichte/Kultur***

Nächtliche «Hinterlassenschaften» natürlich recyceln

Die Ägypter verehrten eine der – aus unserer Sicht – merkwürdigsten Götterwelten des Altertums; oft waren die Götter Mischwesen zwischen Mensch und Tier. Doch die Zuschreibung erfolgte nicht willkürlich, denn man suchte in Körpergestalt, Verhalten und Lebenszyklus der umgebenden Tierwelt nach Darstellungen der göttlichen Welt. So assoziierte man die größte Gottheit, den Sonnengott Ra, mit einem einfachen Insekt, dem Heiligen Pillendreher oder Skarabäus. Heutzutage schätzt man den Pillendreher – neben seiner mythischen und rituellen Bedeutung für das alte Ägypten –, weil er sich als Müllabfuhr der Natur betätigt, indem er die nächtlichen Hinterlassenschaften von Tier und Mensch beseitigt. So verhindern der Pillendreher und verwandte Arten, dass sich Exkremente auf Weiden und Äckern anhäufen und zur Brutstätte von Schädlingen und Krankheitserregern werden.

Der Heilige Pillendreher gehört zur großen Gruppe der Blatthornkäfer. Viele Vertreter ernähren sich im Larvenstadium von Säugetierkot und nutzen diesen für ihren Fortpflanzungszyklus. Der Körper mancher Blatthornkäfer glänzt auffällig in metallischen Blau- und Grüntönen; beim Pillendreher ist der schwarze Körper eher matt glänzend und gedrungen. Der Kopfschild trägt vorne sechs gezackte Fortsätze; die kurzen Fühler sind mit Geruchssensillen ausgestattet, mit deren Hilfe der Käfer Tierkot lokalisieren kann. Das vordere der insgesamt drei Beinpaare ist verkürzt und kann wie eine Schaufel beim Sammeln, Rollen und Vergraben von Dung eingesetzt werden. Der Heilige Pillendreher ist rund ums Mittelmeer verbreitet und bevorzugt Halbwüsten und trockene Küstengebiete.

Die Pillendreher verzehren den Kot nicht nur, sondern nutzen einen gerollten Kotball als Brutkammer für ihre Eier. Bereits vor der Paarung dreht das Männchen eine «Kotpille», entweder mithilfe des Weibchens oder alleine, während das Weibchen hinterherläuft. Wenn das Paar eine Stelle mit entsprechend weichem Erdreich findet, wird der Kotball vergraben und die beiden paaren sich im Boden. Das Weibchen legt die befruchteten Eier in die Kotpille, die gleichzeitig als Kinderstube und Futter für die geschlüpften Larven dient. Pillendreher durchlaufen wie viele Insekten eine vollständige Metamorphose mit den Stadien Ei, Larve, Puppe und Imago; diese findet komplett in der vergleichsweise geschützten Kotpille statt.

Recycling
Pillendreher spielen eine wichtige Rolle bei der Erhaltung der Bodenfruchtbarkeit, da sie Tierkot vergraben.

Ähnlich wie Regenwürmer, die sich durch das Erdreich fressen und graben und dabei organische Materie recyceln, verbessern Pillendreher die Bodenfruchtbarkeit, indem sie Tierkot vergraben und fressen. Ihre Grabetätigkeit hat zudem den Vorteil, dass Krankheitserreger und Schädlinge zurückgehen, die sich ansonsten in dem freiliegenden Kot vermehren könnten. In Australien und Neuseeland, wo Mistkäfer und verwandte Arten fehlen, führte man gezielt mehrere Mist- und Dungkäferarten ein und konnte so die Bodenfruchtbarkeit verbessern, gleichzeitig die Menge der Schadinsekten reduzieren und die Freisetzung von Treibhausgasen vermindern.

Transformer

Mehrere alte Kulturen waren vom Entwicklungszyklus des Pillendrehers/Skarabäus fasziniert und sahen in seiner Geburt aus einer Kugel unbelebter Materie ein Symbol von Tod und Wiederauferstehung. Die alten Ägyp-

Wiedergeburt
Der Heilige Pillendreher galt den alten Ägyptern als Symbol der Wiedergeburt und als eine Personifikation des Sonnengotts Ra.

Transformer
Die Skarabäus-Hieroglyphe der altägyptischen Schrift lässt sich mit dem Verb «umwandeln» übersetzen.

ter hatten die komplexeste religiöse Beziehung zum Skarabäus: Darin vermischten sich ihre Vorstellungen vom täglichen Tod der Sonne und ihrer allmorgendlichen Wiedergeburt, von der Mumifizierung der Verstorbenen und ihrer Wiedergeburt im Leben nach dem Tode und von der göttlichen Natur der Pharaonen als Inkarnation des Sonnengotts Ra. Skarabäusdarstellungen waren im alten Ägypten überall verbreitet: als Tempelstatuen, als mit Mumien assoziierte Grabgötter, als persönliche Namenssiegel, Amulette, Geschenke, Gedenkobjekte und persönliche Schmuckgegenstände. Der Skarabäus wurde auch als Hieroglyphe im ägyptischen Schriftsystem verwendet und war Bestandteil vieler Pharaonennamen.

Die Ägypter glaubten, es gebe keinen weiblichen Skarabäus und das Männchen vermehre sich asexuell, indem es seinen Samen in den Kotball injiziere. Dies führte zur Assoziation mit dem Gott Chepre; er war «der von selbst Entstehende», der sich aus dem Nichts erschuf, und eine der Inkarnationen des Sonnengotts Ra. Auf Grabfresken und Tempelfriesen ist Chepre als Skarabäus oder als Mensch mit einem Skarabäuskopf dargestellt. In Form eines riesigen Skarabäus rollte Chepre die Sonne Tag für Tag über das Himmelsgewölbe, genau wie ein Pillendreher, der seine Dungkugel rollt. Am Abend wurde die Sonne von der Himmelsgöttin Nut verschluckt, um am Morgen in Form des neugeborenen Chepre aus ihrem Schoß wiedergeboren zu werden. In Ägypten gibt es keine speziell dem Chepre geweihten Tempel, doch in vielen Tempeln stehen große Skarabäusstatuen.

Wegen seiner Verbindung mit Tod und Wiedergeburt des Sonnengotts spielte der Skarabäus bei den Begräbnisriten des alten Ägyptens eine wichtige Rolle. Der Körper des Pharao – er war eine Inkarnation des Sonnengotts Ra – wurde durch Mumifizierung konserviert; dabei wurden die inneren Organe entfernt und getrennt vom Körper in besonderen Gefäßen, den sogenannten Kanopen, aufbewahrt. Das Muskelfleisch wurde mit einem Gemisch aus Natron und Gewürzen behandelt

Pharaonische Andenken

✦

Der Pharao Amenophis III. (etwa 1388–1351 v. Chr.) ließ Hunderte geschnittener Steinskarabäen in Umlauf bringen, um an wichtige Ereignisse während seiner Regentschaft zu erinnern. Diese 4,5–11 cm langen Gedächtnis-Skarabäen waren grün oder blau bemalt und durchbohrt, sodass man sie als Anhänger tragen konnte. Wie heutige Gedenkmünzen und -medaillen wurden sie vermutlich lokalen und ausländischen Würdenträgern übergeben. Zu den denkwürdigen Ereignissen gehörten zwei seiner Hochzeiten (eine mit seiner Hauptgemahlin und eine mit einer ausländischen Prinzessin), zwei rituelle Jagden und die Anlage eines großen künstlichen Sees.

und mit Binden umwickelt. In die Umhüllung des Mumienkörpers steckte man skarabäusförmige Amulette; diese wurden auch als Beigaben im Grabmal platziert.

Auf die Brust der Mumie legte man einen «Herz-Skarabäus», um das entnommene Herz zu ersetzen. Nach ägyptischem Glauben war das Herz der Sitz der menschlichen Seele. Nach dem Tod wog der schakalköpfige Gott Anubis das Herz gegen die «Feder der Wahrheit» ab, um zu entscheiden, ob der Verstorbene das ewige Leben verdiente oder zum ewigen Tod verdammt werden sollte (in diesem Fall wurde sein Herz von der Jenseitsgöttin Ammit gefressen). Der Herz-Skarabäus trug auf der Unterseite einen magischen Spruch aus dem Totenbuch, um zu garantieren, dass die Seele des Verstorbenen das Urteil des Anubis überlebte. Im nahezu ungeplünderten Grab des Tutanchamun (1341–1323 v. Chr.) fand sich ein reich verzierter Herz-Skarabäus, der aus einem Stück libyschem Wüstenglas gefertigt war.

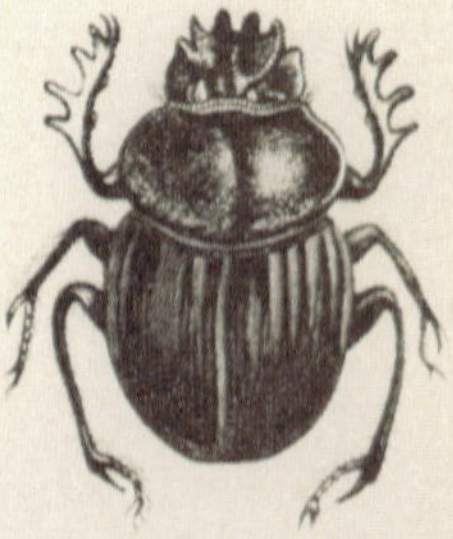

Rollerball
Die Vorderbeine des Pillendrehers sind speziell ans Einrollen des Tierkots und Vergraben der Kotpille angepasst.

Der Skarabäus gehörte zu den Hieroglyphen, die man im alten Ägypten als Schriftzeichen verwendete. Eine Hieroglyphe konnte je nach Zusammenhang die Bedeutung eines ganzen Worts oder Namens besitzen oder eine rein phonetische Bedeutung haben. Die Skarabäus-Hieroglyphe wurde als (ch)pr ins römische Alphabet transkribiert und lässt sich als die Verben «werden», «entstehen» und «umwandeln» übersetzen. Wegen der heiligen Assoziationen zu Ra ist die Skarabäus-Hieroglyphe Bestandteil vieler Pharaonennamen, beispielsweise Men-(Ch)eper-Ra, dem Thronnamen von Thutmosis III. († etwa 1425 v. Chr.), was ins Deutsche übersetzt «Die umwandelnde Kraft des Ra» bedeutet.

Herrschersiegel
Die alten Ägypter stellten skarabäusförmige Namenssiegel aus verschiedensten Materialien her.

Wüstenheuschrecke

Schistocerca gregaria

Ursprüngliche Verbreitung Nordafrika

Klasse Insekten

Größe 7,5 cm lang

✦ Nahrung
✦ Medizin
✦ **Wirtschaft/Handel**
✦ Geschichte/Kultur

Rücksichtslose Umweltverschmutzung und Ressourcenausbeutung ohne Gedanken an die Zukunft sind Vorwürfe, die oft gegen die Menschheit erhoben werden. Verglichen mit einem Schwarm hungriger Wanderheuschrecken fallen diese Schäden jedoch kaum ins Gewicht.

Gefrässig wie die Heuschrecken

In Äsops Fabel «Die Ameise und die Heuschrecke» arbeitet die Ameise einen ganzen Sommer lang, um Vorräte anzulegen, während die Heuschrecke sich zurücklehnt. Als der Winter kommt, verhungert die Heuschrecke und die Ameise überlebt. Doch die Natur ist im Gegensatz zur altgriechischen Fabel weder moralisch noch fair, und bei der harmlos aussehenden Heuschrecke trügt vielleicht der Schein. Beim Wort «Heuschrecke» denken wir meistens an Grillenzirpen im hohen Gras. Sobald wir aber von «*den* Heuschrecken» reden, denken wir sofort an kahl gefressene Felder und Bäume. Dieses Spiel mit Singular und Plural hat eine biologische Grundlage, denn aus der eher einzelgängerischen (solitären) Wanderheuschrecke können bei entsprechenden Bedingungen die schwarmlebenden (gregären) Wanderheuschrecken werden.

Heuschreckenplagen gehören seit den Anfängen der Landwirtschaft zu den Geißeln der Menschheit. Bei günstigen Witterungsbedingungen pflanzen sich Wanderheuschrecken und insbesondere Wüstenheuschrecken zu Tausenden fort und sammeln sich in Schwärmen, die viele Milliarden Individuen zählen. Sie werden mit dem Wind verfrachtet und können über Tausende Kilometer wandern. In der Bibel waren die Wüstenheuschrecken eine der zehn Plagen, mit denen Gott Ägypten strafte. Doch auch heute noch sind Wüstenheuschrecken aktuell, denn die letzte große Heuschreckenplage fand erst von 2003–2005 in Westafrika statt.

Das Verbreitungsgebiet der Wüstenheuschrecke reicht normalerweise von Mauretanien (Westafrika) über die Sahara, Ostafrika und die Arabische Halbinsel bis in die ariden Regionen im Nordwesten des indischen Subkontinents. Dieses Gebiet ist zwar riesig, doch relativ dünn besiedelt und landwirtschaftlich nicht sehr intensiv genutzt. Aufgrund der geringen Niederschläge ist die Pflanzen-

decke dort spärlich, und die Heuschreckenpopulationen bleiben relativ klein. Wenn es im Frühling jedoch ausreichend regnet und die verfügbare Nahrung entsprechend zunimmt, schlüpfen viele Larven aus den Eiern und es bilden sich die immaturen flugunfähigen Nymphenstadien.

Wenn die Nymphen gemeinsam nach Nahrung suchen, kommen sie natürlicherweise in engen Körperkontakt. Man hat herausgefunden, dass das gegenseitige Berühren der Hinterbeine dazu führt, dass sich die solitäre Phase in die gregäre Phase umwandelt, wobei eine morphologische wie auch eine Verhaltensänderung erfolgt. Die Körperfarbe der Nymphen verändert sich von Grün zu Gelb und Schwarz, die der Adulttiere (Imagines) von Braun zu Rot oder Gelb, und die Flügellänge nimmt zu. Die Heuschrecken setzen flüchtige Lockstoffe frei, sogenannte Pheromone, sodass sich Schwärme von Nymphen und Imagines bilden. Die Insekten fressen mehr und pflanzen sich schneller fort. Wenn die optimalen Witterungsbedingungen anhalten, können die Schwärme riesig werden und ein bis zu 1200 km² großes Gebiet bedecken, mit 45–90 Millionen Individuen pro Quadratkilometer.

Fabel
Die Heuschrecke wurde in der klassischen Fabel als Beispiel für sorglosen Lebenswandel dargestellt.

Je nach vorherrschender Windrichtung kann ein Wüstenheuschreckenschwarm pro Tag 100–200 km zurücklegen und dabei bis zu 2000 m hoch fliegen. Das bedeutet, dass hohe Gebirge nicht überquert werden können, Meere allerdings sehr wohl. Regelmäßig gelangen Wanderheuschrecken von Nordafrika über das Rote Meer auf die Arabische Halbinsel. Während der Heuschreckenplage von 1987–1989 überflog ein Schwarm sogar den Atlantik und erreichte von Afrika binnen zehn Tagen die Karibik. Das letzte Massenauftreten ging von Westafrika aus und dauerte von Oktober 2003 bis Mai 2005. Es begann mit starkem, zwei Tage anhaltendem Regen im Herbst 2003, danach wuchs die Population der Wüstenheuschrecken rapide an; auf dem Höhepunkt 2004 hatten die Schwärme Teile von Nord- und Zentralafrika, den Nahen Osten, die Kanaren, Kapverden und Südeuropa erreicht. Obwohl man in 20 Ländern massive Bekämpfungsmaßnahmen einleitete, kostete diese «Plage» schätzungsweise 2,5 Mrd. Dollar und hatte eine Nahrungsmittelknappheit zur Folge.

Überflieger
Die geschlechtsreifen Wanderheuschrecken schließen sich zu riesigen fliegenden Schwärmen zusammen, die viele Milliarden Tiere zählen können.

Pärchenegel

Schistosoma mansoni

Ursprüngliche Verbreitung Afrika

Klasse Saugwürmer

Größe 0,6–1 cm lang

✦ Nahrung
✦ ***Medizin***
✦ Wirtschaft/Handel
✦ Geschichte/Kultur

Die Bilharziose betrifft zwar über 200 Millionen Menschen in der Dritten Welt und fordert jedes Jahr 200 000 Opfer, doch diese Epidemie wird weitgehend ignoriert. Nur wenige Menschen haben überhaupt jemals vom Pärchenegel (*Schistosoma*-Parasiten) gehört, der den Menschen im Rahmen seines komplexen Entwicklungszyklus infiziert.

Die ignorierte Epidemie

Kaum jemand weiß mit dem Begriff «Bilharziose» oder «Schistosomiasis» etwas anzufangen – diese Krankheit ist zwar nicht annähernd so bekannt wie Malaria oder AIDS-HIV, fordert auch nicht so viele Todesopfer, und doch handelt es sich um eine weltweite Epidemie. Betroffen sind 207 Millionen Menschen in den ärmsten Ländern der Welt, und laut WHO (Weltgesundheitsorganisation) besteht zurzeit für 700 Millionen Menschen (10 Prozent der Weltbevölkerung!) ein Bilharziose-Infektionsrisiko. Auch wenn die Krankheit vergleichsweise wenige Todesopfer fordert, führen die gesundheitlichen Folgen in den betroffenen Ländern zu beträchtlichen wirtschaftlichen Einbußen. Bilharziose ist wie Malaria eine vermeidbare Krankheit; sie wird über verseuchte Wasserversorgung und Gewässer verbreitet und ist tatsächlich eine Geißel der armen Bevölkerung.

Unzertrennlich
Das Weibchen bleibt nach der Paarung lebenslang in der Bauchfalte des Männchens; sein Kopfteil ist in der unteren linken Bildmitte zu erkennen, oben rechts der Kopfteil des Männchens.

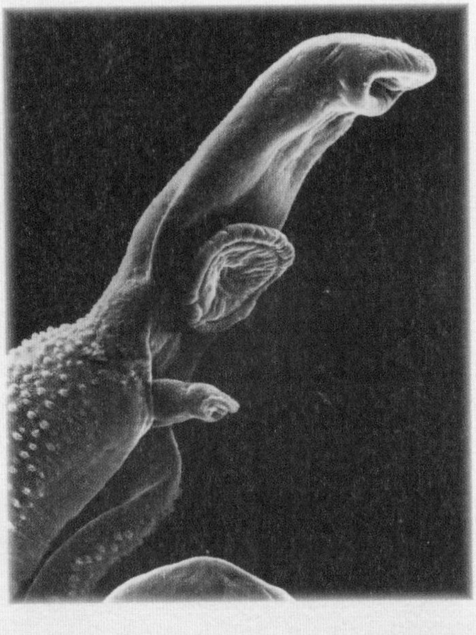

Pärchenegel (Schistosomen) sind Saugwürmer und gehören zum Stamm der Plattwürmer. Viele Saugwürmer sind Zwitter, doch Schistosomen sind getrenntgeschlechtlich. Das kürzere, flachere Männchen ist weißlich, mit Mundsaugnapf am vorderen und Bauchsaugnapf am hinteren Körperende. Der Körper des dünneren Weibchens ist stärker pigmentiert. Der Entwicklungszyklus der Schistosomen umfasst etliche Stadien, angefangen mit einem Eistadium im Süßwasser (etwa in Flüssen und Seen), einem Zwischenstadium in einem wirbellosen Zwischenwirt und dem Fortpflanzungsstadium im Endwirt, dem Menschen.

Insgesamt fünf *Schistosoma*-Arten können den Menschen befallen; hier beschäftigen wir uns mit zwei, *S. mansoni* und *S. haematobium*, die für unterschiedliche Krankheitsformen beim Menschen verantwortlich sind, nämlich eine sogenannte Darm-Bilharziose bzw. eine Blasen-Bilharziose. *S. mansoni* (Darm-Pärchenegel) ist aus Afrika nach Südamerika und in die Karibik gelangt. Zwischenwirte sind Süßwasserschnecken der Gattung *Biomphalaria* (Posthornschnecken), zu den Endwirten zählen außer dem Menschen Paviane und Nagetiere. *S. haematobium* (Blasen-Pärchenegel) ist in Afrika, dem Nahen Osten und im Mittelmeerraum heimisch und gelangte im 2. Weltkrieg versehentlich nach Indien. Sein Zwischenwirt sind Süßwasserschnecken der Gattung *Bulinus*, Endwirte sind neben dem Menschen gelegentlich auch kleinere Affen.

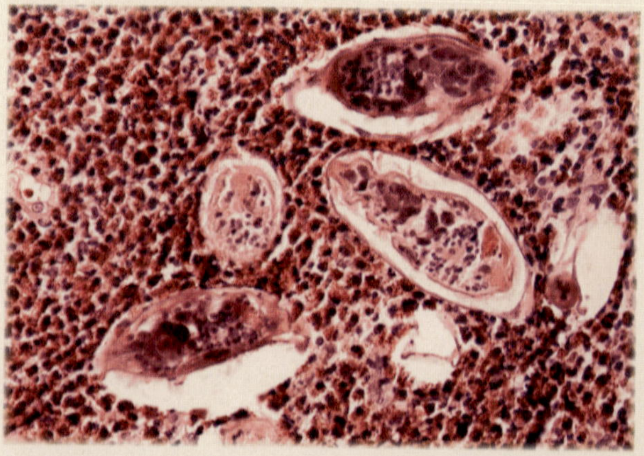

Nebenwirkung
Die eigentliche Erkrankung beim Wirt wird durch die Immunantwort des Körpers auf den Parasiten ausgelöst.

Beide *Schistosoma*-Arten besitzen einen ähnlichen Entwicklungszyklus, schließlich befallen sie aber unterschiedliche Körperregionen ihres Endwirts. Die Schistosomen-Eier werden von infizierten Menschen über Harn und Stuhl ausgeschieden; sobald sie ins Süßwasser gelangen, schlüpfen aus ihnen die frei schwimmenden Wimpernlarven («Miracidien»). In Ländern mit mangelhafter Abwasserbehandlung geschieht dies oft in Flüssen, Seen und Teichen, die auch zum Baden und Waschen benutzt werden. Die Wimpernlarven suchen zuerst aktiv ihren Zwischenwirt, eine Süßwasserschnecke, und dringen über den ausgefahrenen Schneckenfuß in sie ein. In der Schnecke wandelt sich das Miracidium in eine «Muttersporozyste» um, die sich rasch in viele Tochtersporozysten teilt. Diese entwickeln sich in der Schnecke weiter und werden zu «Cercarien» (Larven) mit Gabelschwanz, sogenannten Gabelschwanzcercarien. Diese werden von der Schnecke ins Wasser abgegeben und warten dort auf einen Säugetierwirt.

Sobald die Cercarie einen potenziellen Wirt entdeckt, heftet sie sich an die Haut des Wirts, bohrt sich mit dem Kopf durch die oberen Hautschichten und wirft den Gabelschwanz ab. Die Cercarie entwickelt sich dann zum jungen, noch nicht geschlechtsreifen Wurm («Schistosomulum»), der bis zu zwei Tagen in der Haut ausharren kann, bevor er ein Blutgefäß findet, über das er ins Körperinnere vordringt. Zuerst gelangen die jungen Würmer in die Lunge, setzen dort ihre Entwicklung fort und wandern dann in die Leber. *S. mansoni* benötigt für den Weg von der Haut bis zur Leber acht Tage. In der Leber wird der Parasit geschlechtsreif, bildet seinen Mund-

Doppelter Schaden

✦

Bilharziose ist in Ägypten auch als «Nilwurm» bekannt. Als in der Nachkriegszeit am Nil größere Staudämme und Bewässerungskanäle gebaut wurden, verschlimmerte sich die Epidemie, weil großflächig neue Lebensräume für den Schnecken-Zwischenwirt des Parasiten entstanden. Von den 1950ern bis in die 1980er behandelte man Bilharziosekranke mit Injektionen. Doch infolge verseuchter Injektionsnadeln trug diese Kampagne zur Verbreitung von Hepatitis C bei.

Eine chronische Schistosomiasis kann die Arbeitsfähigkeit der Betroffenen beeinträchtigen und in manchen Fällen zum Tod führen. In Subsahara-Afrika gehen jährlich mehr als 200 000 Todesfälle auf Schistosomiasis zurück.

Aus dem Merkblatt Schistosomiasis der WHO

saugnapf aus und beginnt, sich von den roten Blutkörperchen des Wirts zu ernähren. Zu diesem Zeitpunkt verpaaren sich die Schistosomen, und das Männchen nimmt das Weibchen lebenslang in seine Bauchfalte auf. Das Paar wandert dann zum endgültigen Befallsorgan im Endwirt: bei *S. mansoni* in die Blutgefäße der Darmwand, bei *S. haematobium* in die Blutgefäße von Harnblase, Harnleitern und Nieren. Nach 6–8 Wochen im Wirtskörper beginnt das mit dem Männchen verpaarte Weibchen Eier zu legen – bei *S. mansoni* bis zu 300 am Tag. Bei dieser Art werden viele Eier mit dem Stuhl ausgeschieden, andere verbleiben in den Blutgefäßen von Darm und Leber. Bei *S. haematobium* werden die Eier in den Harn abgegeben, doch viele bleiben im Körper. Schistosomen werden durchschnittlich 4–5 Jahre alt, in Extremfällen bis zu 20 Jahre.

Badedermatitis

Die Ursache der Schistosomiasis wurde Mitte des 19. Jahrhunderts von dem deutschen Mediziner Theodor Bilharz (1825–1862) in Kairo erkannt (daher Bilharziose); der komplette Entwicklungszyklus des Parasiten wurde im frühen 20. Jahrhundert aufgeklärt. Anhand von Mumien konnte man zeigen, dass die Krankheit bereits im Altertum verbreitet und im alten Ägypten eine häufige Todesursache war. Sie ist heutzutage nach wie vor eine Bedrohung für die Menschheit; zurzeit sind 207 Millionen Menschen infiziert, fast die Hälfte davon in Afrika. Viele Opfer sind Kinder unter 14 Jahren, und sie leiden aufgrund der Infektion unter Lernschwierigkeiten.

Infiziert
Der Zwischenwirt der Schistosomen, eine Süßwasserschnecke, ist inzwischen in vielen armen Regionen der Welt verbreitet.

Es sind nicht die Parasiten selbst, die bei der chronischen Schistosomen-Infektion zu Gesundheitsschäden beim Menschen führen – verantwortlich ist die Immunreaktion des Körpers auf die Eier in den Gefäßen. Zu den ersten Infektionssymptomen zählen eine juckende Hautreizung und ein leichter Ausschlag, die sogenannte Badedermatitis, zu der es beim Eindringen des Parasiten kommt. Innerhalb von 12 Wochen können schwere Fieberschübe auftreten (das sogenannte Katayama-Fieber), ferner Müdigkeit, Bauchschmerzen, Husten

Verseuchte Gewässer
Gemeinden in der Nähe von mit Schistosomen verseuchten Gewässern sind am stärksten von der Bilharziose bedroht.

und Durchfall, obwohl die Infektion auch symptomfrei verlaufen kann. Die Immunantwort auf die Darm-Bilharziose kann zu Darmverschluss und Blutverlust führen. Die Patienten können ein vergrößertes Abdomen entwickeln, der aufgeblähte Darmtrakt kann aufplatzen und zu bluten beginnen. Falls sich Eier im Lebergewebe befinden, kann es zur Schwellung von Leber und Milz und zu einer beeinträchtigten Leberfunktion kommen. Die Blasen-Bilharziose kann mit Geschwüren an den Geschlechtsorganen einhergehen, welche die Anfälligkeit für HIV erhöhen. Harnblasen- und Harnleiterentzündung kann Blasenkrebs zur Folge haben. In seltenen Fällen kann es auch zu neurologischen Folgeerkrankungen kommen.

Schistosomiasis lässt sich, anders als HIV, relativ leicht diagnostizieren, indem man die Eier im Stuhl oder Harn der infizierten Personen nachweist. Danach lässt sich die Infektion durch eine jährliche Verabreichung des Medikaments Praziquantel behandeln – im Vergleich zur Malaria- oder HIV-Behandlung ist das sehr billig. Die WHO hat Leitlinien zur Behandlung betroffener Gemeinden entwickelt: Sobald ein Dorf mitteilt, dass der Harn bei der Hälfte der Kinder blutig ist, wird das gesamte Dorf behandelt; wenn nur 20–50 Prozent der Kinder Symptome aufweisen, behandelt man alle schulpflichtigen Kinder; wenn der Befall unter 20 Prozent fällt, ist keine Massenbehandlung nötig. Eine weitere Bekämpfungsmethode – neben der Behandlung der Infektion – ist die Eliminierung des Zwischenwirts, also der entsprechenden Süßwasserschnecken. Dazu kann man Präparate zum Abtöten von Schnecken verwenden oder natürliche Feinde der Schnecken einführen, zum Beispiel Krebse.

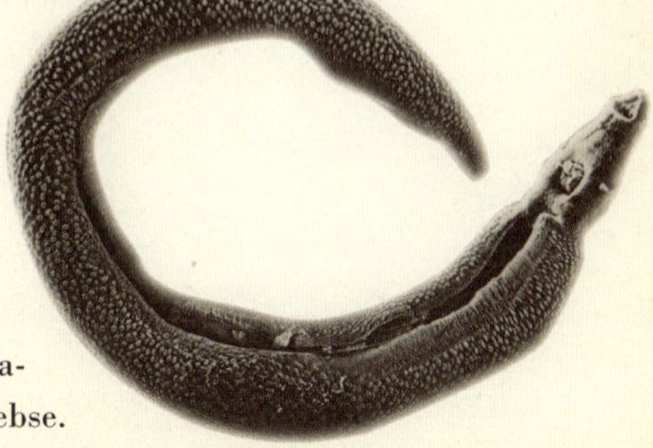

Hausschwein

Sus scrofa domestica

Ursprüngliche Verbreitung Europa, Nordafrika und Asien

Klasse Säuger

Größe 1,2–1,8 m lang

- **Nahrung**
- Medizin
- **Wirtschaft/Handel**
- **Geschichte/Kultur**

Der Vorfahr des Hausschweins, das Wildschwein, war eines der am weitesten verbreiteten Säugetiere der Alten Welt und wurde mindestens sieben Mal unabhängig domestiziert. Das Schwein gehört in vielen Kulturen zwar nach wie vor zu den wichtigsten Nahrungslieferanten, doch gleichzeitig ist der Schweinefleischverzehr in einigen Religionen strengstens verboten.

Die sieben Zähmungen des Wildschweins

In der modernen Welt des Agrobusiness werden drei Tierarten in extremer Intensivhaltung gezüchtet: Rinder, Hühner und Schweine. Diese drei hat der Mensch daher am stärksten manipuliert, um erwünschte Eigenschaften zu fördern – früher durch künstliche Zuchtwahl, heutzutage oft durch Gentechnik. Die zahlreichen modernen Hausschweinrassen stammen alle vom Wildschwein ab, das weltweit zu den häufigsten Säugetierarten gehörte und ursprünglich in Europa, Nordafrika, dem Nahen Osten sowie in Zentral-, Süd- und Ostasien verbreitet war. Anders als bei Pferden, Rindern oder Schafen, die vermutlich nur ein oder zwei Mal domestiziert und dann in alle Welt verbreitet wurden, nehmen Archäologen an, dass das Wildschwein bis zu sieben Mal unabhängig an verschiedenen Orten seines Verbreitungsgebiets domestiziert wurde.

Das Wildschwein ist ein untersetztes Tier mit großem Kopf und kurzen Beinen. Sein Fell besteht aus relativ steifen Borstenhaaren und einem weicheren Unterfell, dessen Farbe von Schwarz oder Dunkelbraun bis Grau oder fast Weiß variieren kann. Das Fell der Frischlinge ist in den ersten sechs Lebensmonaten oberseits hellbraun-dunkelbraun gestreift. Die erwachsenen Männchen (Keiler) und die Weibchen (Bachen) sind sich äußerlich bis auf die Zähne ähnlich. Beim Keiler entwickeln sich die unteren und oberen Eckzähne zu bis zu 10 cm langen, vorstehenden und nach oben gekrümmten Hauern, die als Waffe und zum Durchpflügen des Erdreichs eingesetzt werden; die Hauer der Bache sind wesentlich kürzer. Ausgewachsene Keiler sind Einzelgänger, doch Bachen und ihre

Wandelnde Speisekammer
Das Schwein wurde speziell als Lieferant großer Fleischmengen gezüchtet.

Waldbewohner
Das Wildschwein war früher eine der am weitesten verbreiteten Säugetierarten der Welt.

halbwüchsigen Nachkommen leben in sogenannten Rotten, die oft 20–30 Tiere zählen und von einer dominanten Bache angeführt werden. Wildschweine sind Allesfresser und verzehren pflanzliche und tierische Nahrung, einschließlich Aas und gelegentlich lebende Beute.

Die Wildschweinjagd ist schon aus prähistorischer Zeit belegt, und die Bedeutung des Wildschweins lässt sich daran ablesen, dass es in vielen Legenden und Mythen von Skandinavien bis China eine Rolle spielt. Für einen Jäger, der nur einen Speer oder Pfeil und Bogen als Waffe trug, war ein Keiler ein gefährlicher Gegner. Fühlt er sich in die Enge getrieben, dann greift er an und kann Menschen mit seinen Hauern schwer verletzen oder gar töten. In den griechischen Sagen existieren mehrere wütende Eber, die die Felder verwüsteten und die Menschen in Angst und Schrecken versetzten. Artemis (Diana), die Göttin der Jagd, sandte den Bewohnern von Arkadien zur Strafe den wilden Erymanthischen Eber, und es gehörte zu den zwölf Aufgaben des Herakles (Herkules), diesen einzufangen. Dem König von Ätolien, von dem Artemis sich nicht genügend geehrt fühlte, sandte die recht schnell erzürnte Göttin den Kalydonischen Eber, um sein Königreich zu verwüsten. Der Eber wurde von einer Gruppe von Helden gejagt, der mehrere Argonauten angehörten, doch – ganz untypisch für die «macholastigen» griechischen Sagen – war es eine Frau, Atalante, die den ersten Treffer erzielte und die Haut als Trophäe erhielt.

Früher gingen die Archäologen davon aus, dass das Wildschwein vor etwa 13 000–12 000 Jahren domestiziert wurde, und zwar in China und der Osttürkei; von dort habe sich die Schweinehaltung allmählich ausgebreitet. Doch durch neuere Untersuchungen von Hausschwein-DNA er-

Jäger
In mehreren griechischen Sagen treten riesenhafte Wildschweine auf, die Menschen töteten und die Felder verwüsteten; hier die Jagd auf den Kalydonischen Eber.

gab sich ein ganz anderes und unerwartetes Bild, das zudem alle Theorien zur Domestikation von Haustieren infrage stellt. Als man in verschiedenen Regionen die DNA der dortigen Hausschweine untersuchte, entdeckte man, dass diese mit den lokalen Wildschweinpopulationen verwandt waren. Bis dahin hatte man angenommen, dass das Hausschwein mit Bauern in der Jungsteinzeit aus der Türkei nach Europa gelangt war; stattdessen zeigte sich jedoch, dass die europäischen Hausschweine am engsten mit europäischen Wildschweinen verwandt sind. Eine Forschergruppe der Durham University (GB) konnte folglich zu den zwei ursprünglichen fünf weitere Domestikationsorte hinzufügen: Mitteleuropa, Italien, Nordindien und Südostasien sowie die südostasiatischen Inseln.

Mutante
Das H1N1-Influenza-Virus enthält genetisches Material aus Influenzastämmen von Mensch, Vogel und Schwein.

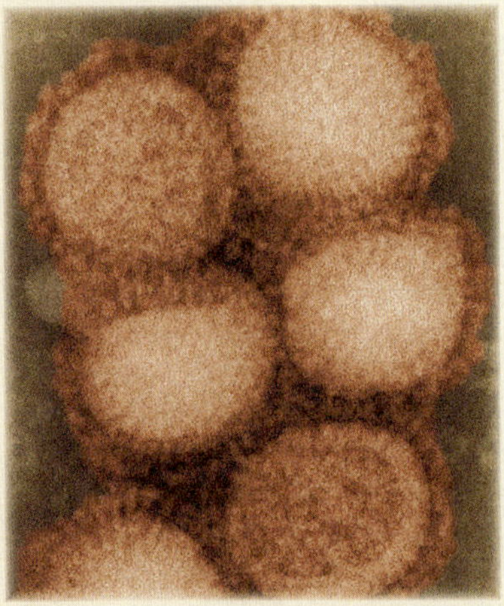

Armes krankes Schweinchen

Auch beim Hausschwein hat man die Theorie aufgestellt, dass Wildschweine bei ihrer eigenen Domestizierung mitgewirkt haben. Demnach wurden weniger aggressive Wildschweine, die nicht so viel Angst vor Menschen hatten, von den Abfallhaufen der menschlichen Siedlungen angezogen und wurden – wie Hunde und Katzen – allmählich in menschliche Gemeinschaften integriert. Die ersten Hausschweine wurden wie heute als Fleischlieferanten gehalten, aber auch wegen ihrer Häute (für Schilde, Schuhe und Behältnisse), wegen der Knochen (für Werkzeuge und Waffen) und wegen der Borsten (für Bürsten). Vor der Erfindung der Kunststoffe wurden Zahnbürsten hauptsächlich aus Wildschweinborsten hergestellt. Die Hausschweinrassen wurden auf Größe und geringe Behaarung hin gezüchtet; auch die Hauer der wilden Vorfahren gingen verloren.

Bei der traditionellen Schweinehaltung durften Hausschweine unter Aufsicht eines Schweinehirten frei umherstreifen und alles fressen, was sie fanden; so fungierten sie als natürliche Verwerter von menschlichen Exkrementen und Aas. Doch seit einigen Jahrzehnten werden Schweine in Massentierhaltung gezüchtet, was aus Tierschutzgründen und wegen des Einsatzes von Antibiotika und Wachstumshormonen (in den USA) problematisch ist. Man stellte fest, dass Schweine in Intensivhaltung ein Reservoir für die in Krankenhäusern gefürchteten multiresistenten MRSA-Stämme sind. Ferner teilte die WHO 2009 mit, dass ein neuartiger H1N1-Stamm der Schweinegrippe eine Pandemie ausgelöst hatte. H1N1 ist ein rekombinantes Virus, das genetisches Material aus vier verschiedenen Influenzastämmen enthält: der nordamerikanischen Schweinegrippe, der nordamerikanischen Vogelgrippe, der humanen Influenza und der eurasischen Schweinegrippe. Die neuartige H1N1-Influenza brach zuerst im April 2009 in Mexiko aus und verbreitete sich rasch. Bereits im Oktober 2009 hatte Präsident Obama H1N1 zum nationalen Notstand erklärt. Im Mai 2010 berichtete die WHO, dass die Krankheit in 214 Ländern bestätigt worden war und der Ausbruch zu 18 000 Todesfällen aufgrund von Atemwegskomplikationen geführt hatte.

Vielseitig
Schweinfleisch kann frisch verzehrt werden, lässt sich aber auch auf vielfältige Weise haltbar machen.

Neben den Gesundheitsrisiken, die Hausschweine für den Menschen darstellen, kam es durch die Einführung von Haus- und Wildschweinen in vielen Regionen (wo sie vorher nicht heimisch waren) zu größeren Umweltzerstörungen und zum Aussterben endemischer Arten. In Nord- und Südamerika, Australien, Neuseeland und auf mehreren Inselgruppen (wie Hawaii) eingeführte Schweine bildeten überall rasch verwilderte Populationen. Inzwischen rechnet man Schweine zu den 100 schlimmsten invasiven Arten, und sie wurden als «Hauptfaktoren von Artensterben und Ökosystemveränderungen» bezeichnet. Sie führen zu Veränderungen von Habitaten, Pflanzensukzessionen und Pflanzengesellschaften sowie zu einem Rückgang der heimischen Fauna, die auf die ursprünglichen Habitate angewiesen ist.

BAUCHSPECK
Schweinefleisch lässt sich durch Pökeln und Räuchern haltbar machen und wird seit Jahrhunderten gehandelt.

SPAM, SPAM, SPAM

Rohes Schweinefleisch wird gerne geschmort oder gebraten, lässt sich aber auch auf verschiedene Weise haltbar machen. Bevor es Kühlungsmöglichkeiten gab, konservierte man das Fleisch durch Pökeln oder Räuchern. Besonders Schinken und durchwachsener Speck sind in der westlichen Welt nach wie vor beliebt: Schinken als Brotbelag, Speck als wichtige Zutat von «Bacon and Eggs» beim berühmten englischen Frühstück. In Kontinentaleuropa existiert eine Fülle von Schweinefleischzubereitungen wie Pâtés, Rillettes, Terrinen, ferner Rohwürste, Brühwürste und Kochwürste. In der angelsächsischen Welt überwiegen die «Sausages»: Brühwürste, die gebraten und ebenfalls als Teil des englischen Frühstücks serviert werden. Der Hotdog gilt gemeinhin als uramerikanisch, wurde aber schon im 15. Jahrhundert in Deutschland erfunden. Und dann gibt es noch das berühmte Dosenfleisch «Spam», eine der «Delikatessen» des 2. Weltkriegs, das durch den «Spam-Sketch» in der Comedy-Show «Monty Python's Flying Circus» unsterblich wurde. Schließlich fand der Begriff Spam als Synonym für unerwünschte Nachrichten Eingang in die Computersprache.

Doch trotz der kulinarischen Verbreitung und Beliebtheit ist Schweinefleisch in zwei Weltreligionen, nämlich im Judentum und Islam, streng verboten. Nach den Mosaischen Gesetzen darf nur Fleisch von «koscheren» Tieren verzehrt werden; als solche gelten unter den Landtieren nur Paarhufer, die Wiederkäuer sind. Daher sind Schafe, Ziegen und Rinder koscher; Kamele, Pferde und Schweine jedoch nicht. Das jüdische Schweinefleischverbot wurde von einigen christlichen Kirchen, insbesondere von der äthiopisch-orthodoxen und der koptischen, sowie vom Islam übernommen. Der Koran sagt ganz unmissverständlich:

SCHWARZE DIAMANTEN

✦

Trüffeln sind seltene, unterirdisch wachsende Pilze in Waldgebieten. Sie sind in kulinarischen Kreisen sehr gefragt, dementsprechend teuer und werden als Zutat für Pasta, Salate und Fleischgerichte verwendet. In Europa richtet man Schweine und Hunde für die Trüffelsuche ab. Da Schweine hervorragend riechen und graben können, finden sie sogar in einem Meter Tiefe noch Trüffeln. Der Duft der Trüffeln gleicht dem Sexualduftstoff des Ebers, weshalb die Pilze besonders auf die Sauen anziehend wirken.

Verboten hat Er euch nur [den Genuss von] natürlich Verendetem, Blut, Schweinefleisch und von Fleisch, worüber ein anderes Wesen als Allah

angerufen worden ist. Aber wenn einer sich in einer Zwangslage befindet, ohne [es] zu begehren oder ohne eine Übertretung zu begehen, so trifft ihn keine Schuld; wahrlich, Allah ist allverzeihend und barmherzig.

Koran, Sure 2,173

Bei Historikern und Soziologen existieren mehrere Theorien, warum eigentlich in diesen beiden Religionen, die im Nahen Osten entstanden sind, Schweinefleisch tabu ist. Nach der ersten sind Schweine ökologisch für die Bedingungen im Nahen Osten ungeeignet, da sie dort mit dem Menschen um Nahrung und Wasser konkurrieren würden. Nach der zweiten verzehrten die Menschen dieser Region einfach kein Schweinfleisch und das Verbot ist nur eine religiöse Kodifizierung dieses Brauchs. Diese Erklärungen sind zwar möglich, aber nicht sehr plausibel. Die für meinen Begriff wahrscheinlichste Erklärung stammt vom Moses Maimonides (1135–1204), dem großen jüdischen Philosophen und Gelehrten des Mittelalters: Nach seiner Meinung war das Fleisch von Tieren, die als nicht koscher angesehen wurden, schwer verdaulich oder ungesund. Er räumte zwar ein, dass Schweinefleisch keineswegs ungenießbar sei, argumentierte jedoch, es müsse unrein sein, da Schweine Aas und menschliche Ausscheidungen fressen.

Maimonides hatte sicherlich insofern recht, als der Verzehr von Schweinefleisch gesundheitsschädlich sein kann. Zum oben Erwähnten kommt hinzu, dass Schweine Überträger einer besonders hohen Zahl von Pathogenen und Parasiten sind. Rohes oder ungenügend gekochtes Schweinefleisch kann mit Mikroorganismen wie *Listeria monocytogenes*, *E. coli*, *Salmonella*, *Yersinia enterocolitica* und *Staphylococcus aureus* verseucht sein. Neben diesen nervigen Bakterien können Schweine Spulwürmer, Hakenwürmer, Madenwürmer und Bandwürmer beherbergen. Die beiden gefährlichsten Parasitosen, die von Schweinen übertragen werden, sind jedoch Trichinellose, verursacht durch Trichinen, eine Fadenwurmart, und Zystizerkose, hervorgerufen durch den Schweinbandwurm *(Taenia solium)*. Nachdem in den Industrieländern Fleischbeschau und strenge Hygienebestimmungen zur Regel wurden, sind diese Krankheiten dort fast verschwunden, doch in Teilen von China, Südostasien, Indien, Subsahara-Afrika und Lateinamerika sind sie noch relativ häufig.

Märchen
Wie andere wichtige essbare Tierarten kommt auch das Schwein in vielen Märchen und Sagen vor.

Rattenfloh

Xenopsylla cheopis

Ursprüngliche Verbreitung
Asien

Klasse Insekten

Größe 2,5 mm lang

Welches Tier (abgesehen natürlich von uns selbst) hat den Lauf der Geschichte am stärksten beeinflusst? Nicht das Rind, nicht das Pferd oder das Schaf – nein, der Floh. In den vergangenen 1200 Jahren hat der Rattenfloh in Europa drei Pandemien ausgelöst, denen viele Hundert Millionen Menschen zum Opfer fielen – und anschließend nahm die Geschichte stets einen anderen Lauf.

✦ Nahrung
✦ ***Medizin***
✦ Wirtschaft/Handel
✦ Geschichte/Kultur

Hochsprung-Champion

Die Tierart, die wir am meisten fürchten sollten, ist kein großer fleischfressender Säuger, kein Fisch oder Reptil – es ist der kleine Floh. Wenn ein Tier jemals nahe daran war, die Menschheit auszurotten, dann ist es der Rattenfloh, der Überträger einer Krankheit, die so schrecklich war, dass man sie in der Geschichte einfach als den «Schwarzen Tod» oder das «große Sterben» bezeichnete. Auch wenn der «Schwarze Tod» des Mittelalters der bekannteste Ausbruch der Beulenpest ist, war er doch nur eine von drei besonders verheerenden Pandemien, die zwischen dem 6. und dem 20. Jahrhundert über den Globus zogen, Millionen Menschen töteten und dabei den Lauf der menschlichen Geschichte veränderten. Der Floh, sein Nagetierwirt und der Pesterreger *Yersinia pestis* weilen schon seit Jahrmillionen auf Erden, doch zu einer besonders gefährlichen Kombination wurden sie, als die Menschen vor rund 10 000 Jahren begannen, sesshaft zu werden und in Dörfern und Städten zu leben.

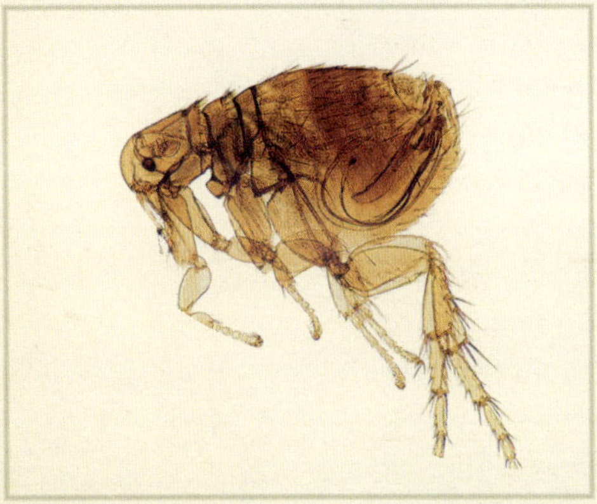

Hoch- und Weitspringer
Der flügellose Floh verfügt über ein gewaltiges Sprungvermögen, das er bei der Suche nach einem neuen Wirt nutzt.

Der Rattenfloh ist ein kleines, flügelloses Insekt von graubrauner Färbung. Er besitzt eine Reihe von nach hinten gerichteten Borsten, die ihm helfen, sich einen Weg durch das Fell seines Wirtes zu bahnen. Sein Körper ist seitlich abgeplattet und so robust, dass man ihn nur mit beträchtlichem Kraftaufwand zerdrücken kann. Zwar können Flöhe nicht fliegen, dafür aber enorme Sätze machen. Dieser Hoch- und Weitsprung-Champion der Tierwelt kann dank seiner kräftigen Hinterbeine 18 cm hoch und 33 cm weit springen. Mithilfe seiner stechend-saugenden Mundwerkzeuge ernährt sich der Floh vom Blut seines Wirtes; dabei gelangen Speichel wie auch unverdautes Blut in die Stichwunde und mit ihnen sämtliche gefährlichen Keime, die der Floh in sich trägt. Neben dem Pestbakterium überträgt der Floh als Zwischenwirt auch eine Bandwurmart und, wie die Laus, Fleckfieber.

Wie viele andere Insektenarten haben Flöhe einen Lebenszyklus, der vier Stadien umfasst: Ei, Larve, Puppe und erwachsenes Insekt. Die Flohweibchen legen ihre mikroskopisch kleinen Eier in Paketen von rund 20 Stück ins Fell ihres Wirtes, wo die Eier jedoch nicht haften bleiben, sondern zu Boden fallen. Unter günstigen Bedingungen schlüpfen die Larven nach 2–10 Tagen. Nach mehreren Larvenhäutungen erfolgt die Verpuppung in einem selbstgesponnenen Kokon. Das Puppenstadium bei Flöhen kann je nach Umweltbedingungen zwischen einer Woche und sechs Monaten dauern. Ideal für einen Floh sind Temperaturen zwischen 20 °C und 25 °C und 70 Prozent Luftfeuchtigkeit, doch unter widrigen Bedingungen können die Puppen bis zu einem Jahr überleben, was eine Bekämpfung besonders schwierig macht. Um Überleben und Fortpflanzung zu sichern, muss ein frisch geschlüpfter erwachsener Floh innerhalb einer Woche eine Blutmahlzeit zu sich nehmen. Anschließend kann er mehrere Monate ohne Nahrung auskommen.

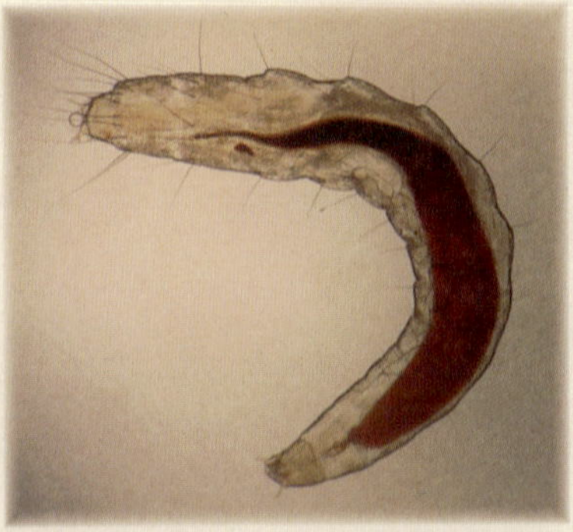

Überlebenskünstler
Die Flohlarve muss sich verpuppen, bevor sie zum adulten Floh wird. Die Dauer des Puppenstadiums kann unter Umständen verlängert werden, um günstigere Umweltbedingungen abzuwarten.

Ein geteiltes Reich

Wenn von der Beulenpest die Rede ist, denken wir meistens an den Ausbruch im 14. Jahrhundert, der als «Schwarzer Tod» in die Geschichte einging. Der Schwarze Tod war jedoch bereits der zweite pandemische Ausbruch der Beulenpest. Der erste Ausbruch, der im 6. Jahrhundert begann und bis ins 8. Jahrhundert andauerte, ist als Justinianische Pest bekannt, benannt nach dem byzantinischen Kaiser Justinian I. (483–565 n. Chr.), weil die Seuche unter seiner Herrschaft in Konstantinopel, der Hauptstadt des Oströmischen Reiches wütete.

Rund 500 Jahre lang kontrollierte das Römische Reich den Mittelmeerraum von Spanien bis Ägypten. Als das Reich größer wurde, seine Bevölkerung wuchs und die Verwaltung ständig aufwendiger wurde, wurde es immer schwieriger, es von der antiken Hauptstadt Rom aus zu führen. Im 4. Jahrhundert gründete Konstantin der Große (272–337 n. Chr.) im Osten mit der Stadt Konstantinopel ein «neues Rom», und setzte

Imperiale Träume
Die Pestepidemie beendete Justinians Träume von einer Wiedervereinigung des Römischen Reiches.

Opfer
Auch die Geistlichkeit litt schwer unter der Epidemie, da sie den Pestkranken medizinische Hilfe leistete.

damit einen Prozess in Gang, der schließlich zur Teilung des Reiches führen sollte. Der letzte Kaiser, der über den westlichen wie den östlichen Teil herrschte, war Theodosius (347–395 n. Chr.). Schon bald nach seinem Tod fiel der westliche Teil des Reiches den Barbaren zum Opfer, die über die Grenzen strömten und in den ehemaligen römischen Provinzen ihre eigenen Reiche errichteten. Die Abdankung des letzten Kaisers 476 n. Chr. besiegelte den endgültigen Niedergang des Weströmischen Reiches.

Selbst dann weigerten sich die Kaiser in Konstantinopel zu akzeptieren, dass das Weströmische Reich ein für alle Male verloren war. Im Lauf der folgenden Jahrhunderte versuchten sie immer wieder, den Westen zurückzugewinnen. Justinian kam dem Ziel am nächsten, denn es gelang ihm, den barbarischen Herrschern Nordafrika, Teile von Spanien und den größten Teil von Italien zu entreißen. Aber dann schlug das Unheil zu. Im Jahr 541 erreichte die Pest Konstantinopel; sie kam mit Getreideschiffen aus Ägypten, deren Ratten die Krankheit einschleppten. Auf ihrem Höhepunkt tötete die Pest in Konstantinopel jeden Tag 5000–10 000 Menschen. Nach Schätzungen von Historikern fielen bis zu 40 Prozent der Einwohner von Konstantinopel und rund ein Viertel der Bevölkerung des östlichen Mittelmeerraumes diesem ersten Ausbruch zum Opfer. Die erste Pestpandemie hielt bis Mitte des 8. Jahrhunderts an. Die Seuche flammte immer wieder auf und schwächte das Reich immer weiter.

Hätte die Pest nicht in diesem kritischen Zeitraum zugeschlagen, und wären Weströmisches und Oströmisches Reich unter byzantinischer Herrschaft wiedervereinigt worden, so wäre es vielleicht nicht zur Spaltung zwischen der griechisch-orthodoxen und der römisch-katholischen Kirche gekommen, und ein stärkeres, vereintes Christentum hätte dem Aufstieg des Islam und der arabischen Invasion im 7. Jahrhundert vielleicht besser widerstehen können. Die Weltgeschichte wäre möglicherweise ganz anders verlaufen, und Sie würden dieses Buch vielleicht in Latein oder Griechisch lesen.

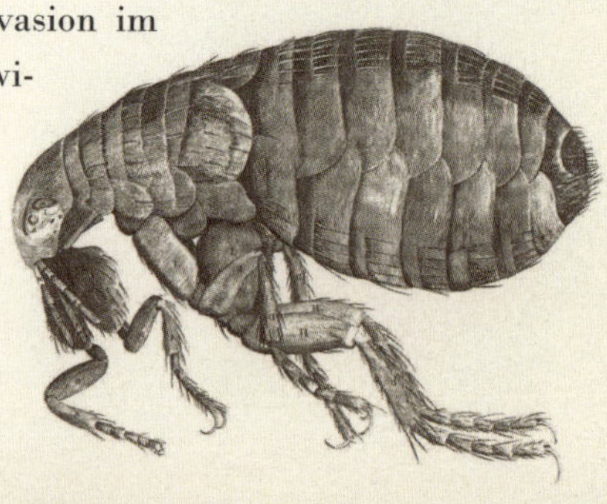

Bringt eure Toten nach draussen!

Auch wenn dies ein faszinierendes «Was wäre, wenn»-Szenario ist, so wurde es doch niemals wahr. Wenn wir acht Jahrhunderte weiter springen, sieht die Situation in der mediterranen Welt ganz anders aus. Das Oströmische Reich war nur noch ein Schatten seines früheren Selbst: Kaum mehr als die Stadt Konstantinopel, im Süden und Osten eingeklemmt zwischen zunehmend an Macht gewinnenden türkischen Staaten und im Westen und Norden zwischen expansionistischen europäischen Mächten. Zu Beginn des 14. Jahrhunderts war Europa jedoch trotz all seiner scheinbaren Energie und des zur Schau getragenen Selbstbewusstseins in einer tiefen Krise. Überbevölkerung in Kombination mit einer zeitweiligen Abkühlung des Klimas führte zu verbreiteten Hungersnöten; die Gesellschaft war verknöchert und wurde von einer repressiven Feudalaristokratie und Geistlichkeit beherrscht. Die bäuerliche Bevölkerung, die durch Brauch, Gewalt und Aberglauben an das Land gebunden war, durfte sich keine freien Gedanken erlauben. Europa verzettelte sich in ständigen Erbfolgekriegen, und im Osten gewann der militante Islam wieder zunehmend an Macht.

Wieviel rüstige Männer, schöne Frauen aßen noch am Morgen mit ihren Verwandten, um am Abend in einer anderen Welt mit ihren Vorfahren das Nachtmahl zu halten!
Die Lage der kleinen Leute war noch viel elender, da sie täglich zu Tausenden erkrankten und bei dem vollständigen Mangel an Pflege und Hilfe rettungslos starben.

Giovanni Boccaccio (1313–1375)

An diesem zweiten Wendepunkt der europäischen Geschichte schlug die Pest erneut zu. Im Jahr 1346 belagerten die Mongolen den Genueser Handelshafen Kaffa (heute Feodossija) am Schwarzen Meer. Im 14. Jahr-

Epidemien
Bis ins 17. Jahrhundert brachten Pestausbrüche immer wieder Not und Elend über Europa.

Pogrome
Immer wieder führten Pestausbrüche zu Verfolgungen jüdischer Gemeinden in Europa.

hundert beherrschten die Mongolen ein riesiges Reich, das sich von China bis in den Nahen Osten erstreckte; das erleichterte dem mit Pesterregern infizierten Rattenfloh und seinen Nagerwirten, sich im Gefolge der Karawanen, die über die Seidenstraße von China bis in die Levante zogen, sich weiträumig auszubreiten. Als unter den Belagerern von Kaffa die Pest ausbrach, schleuderten die Mongolen die infizierten Leichen per Katapult über die Mauern der belagerten Stadt. Die Genueser Kaufleute retteten sich auf ihre Schiffe und stachen Richtung Europa in See; so sorgten sie für die Ausbreitung der Pest. 1347 kam es in Konstantinopel zum Ausbruch der Seuche, 1348 dann in Südeuropa. Die europäische Bevölkerung, die schon durch ständige Kriege und Hungersnöte geschwächt war und weder über die medizinischen Kenntnisse noch die Technik verfügte, um sich zu schützen, hatte dieser zweiten Beulenpest-Pandemie nichts entgegenzusetzen.

Apokalypse
In einigen Teilen Europas starben bis zu 80 Prozent der Bevölkerung an der Pest.

Die Auswirkungen des Schwarzen Todes setzten sofort ein, und sie waren verheerend. Schätzungen, die sich auf zeitgenössische Quellen stützen, gehen von 75–200 Millionen Todesopfern allein im 14. Jahrhundert aus. Der Mediävist Philip Daileader nimmt an, dass zwischen 1348 und 1351 rund die Hälfte der europäischen Bevölkerung an der Pest starb, auch wenn die Mortalitätsraten von Region zu Region stark schwankten. Seinen Schätzungen zufolge könnten in Italien, Spanien und Südfrankreich 75–80 Prozent der Bevölkerung Opfer der Pest geworden sein, während die Sterblichkeit in England und Deutschland eher bei 20 Prozent gelegen haben dürfte. Die überbevölkerten, unhygienischen Großstädte des mittelalterlichen Europa waren am schlimmsten betroffen, während weniger dicht besiedelte ländliche Regionen weitaus weniger Opfer zu beklagen hatten. Nach den Vorstellungen des Mittelalters musste eine derartige Epidemie entweder das Werk eines zornigen Gottes oder verbrecherischer Menschen sein. Gruppen religiöser Fanatiker, die sogenannten Flagellanten, geißelten sich selbst bis aufs Blut, um den göttlichen Zorn zu besänftigen. Andere beschuldigten die Juden, die Seuche durch Brunnenvergiftungen zu verbreiten, was in ganz West- und Mitteleuropa zu Massakern in jüdischen Gemeinden führte. Der erste Ausbruch der Pandemie kam 1351 zu einem Halt, doch die Seuche flammte im Lauf der folgenden 200 Jahre immer wieder auf, wobei der letzte große Ausbruch 1665–1666 London traf.

Die Vernichtung der halben Bevölkerung hätte zu einem frühen Niedergang der westeuropäischen Zivilisation führen können, doch Europa überstand den Schwarzen Tod nicht nur, sondern ging gestärkt daraus hervor. Durch den plötzlichen Zusammenbruch der Bevölkerung wurde der Teufelskreis von Hungersnot, sinkenden Ernteerträgen und wirtschaftlichem Stillstand zerstört, der die erste Hälfte des 14. Jahrhunderts gekennzeichnet hatte. Historiker sehen in der Periode nach dem Schwarzen Tod den Beginn des westlichen Kapitalismus. Arbeitskräfte waren Mangelware, und die Bauern, die zuvor an ihr Land gebunden waren, wurden nun gegen Lohn eingestellt, was zu einer Monetarisierung der Wirtschaft führte und den Lebensstandard verbesserte. Die hohen Sterblichkeitsraten über alle Klassen hinweg erhöhten die soziale Mobilität, und das Unvermögen der Kirche, das Unheil abzuwenden, stellte ihre absolute Autorität infrage. Gemeinsam sollten diese Faktoren zu der Blüte in Kunst, Philosophie, Wissenschaft und Technik führen, die wir als europäische Renaissance bezeichnen.

Was den Rattenfloh angeht, so verursachte er eine dritte Pestpandemie, die über ein Jahrhundert – von 1855 bis 1959 – anhielt und Millionen Menschen in China und Indien tötete. Der Rattenfloh, inzwischen vom Menschen weltweit verbreitet, führte in den westlichen USA zwischen 1944 und 1993 zu 362 Todesfällen. Auch wenn die Pest zurzeit latent ist, ist die Seuche noch immer nicht ausgerottet, und nachdem auf Madagaskar 1995 ein antibiotikaresistenter Erregerstamm entdeckt wurde, könnte der Schwarze Tod erneut zu einer ernsten Bedrohung für die menschliche Gesundheit werden.

Quacksalber

✦

Dass der Schwarze Tod von Bakterien ausgelöst wird, begriff man erst mit Aufkommen der Keimtheorie im 19. Jahrhundert. Im Mittelalter glaubten die Ärzte, Krankheiten würden von einem Ungleichgewicht der vier Körpersäfte (siehe Blutegel, S. 104–109) hervorgerufen, ausgelöst von Umweltfaktoren; ferner würden Epidemien durch Miasmen (schlechte Luft) verbreitet. Um sich zu schützen, trugen Pestärzte einen bodenlangen Mantel, lange Beinkleider, Stiefel, Handschuhe und einen Hut aus gewachstem Leder. Der seltsamste Teil des Kostüms war jedoch eine Maske in Form eines Vogelkopfes mit langem, gebogenem Schnabel. Die Maske war eine Art primitives Atemgerät, und der Schnabel war gefüllt mit getrockneten Blüten, Kräutern, Gewürzen und Kampfer, von denen man annahm, sie könnten eine Ansteckung durch den üblen Pesthauch verhindern.

Mensch

Homo sapiens

Ursprüngliche Verbreitung Ostafrika

Klasse Säuger

Größe 1,4–2 m

- ✦ Nahrung
- ✦ Medizin
- ✦ Wirtschaft/Handel
- ✦ Geschichte/Kultur

Menschen sind die erfolgreichsten Säuger, die sich auf der Erde entwickelt haben – so erfolgreich, dass sie eines Tages die natürlichen Ressourcen des Planeten erschöpfen könnten. Menschen haben sämtliche Klimazonen vom Äquator bis zur Arktis besiedelt, aber nicht dadurch, dass sie sich physiologisch an die jeweilige Umwelt angepasst haben, sondern durch kulturelle und technische Anpassung. Seit ihrem Auftreten haben Menschen ihre natürliche Umwelt verändert, um sie an ihre eigenen Bedürfnisse anzupassen – sie haben neue Landschaften geschaffen und sie mit domestizierten Pflanzen- und Tierarten bevölkert. Mit der Entzifferung des menschlichen Genoms im 21. Jahrhundert steht die Menschheit an der Schwelle zum nächsten evolutionären Schritt in der Entwicklung ihrer Art, da sie die Kontrolle über ihre eigene Evolution übernimmt.

Neuankömmlinge

Es leben rund 7 Milliarden Menschen auf der Erde, und ein Ende des Wachstums scheint nicht in Sicht. Menschen sind zwar nicht die zahlenmäßig stärkste Tierart, da sie von Wirbellosen wie Insekten und Würmern in dieser Hinsicht weit überflügelt werden. Sie sind jedoch die erfolgreichste Art, was größere Tierarten angeht. Mit Ausnahme der Antarktis haben Menschen bereits in prähistorischen Zeiten jeden Kontinent und jede Klimazone erobert. Und im Gegensatz zu vielen in diesem Buch besprochenen Tierarten, die sich physiologisch an ihre Umwelt angepasst haben, passen sich Menschen kulturell und technisch an neue ökologische Nischen an.

Noch bemerkenswerter ist vielleicht, dass die Gattung *Homo*, zu der der moderne Mensch gehört, kaum 2,5 Millionen Jahre alt ist. Im Vergleich zu vielen hier vorgestellten Tierarten sind Menschen wirklich Neuankömmlinge auf dieser Erde. Und wenn wir der kreationistischen Theorie vom Ursprung des Menschen glauben, sind wir sogar noch jünger. Nach der buchstäblichen Interpretation der Schöpfungsgeschichte, wie sie Bischof James Ussher (1581–1656) vornahm, begann Gott am Vorabend des 23. Oktober 4004 v. Chr. mit der Schaffung des Kosmos. Am sechsten Tag formte er den Menschen «nach seinem Abbild» aus Lehm. Wenn man hingegen den Aussagen von Paläontologie und Anthropologie folgt, begannen sich die Entwicklungslinien von Menschen und ihren nächsten Verwandten, den Großen Menschenaffen, vor

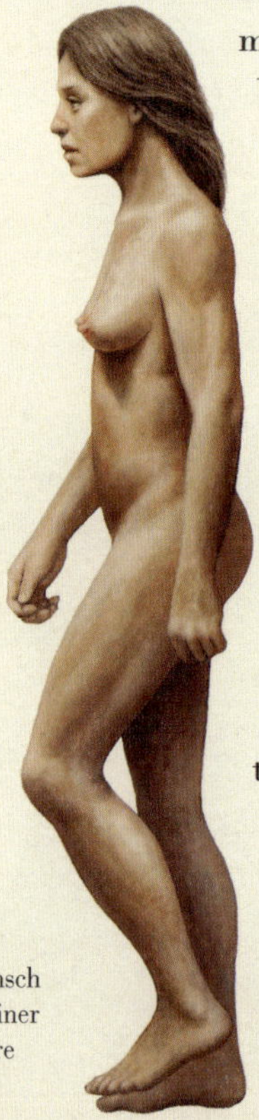

Aufstieg
Der moderne Mensch ist das Ergebnis einer 2,5 Millionen Jahre langen Reise.

8–4 Millionen Jahren voneinander zu trennen. Am Anfang der menschlichen Linie stehen nach Ansicht der meisten Experten die afrikanischen Australopithecinen, die vor rund 4,1 Millionen Jahren erstmals auftraten. Wenn wir heute auf einen Australopithecinen träfen, würden wir ihn eindeutig als menschenähnlich, aber nicht als menschlich einordnen. Die Australopithecinen zeigen eine seltsame Mischung menschen- und menschenaffenähnlicher Merkmale: Sie waren relativ zierlich gebaut, mit kleinem Hirnschädel und behaart, aber gleichzeitig gingen sie auf zwei Beinen und benutzten Werkzeuge, auch wenn diese wahrscheinlich sehr einfach waren.

Vorfahren
Die Australopithecinen gingen aufrecht und gebrauchten Werkzeuge; sie sind die direkten Vorgänger der Gattung *Homo*.

Wenn wir einen Sprung von 1,7 Millionen Jahren machen, betritt der erste Vertreter der Gattung *Homo* die afrikanische Bühne: *Homo habilis*, was so viel wie «der geschickte Mensch» bedeutet. Seinen Beinamen verdankt er seiner Fähigkeit, Steinwerkzeuge herzustellen und zu benutzen. Der Stammbaum des Menschen ist voller Vormenschen, die unsere direkten Vorfahren sein könnten, darunter *Homo erectus* (vor 1,8–1,3 Mio. Jahren) und *Homo neanderthalensis* (vor 350 000–30 000 Jahren), doch der moderne Mensch, *Homo sapiens*, tauchte erst vor rund 250 000 Jahren in Afrika auf, besiedelte den ganzen Planeten und verdrängte alle anderen Vertreter der Gattung *Homo*. Die Fossilfunde zeigen eine langsame Evolution von den menschenaffenähnlichen Australopithecinen hin zu den menschenähnlicheren Hominiden, die ein größeres Gehirn, kleinere Zähne, geschicktere Hände und einen Kehlkopf entwickelten, der zu einer modulierten Sprache fähig war, und die eine zunehmend raffiniertere Werkzeugkultur schufen.

Die neolithische Revolution

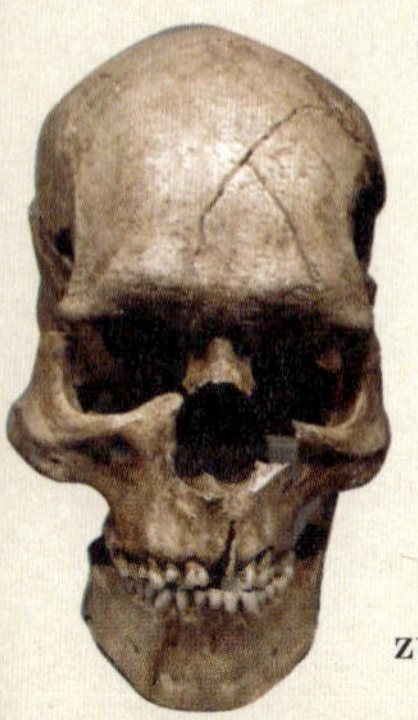

Ob der moderne Mensch nun am sechsten Tag im Garten Eden geschaffen wurde oder sich über einen Zeitraum von 2,5 Millionen Jahren entwickelt hat: Er nahm vor rund 250 000 Jahren die Erde in Besitz und verbrachte die nächsten 240 000 Jahre damit, sie als nomadischer Jäger und Sammler zu erkunden, von Ort zu Ort zu ziehen, den Herden großer Pflanzenfresser zu folgen und Samen und Früchte von Pflanzen zu ernten. Doch vor rund 10 000 Jahren hatte ein Mann oder eine Frau eine revolutionäre Idee. Wir können uns vorstellen, wie er oder sie aufstand und, auf ein besonders hübsches Plätzchen weisend, erklärte: «Ich bin es satt, ständig umherzuziehen! Warum lassen wir uns nicht einfach hier nieder?» Einige Sozialwissenschaftler sind der Meinung, dies sei der Punkt gewesen, an dem sich die Sache der Menschheit zum Schlechten gewendet habe (aber manche Leute glauben auch, der erste Fehler unserer Vorfahren sei schon gewesen, die Bäume zu verlassen).

Das Leben als Mitglied einer Gruppe jungsteinzeitlicher Jäger und Sammler war wohl ziemlich egalitär, wie man an den wenigen Jäger-und-Sammler-Kulturen sehen kann, die bis in die Gegenwart überlebt haben. Ein sesshaftes Leben bringt hingegen die Entwicklung von sozialen Ungleichheiten aller Art mit sich, beispielsweise Besitzrechte und Arbeitsteilung. Und so steht man ein paar Tausend Jahre später morgens auf und macht sich auf den Weg, um auf den Feldern zu arbeiten, aber nicht für sich, sondern für irgendeinen Kerl, der sich als König oder Hohepriester aufspielt. Es gibt mehrere Theorien, um zu erklären, warum sich die Menschen dafür entschieden, sesshaft zu werden, darunter der immer populäre Klimawandel und das Bevölkerungswachstum, das durch eine Lebensweise als Jäger und Sammler nicht länger aufrechterhalten werden konnte.

Archäologen sind der Ansicht, dass der neolithische Ackerbau vor etwa 11 000–3000 Jahren an sieben Standorten begonnen haben könnte: in der Alten Welt im fruchtbaren Halbmond (heute Irak, Israel, Jordanien, Libanon, Syrien, Südosttürkei und Westiran), in Zentralchina, im Hochland von Neuguinea und in Afrika südlich der Sahara sowie in der Neuen Welt im östlichen Nordamerika, in Mexiko und im Nordosten von Südamerika. Unser landwirtschaftlicher Garten Eden ist vermutlich der fruchtbare Halbmond; dort bauten Menschen erstmals die «Stammeltern» von Weizen, Gerste, Erbsen, Linsen, Kichererbsen und Flachs an und begannen auch Feigenbäume zu pflanzen.

Werkzeugkasten
Auch Menschenaffen gebrauchen einfache Werkzeuge, doch Artefakte der Frühmenschen zeichnen sich durch eine ganz andere Qualität aus, was sich besonders in den Verzierungen zeigt.

Etwa vor 10 000–9000 Jahren hatte sich im südlichen Mesopotamien (heute Irak) und im Niltal eine Landwirtschaft im großen Stil entwickelt. Etwa um die gleiche Zeit domestizierten die alten Chinesen Reis, Hirse und Sojabohnen. Europäer begannen vor rund 9000 Jahren mit dem Ackerbau, und die ältesten bekannten umfriedeten Felder, die in Irland entdeckt wurden, sind etwa 7500 Jahre alt. Im Industal (heute Pakistan) begann der Anbau von Weizen, Gerste, Erbsen, Datteln und Mangos vor rund 6000 Jah-

Erfindungsgeist
Etwa vor 10 000 Jahren wurden die Menschen sesshaft und entwickelten den Ackerbau.

ren, vor etwa 5000 Jahren kamen Reis und Zuckerrohr hinzu. Die Landwirtschaft in Nord- und Südamerika entwickelte sich später (vor 5000–3000 Jahren) und basierte auf anderen Nutzpflanzen, darunter Kartoffeln, Mais, Tomaten, Bohnen, Paprika und Kürbis.

Während die Menschen feste landwirtschaftliche Siedlungen errichteten und neue Nutzpflanzen domestizierten, machten sie sich auch die Fauna zunutze: Tiere wurden zunächst wegen ihres Fleisches domestiziert, später aber auch als Milch-, Leder- und Wolllieferanten genutzt und als Lastträger eingesetzt. Jahrtausendelang existierten zwei grundsätzlich verschiedene Lebensweisen nebeneinander: Zum einen gab es die sesshaften Bauern, die ihre Felder bestellten und Tiere züchteten, zum anderen die nomadischen Hirten, die mit ihren Herden von Weidegrund zu Weidegrund zogen. Die Konkurrenz zwischen diesen beiden Lebensstilen führten von der Antike bis in unsere Zeit zu heftigen Auseinandersetzungen; der Konflikt zwischen den Prärie-Indianern und den europäischen Siedlern ist nur ein Beispiel aus jüngerer Zeit. In der modernen Welt hat die sesshafte, auf Landwirtschaft beruhende Lebensweise die Lebensformen der Jäger und Sammler und der nomadischen Hirten verdrängt.

Das neolithische New York

Von den Anfängen der Sesshaftigkeit bis zu größeren Siedlungen dauerte es nicht lange. Eine der frühesten bekannten Städte war Çatalhöyük in Südanatolien (heute Türkei). Sie wurde vor rund 9500 Jahren gegründet und blieb 1800 Jahre lang bewohnt. Wenn wir uns in die Stadt Çatalhöyük während ihrer Blütezeit zurückversetzen könnten, würden uns zwei Hauptunterschiede zu unseren heutigen Städten ins Auge springen: Es gab weder auffällige öffentliche Gebäude wie Paläste oder Tempel noch Straßen oder Fußpfade zwischen den Gebäuden. Die Innenstadt von Çatalhöyük bestand aus Lehmziegelhäusern, die so dicht gepackt waren wie Kammern in einer Honigwabe. Die Flachdächer der Häuser dienten vermutlich als Straßen und Plätze, und das kommunale Leben fand bei gutem Wetter wahrscheinlich im Freien statt; so gab es draußen beispielsweise gemeinsam genutzte Backöfen. Als «Eingangstüren» der Häuser dienten Löcher im Dach, von denen eine Leiter oder eine einfache Treppe zum unteren Stockwerk führte. Die Öffnung in der Decke fungierte gleichzeitig als Fenster, um Licht und Luft einzulassen, und als Kamin, durch den der Rauch abziehen konnte.

Bienenstock
Die Stadt Çatalhöyük (oben) hatte weder Straßen noch öffentliche Gebäude. Die «Eingangstüren» der Häuser waren Löcher im Dach, die man über Stufen oder Leitern erreichte (unten).

Ein typisches Haus in Çatalhöyük bestand aus einem Hauptraum mit mehreren angeschlossenen kleineren Räumen, die der Vorratshaltung dienten. Einstiegsluke und Feuerstelle befanden sich an der Südwand – eine logische Anordnung, um den Rauch abziehen zu lassen. Der Hauptwohnbereich war in einem Stil möbliert, den wir wohl als minimalistisch bezeichnen würden, mit erhöhten Plattformen, die wahrscheinlich zum Schlafen, Arbeiten und anderen alltäglichen Tätigkeiten dienten. Wände wie auch Podeste waren glatt verputzt. Zur Inneneinrichtung gehörten auch anschauliche Wandmalereien, die sexuell erregte Männer, Jagdszenen und Wildtiere zeigten; dazu kamen reliefartig aus der Wand herausgearbeitete Figuren und aufgehängte Jagdtrophäen.

In den Häusern fand sich nur sehr wenig Abfall, Müll wurde zu Müllgruben außerhalb der Siedlung gebracht. Das schützte die Bewohner vor Ungeziefer und damit auch vor Krankheiten. In einer Hinsicht unterschieden sie sich jedoch deutlich von uns: Wenn unsere Lieben sterben, begraben oder verbrennen wir sie, und in den meisten Fällen werden die Überreste auf einem Friedhof beigesetzt, doch die Bewohner von Çatalhöyük wollten ihre Ahnen in der Nähe behalten. Sie begruben ihre Toten im Inneren ihrer Häuser, unter dem Fußboden, einer Plattform oder einer Feuerstelle. Die Leichen wurden nicht sofort bestattet und blieben wahrscheinlich zunächst einmal im Freien, um zu verwesen,

bis die Knochen schließlich im Haus der Nachkommen beigesetzt wurden. Wenn das Haus renoviert werden musste, rissen die Bewohner von Çatalhöyük ihr Heim nicht etwa ab und bauten es neu, sondern füllten das alte Haus mit Geröll und Lehmziegeln und benutzten es als Fundament für ein neues Haus. Angesichts der engen Nachbarschaft der Behausungen muss der Neubau eines Hauses eine Gemeinschaftsarbeit gewesen sein. Alles in allem gibt es 18 aufeinander folgende Siedlungsebenen in der Stadt.

Das Fehlen öffentlicher Gebäude und größerer Häuser, die einer Elite hätten vorbehalten sein können, lässt Archäologen vermuten, dass Çatalhöyük eine egalitäre Gesellschaft war, in der es kaum oder keine Klassenunterschiede gab. Wie eine Analyse von Begräbnisstätten und Skelettresten ergab, wurden Männer und Frauen gleich behandelt, die Geschlechter im jungsteinzeitlichen Çatalhöyük waren wahrscheinlich weitaus stärker gleichberechtigt als in späteren Zeiten der Geschichte. Zahlreiche Bilder und Figurinen wurden hier gefunden, was dafür spricht, dass die Stadt keine eigenen Kultstätten hatte, dafür aber ein reiches religiöses Leben, das möglicherweise auf den Kult einer Muttergottheit gründete.

Die Bewohner von Çatalhöyük waren Bauern, die Weizen, Gerste und Erbsen anbauten und auch Nüsse und Früchte in den umliegenden Hügeln ernteten. Sie hielten Schafe und vielleicht auch Auerochsen. Wahrscheinlich deckten sie den größten Teil ihres Eiweiß- und Fettbedarfs jedoch durch die Jagd. Zum Kochen und als Essgeschirr benutzten sie Töpferware; auch ihre Vorratsbehälter, religiösen Idole und Ziergegenstände waren getöpfert. Zudem stellten sie Werkzeuge aus hartem, schwarzem Obsidian her. Sie trieben nachweislich Handel mit anderen Gemeinschaften und tauschten ihre Produkte und Werkzeuge gegen Muschelschalen und Feuersteine aus dem weiter südlich gelegenen Syrien. Nach der obigen Beschreibung könnte Çatalhöyük vielen Menschen als die ideale Stadt erscheinen – eine kleine, stark vernetzte, egalitäre Gemeinschaft, deren Mitglieder in enger Nachbarschaft lebten, ihre Äcker bestellten, jagten, beteten und starben.

Wir werden niemals erfahren, ob die Menschen von Çatalhöyük glücklicher waren als die Männer und Frauen des 21. Jahrhunderts, die heute in

Prähistorische Hobbits

✦

Wie sich jetzt herausstellt, weist der menschliche Stammbaum viele Seitenzweige auf, die in evolutionäre Sackgassen geführt haben. Im Jahr 2004 wurde in einer Höhle auf der indonesischen Insel Flores möglicherweise eine neue Menschenart entdeckt. Ein besonderes Merkmal dieses *Homo floresiensis* ist seine geringe Größe.

Evolution
Die Entzifferung des menschlichen Genoms wird uns in Zukunft erlauben, unsere Evolution in die eigenen Hände zu nehmen.

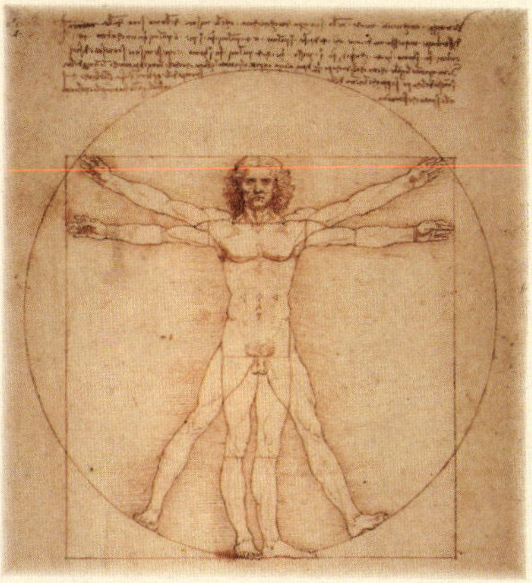

Städten wie London, New York, Delhi oder Peking leben. Es wäre hübsch, sich vorzustellen, dass es in der menschlichen Geschichte wenigstens *ein* glückliches Zeitalter gab, in dem die Menschen friedlich und zufrieden miteinander lebten und nur das von der Erde nahmen, was sie brauchten. Doch als ein paar Tausend Jahre später die Geschichtsschreibung einsetzt, verdüstert sich das Bild, und die Zeiten werden deutlich finsterer. Ganz gleich, welche Zivilisation man sich anschaut, vom alten China bis zu den heutigen Supermächten, stets stößt man auf eine tragische Aneinanderreihung von Kriegen, Völkermorden, Hungersnöten, Epidemien und menschengemachten sowie natürlichen Katastrophen, die mit dem Skript jedes großen Hollywood-Katastrophenfilms konkurrieren könnten.

Blaupause für den Menschen

✦

Seit 1953 die Struktur der DNA beschrieben wurde, träumen Forscher davon, die «Genkarte» oder das Genom des Menschen zu entschlüsseln. Die Aufgabe war beachtlich: Das haploide menschliche Genom besteht aus 3,3 Milliarden DNA-Basenpaaren; etwa 21 000 Protein-codierende Gene sind bekannt, die auf 23 Chromosomenpaaren gespeichert sind. Dem Human-Genom-Projekt, einer internationalen Zusammenarbeit, gelang es 2003, die Basensequenz zu entschlüsseln. Das Dechiffrieren des genetischen Codes des Menschen erlaubt uns, unsere eigene Biologie auf molekularer Ebene zu verstehen, was bereits zu ersten Gentherapien geführt hat, und eröffnet uns die Möglichkeit, die Evolution unserer eigenen Art und anderer Tierarten zu kontrollieren.

Zukunftsschock

Vielen Zukunftsforschern zufolge hat die Menschheit im Hinblick auf den Klimawandel und die Erschöpfung von Ressourcen wie fossilen Brennstoffen und seltenen Metallen bereits den Punkt erreicht, an dem es kein Zurück mehr gibt – die Nachhaltigkeit einer hoch technisierten Zivilisation ist also äußerst fraglich. Umweltaktivisten warnen, dass das Bevölkerungswachstum und die damit einhergehende Ausweitung der Landwirtschaft inzwischen zur Haupttriebfeder des Artensterbens geworden seien; dies verringert die Artenvielfalt unseres Planeten und macht ihn anfällig für eine ökologische Katastrophe. Was wir mit Sicherheit über die Vorhersagen der Futurologen sagen können, ist jedoch, dass sie in der Vergangenheit eigentlich immer falsch lagen. Die natürliche Zufälligkeit des Universums hat uns zusammen mit dem menschlichen Einfallsreichtum bisher erlaubt, jede Katastrophe zu überwinden und sie nicht nur zu überleben, sondern sogar gestärkt daraus hervorzugehen.

Wenn wir einen Blick zurück auf die 49 Tierarten werfen, die in diesem Buch vorgestellt wurden, können wir sehen, dass wir Menschen in den letzten 20 000 Jahren Tiere verändert und sie durch selektive Zuchtwahl so umgeformt haben, dass sie unseren Bedürfnissen genügen. Gleichzeitig sind wir – sei es direkt durch die Ausdehnung der Landwirtschaft oder indirekt durch Nebenprodukte unserer Industrialisierung wie Umweltverschmutzung und Klimawandel – zur Haupttriebkraft der tierischen Evolution geworden und entscheiden darüber, welche Art überlebt und welche zum Aussterben verurteilt ist. Auch wenn wir die Uhr in ein Stadium der menschlichen Geschichte zurückdrehen könnten, als sich die Zivilisation noch nicht so schädlich auf die natürliche Umwelt auswirkte, würde dies doch bedeuten, Milliarden Menschen zum Tode oder zu einem Lebensstil zu verurteilen, der viel ärmlicher ist als die Lebensweise, an die sich die Bürger von Industrieländern seit dem Aufkommen der industriellen Zivilisation gewöhnt haben.

Wir haben nur eine realistische Wahl, die darin besteht, den einmal eingeschlagenen Weg weiterzugehen. Seit Beginn der neolithischen Revolution vor 10 000 Jahren liegt das Geheimnis unseres Erfolges darin, dass wir Menschen mittels Kultur und Technik die Kontrolle über die natürliche Umwelt übernommen haben. Menschen haben sich nicht an die Umweltbedingungen der Regionen angepasst, die sie besiedelt haben, sie haben die Umwelt nach ihren Wünschen und Bedürfnissen umgestaltet. Und nun, da wir unseren genetischen Code entziffert haben, sind wir dabei, den nächsten Schritt der menschlichen Evolution zu tun, der zum Verschwinden von Krankheit und Altern führen könnte.

Innenraumgestaltung
Unsere frühen Vorfahren hinterließen uns nicht nur ihre Steinwerkzeuge, sondern zudem fantastische Höhlenmalereien von Tieren, die ihre Jagdbeute waren.

Bibliografie

Amiet, Felix/Krebs, Albert (2012) *Bienen Mitteleuropas*, Bern: Haupt

Attenborough, David (1999) *Das geheime Leben der Vögel*, Bern: Scherz

Attenborough, David (2003) *Das geheime Leben der Säugetiere*, Bern: Scherz

Balzari, Carl'Antonio & al. (2013) *Vogelarten Deutschlands, Österreichs und der Schweiz*. Bern: Haupt

Barber, Joseph (2013) *Das Huhn. Geschichte, Biologie, Rassen*, Bern: Haupt

Baumgartner, Hansjakob & al. (2011) *Der Wolf. Ein Raubtier in unserer Nähe*, 2. Auflage, Bern: Haupt

Benecke, Norbert (1994) *Der Mensch und seine Haustiere. Die Geschichte einer jahrtausendealten Beziehung*, Stuttgart: Theiss

Bergdolt, Klaus (2011) *Die Pest: Geschichte des Schwarzen Todes*, 2. Auflage, München: Beck

Brookes, Martin (2002) *Drosophila. Die Erfolgsgeschichte der Fruchtfliege*, Reinbek: Rowohlt

Coren, Stanley (2006) *Hunde, die Geschichte schrieben*, Stuttgart: Kosmos

Darwin, Charles (2002) *Die Abstammung des Menschen*, Stuttgart: Kröner

Darwin, Charles (2012) *Die Entstehung der Arten*, Weinheim: Wiley

Darwin, Charles (2008) *Die Fahrt der Beagle*, Frankfurt a. M.: Fischer

Dinzelbacher, Peter (2000) *Mensch und Tier in der Geschichte Europas*, Stuttgart: Kröner

Donkin, R.A. (1998) *Beyond Price: Pearls and Pearl-Fishing: Origins to the Age of Discoveries*, Philadelphia, PA: Memoirs of the American Philosophical Society

Dutli, Ralph (2012) *Das Lied vom Honig. Eine kleine Kulturgeschichte der Biene*, Göttingen: Wallstein

Ekarius, Carol (2008) *Storey's Illustrated Breed Guide to Sheep, Goats, Cattle and Pigs: 163 Breeds from Common to Rare*, North Adams, MA: Storey Publishing

Goodall, Jane/Redmond, Ian (2010) *Primates of the World*, London: New Holland Publishers

Goodfellow, Peter (2011) *Gefiederte Architekten. Die Kunst des Nestbaus im Vogelreich*, Bern: Haupt

Greenberg, Paul (2012) *Vier Fische – wie das Meer auf unseren Teller kommt*, Berlin: Bloomsbury

Greenfield, Amy Butler (2005) *A Perfect Red: Empire, Espionage And The Quest For The Colour Of Desire*, New York: Harper Collins

Hamilton, Gary (2010) *Super Species*, Richmond Hill, Ontario: Firefly

Hoare, Philip (2013) *Leviathan oder der Wal. Auf der Suche nach dem mythischen Tier der Tiefe*, Hamburg: Mare

Hodder, Ian (2006) *Çatalhöyük: The Leopard's Tale*, London: Thames & Hudson

Höllmann, Thomas (2011) *Die Seidenstraße*, 3. Auflage, München: Beck

Holm, Patricia (2010) *Faszinierende Fische. Biologie, Bedeutung und Zukunft*, Bern: Haupt

Hornung, Erik (2005) *Der Geist der Pharaonenzeit*, Düsseldorf: Albatros

Hudson, Pat (2002) *The Genesis of Industrial Capital: A Study of West Riding Wool Textile Industry, c.1750–1850*, Cambridge: Cambridge University Press

Irwin, Robert (2010) *Camel*, London: Reaktion Books

Johns, Catherine (2011) *Cattle: History, Myth, Art*, London: British Museum Press

Kistler, John M. (2005) *War Elephants*, Westport, CN: Greenwood Press

Klotz, Heinrich (1997) *Die Entdeckung von Catal Höyük: Der archäologische Jahrhundertfund*, München: Beck

Kurt, Fred (2014) *Von Elefanten und Menschen*, Bern: Haupt

McGavin, George (2005) *Insekten und andere Gliederfüßer*, Starnberg: Dorling Kindersley

Miklósi, Adam (2011) *Hunde – Evolution, Kognition und Verhalten*, Stuttgart: Kosmos

Mobini, Seyedmehdi (2006) *Goat Handbook*, Hauppauge, NY: Barron's Educational

Oeser, Erhard (2005) *Katze und Mensch. Die Geschichte einer Beziehung*, 3. Auflage, Darmstadt: WBG

Oeser, Erhard (2007) *Pferd und Mensch. Die Geschichte einer Beziehung*, Darmstadt: WBG

Ostling, Brutus (2008) *Kingdom of the Eagle*, London: A & C Black

Paul, Gregory (2010) *Dinosaurs*, London: A&C Black

Person, Jutta (2013) *Esel. Ein Portrait*, Berlin: Matthes & Seitz

Platen, Heide (1997) *Das Rattenbuch: Über die Allgegenwart eines verleugneten Nachbarn*, Frankfurt a. M.: Campus

Pöppinghege, Rainer (2009) *Tiere im Krieg. Von der Antike bis zur Gegenwart*, Paderborn: Schöningh

Roberts, Alicia (2012) *Die Anfänge der Menschheit. Vom aufrechten Gang bis zu den frühen Hochkulturen*, München: Dorling Kindersley

Robischon, Marcel (2011) *Planet der Insekten. Von duftenden Ameisen, betrügerischen Leuchtkäfern und gespenstischen Faltern*, Bern: Haupt

Rousseau, Elise/Le Bris, Yann (2014) *Pferde der Welt. 550 Rasseporträts*, Bern: Haupt

Sturm, C. F. & al. (2006) *The Mollusks: A Guide to Their Study, Collection, and Preservation*, Piscataway, NJ: Transaction

Turner, Alan (2000) *The Big Cats and Their Fossil Relatives: An Illustrated Guide to Their Evolution and Natural History*, New York: Columbia University Press

Ucko, Peter/Dimbleby, G. W. (2007) *The Domestication and Exploitation of Plants and Animals*, Boca Raton, FL: Universal Publishers

Wischermann, Clemens (2007) *Von Katzen und Menschen: Sozialgeschichte auf leisen Sohlen*, Konstanz: UVK

Zimmer, Carl (2001) *Parasitus Rex: die bizarre Welt der gefährlichsten Geschöpfe der Natur*, Frankfurt a. M.: Umschau/Braus

Zurbuchen, Antonia/ Müller, Andreas (2012) *Wildbienenschutz – von der Wissenschaft zur Praxis*, Bern: Haupt

Nützliche Webseiten

Archäologie
www.archaeology.about.com

Bundesamt für Landwirtschaft und Ernährung
www.ble.de

Bundesamt für Lebensmittelsicherheit und Veterinärwesen BLV
www.blv.admin.ch

EU Insekten – Käfer, Schmetterlinge und andere Insekten
www.eu-insekten.de

Forum Tiere und Geschichte
www.univie.ac.at/tiere-geschichte

Greenpeace
www.greenpeace.org

Human-Animal-Studies
www.human-animal-studies.org

Informationsportal für Heimtierhaltende
www.meinheimtier.ch

Informationsportal für Nutztierhaltende
www.nutztiere.ch

National Geographic Deutschland
www.nationalgeographic.de

Natural History Museum London
www.nhm.ac.uk

Naturhistorisches Museum Wien
www.nhm-wien.ac.at

Naturschutzbund Deutschland
www.nabu.de

Stiftung für das Tier im Recht
www.tierschutz.org

Tier im Fokus
www.tier-im-fokus.ch

Umweltprogramm der Vereinten Nationen
www.unep.org

Weltgesundheitsorganisation
www.who.int

World Wildlife Fund
www.wwf.org

Stichwortverzeichnis

A

B

C

D

L

M

N

O

P

Q

R

BILDNACHWEIS

7 & 100 unten	© Adogslifephoto | Dreamstime.com
8	© Antagain | iStockphoto
10 links	© Libby Chapman
10 rechts	© H. Zell | Creative Commons (CC)
12	© arlindo71 | iStockphoto.com
13 oben	© Spbphoto | Dreamstime.com
13 unten	© Tomas Pavelka | Dreamstime.com
14	© Spbphoto | Dreamstime.com
16	© Viktorfischer | Dreamstime.com
17	© Dmitry Bomshtein | iStockphoto.com
20 unten	© Gayel Collinson | Dreamstime.com
26	© Luis Fernández García | Creative Commons
28	© Pazia | Creative Commons
29 oben	© Colegota | Creative Commons
32	© Shashi Bellamkonda | Creative Commons
33	© Kurt Stueber | GNU License
34	© Alex Varlakov | Dreamstime.com
36	© Himalayan Academy Publications | CC
37 oben	© Edisonblus | Creative Commons
38	© IbanMontero | Dreamstime.com
40	© John O'Neill | Creative Commons
41	© Bachmont | Creative Commons
44	© Freakyman | Creative Commons
46	© Jack Milchanowski, Visuals Unlimited | SP Library
48	© Eric Isselée | Dreamstime.com
51 oben	© Getty Images
51 unten	© Constantin Opris | Dreamstime.com
52	© Mats Lindh | Creative Commons
54	© Jeffrey Pang | Creative Commons
56	© Yury Maryunin | Dreamstime.com
57	© Didier Descouens | Creative Commons
58 unten	© Dorling Kindersley
59	© D. Gordon E. Robertson | CC
60	© De Agostini | Getty Images
62	© Soleg1974 | Dreamstime.com
63 oben	© Alan D. Wilson | Creative Commons
66	© Frank Vincentz | Creative Commons
67 oben	© Lunamarina | Dreamstime.com
67 unten	© H. Zell | Creative Commons
69	© Mario Metzler
71	© Science Source | Science Photo Library
84	© Iuliia Savelieva | Dreamstime.com

85 unten	© Kurt Stueber | GNU License
86	© Lilith | Creative Commons
90	© Anett Kneifel | Dreamstime.com
93 oben	© Cushing Memorial Library & Archives | Creative Commons
93 unten	© Dorling Kindersley
94 oben	© Juan Moyano | Dreamstime.com
96	© Linda Hall Library
104	© Lizzie Harper | Science Photo Library
105	© Eye of Science | Science Photo Library
106	© GlebK | Creative Commons
109 unten	© Chris Schuster | Creative Commons
110	© Andy Crawford
115	© Jes | Creative Commons
116	© Kim Foster | Creative Commons
117 oben	© MEKnits | Creative Commons
117 unten	© Phil Whitehouse | Creative Commons
119	© Luca Galuzzi | Creative Commons
120	© Atalvi | Dreamstime.com
121 unten	© Mgiganteus | Creative Commons
123	© Hdamm | Creative Commons
126	© Verastuchelova | Dreamstime.com
127 oben	© Fir0002 | GNU License 2.1
127 unten	© Rasbak | Creative Commons
128	© H. Zell | Creative Commons
129 oben	© H. Zell | Creative Commons
130	© Suzanoschmann | Dreamstime.com
134	© Qz10 | Creative Commons
137	© Bjørn Christian Tørrissen | CC
138	© JJ Harrison | Creative Commons
139 unten	© Dorling Kindersley
142	© Eric Isselée
143 unten	© Oleg Zhukov | Dreamstime.com
144	© Dave Pape | Creative Commons
148	© Eric Isselée | Dreamstime.com
150	© Nick Stepowyj | Creative Commons
151	© DEA PICTURE LIBRARY
152	© Eric Isselée | Dreamstime.com
156 unten	© Andrew Skudder | Creative Commons
159 unten	© VAwebteam | Creative Commons
161	© Gilles San Martin | Creative Commons
162	© Frank Greenaway
163 oben	© Dave King

165	© Ansgar Walk | Creative Commons
167	© Hans Hillewaert | Creative Commons
168	© Francis Abbott | Naturepl.com
169 oben	© Mila Zinkova | Creative Commons
171 oben	© Alexstar | Dreamstime.com
172 unten	© Hannes Grobe/AWI | Creative Commons
173	© Hannes Grobe/AWI | Creative Commons
174	© Hans Chrisobenh Kappel | Naturepl.com
176 oben	© AF archive | Alamy
176 unten	© Getty Images
178	© Mirage3 | Dreamstime.com
180	© USPN | Creative Commons
181	© Nadezhda Bolotina | Dreamstime.com
184	© Pakhnyushchyy | Dreamstime.com
186	© Archibald Thorburn
187	© Yevgen Stoletnij | Dreamstime.com
188	© Ismael Montero Verdu
189 oben	© Dorling Kindersley
189 unten	© Wouter Hagens | Creative Commons
190	© Rémih | Creative Commons
191 oben	© Ramsihal, August | Creative Commons
191 unten	© Primula Bosshard | Creative Commons
192	© Irochka | Dreamstime.com
193 unten	© Dorling Kindersley
196	© Sinclair Stammers | Science Photo Library
197 oben	© Sarahemcc | Creative Commons
198	© Tsekhmister | Dreamstime.com
200 unten	© Cybercobra | Creative Commons
204	© Visuals Unlimited | Naturepl.com
205 oben	© Kalumet | Creative Commons
209	© French School
210	© Mauricio Anton | Science Photo Library
211 oben	© Martin Shields | Science Photo Library
211 unten	© Dr. Günter Bechly | Creative Commons
212	© CristianChirita | Creative Commons
214 oben	© Verity Cridland | Creative Commons
214 unten	© Stipich Béla | Creative Commons
215	© Rosino | Creative Commons
217	© Christian Jegou Publiphoto | Science Photo Library